食品の機能化学

宮澤陽夫／五十嵐 脩　共著

アイ・ケイ コーポレーション

まえがき

　本書は，1980年五十嵐脩先生著による「食品化学」−食品成分の特性と変化−からスタートし，以来，多数の読者に支えられ現在まで版を重ねてきている。

　初版刊行の折，藤巻正生先生の推薦の言葉には，食品成分間反応の解明の重要性が説かれ，食品化学の理解によって，食糧問題の解決に役立つことを望んでやまないと書かれていた。著者 五十嵐脩先生は，食品化学の研究の進歩をもとに，食品成分の特性と変化について，化学反応と物性を中心に記述された。食品研究はその後，機能性研究へと発展し，化学的なアプローチから「食」のからだの中での働きを理解できるように，食品成分の捉え方の内容を改訂し，書名を「食品の機能化学」とした。共著者 宮澤は，本書を教科書として長年活用してきたが，食品化学の本質と原点が要領よく記述された好書と思っている。

　食品は私たちのからだと生命を支えるうえで，最も基本となる重要な環境要素の一つである。毎日摂る「食べもの」があまりにも日常的で，普段はほとんど意識せずに食事として摂取しているが，この食品に含まれている成分をよく理解するところから機能性研究は始まる。

　医薬品は1分子種による薬理効果を期待するが，食品からは，食事のたびに数千分子種が体内に取り込まれ，これら複数の分子種と代謝物がからだや細胞内でネットワーク的に干渉しつつ，食品が本来有している，特徴的な生理機能を発揮しているのである。

　食品の諸機能に関する研究には目覚ましいものがあり，健全な食生活のために，また健康維持，疾病予防のため，食品成分の機能について，活発な研究が行われるとともに，社会的ニーズに応えて，数多くの機能性食品(保健機能食品，特別用途食品)の開発もなされている。この分野の研究は今後もますます盛んになっていくものと予想される。

　改版にあたり，既刊書の食品化学の内容を網羅・充実させつつ工夫を加え，できるだけ最新の知見も加えるようにした。また未来の研究，食品開発，栄養指導を担う若手の育成はきわめて大切であると考え，食品化学の基礎と機能性の化学を十分理解し興味がもてるよう編集した。

　最後に本書の出版にあたりアイ・ケイコーポレーションの森田富子社長のご尽力に感謝する。

2020年4月

仙台にて　　宮澤　陽夫

初 版 の 序

　本書は1980年に刊行以来，多数の大学で食品化学の教科書として利用され，版を重ね
てきた。その間，多くの方々から改訂・増補をしたらというお話をいただいてきたが，
五十嵐が多忙であり，新しい学問の進歩を十分に取り入れた教科書を書くのは無理であ
るという理由で，お断りしていた。

　今回も食品成分の機能を取り入れたらどうかということで，10年ぐらい前から弘学出
版の森田社長からも言われ続けてきたが，私もお茶の水女子大学を定年になり，他の著
者に加わっていただき，全面的に見直しをしていただいたら可能になると答えていて，
候補者を推薦したが，東北大学の宮澤陽夫教授がその役目を引き受けてくださることに
なった。

　宮澤陽夫教授には全文を再度読んでいただき，主に機能性のところを中心に加筆して
いただくことになった。それに伴い，章の名前も特性よりは機能ということで訂正し，
ようやく一段落したので，新版として出版することにした。

　もちろん現在の食品学や食品化学の研究室では，より食品成分の機能に中心をおいて
研究が進められている。それらの成果については，「食品機能学」といった新しい構想の
教科書が必要であろう。しかし，食品化学といった視点での教育も大切であり，今回の
改版はその延長線上にあるといえる。これまでの食品機能分野での研究業績だけでは，
今までに得られた成果の検証が十分になされているとはいえない面がある。

　これからは，さまざまの視点からの検証や評価の手法の進歩が望まれる。

　宮澤陽夫教授はこの分野の第1人者であり，将来，このような視点を十分に加えた食
品学，食品化学，食品機能学のいまの大学生に適した入門書なり，解説書を書かれるこ
とを期待して，筆を置きたい。

　今回の改訂はすべて宮澤陽夫教授の努力のお陰であり，深甚な謝意を表したい。
また，弘学出版の森田悦郎氏にもその努力に感謝するものである。

　平成14年2月

日立にて　　五十嵐　脩

目　次

2章　食品の微量成分の化学と機能

4章　食品成分の物性的機能

SECTION 1 ｜ 高分子溶液，懸濁液のレオロジー特性

SECTION 2 ｜ 多糖の性質

SECTION 3 ｜ ゼラチン

SECTION 4 ｜ 脂肪の乳化

1章　食品の主要成分の化学と機能

SECTION 1 ｜ 水　分

　　動物や植物体には通常多量の水分が含まれているので，これらを原料としてつくられる食品にもかなりの水分が含まれることになる。しかし，穀物など発芽のために越年する種子や種実には10〜15％程度の水分が含まれるにすぎない。また，加工食品の中には，多量の水分を含むが，ショ糖のような水溶性の成分を多量に含ませることによって水の性質を微生物などの繁殖に適さなくしたものもある。

（1）　水の構造

　　水は水素原子2個と酸素原子1個が共有結合したもので，図1-1に示すように，酸素原子を中心にした2つの水素原子の間の角度は104.5°である。酸素原子は電子を誘引しやすい性質をもち，水素原子は電子を放出しやすい性質をもつので，水分子全体としては，電子雲の密度は酸素原子側に高く，水素原子側に薄くなっている。このため，酸素原子が-2δの，水素原子が$+\delta$の荷電

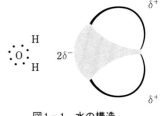

図1-1　水の構造

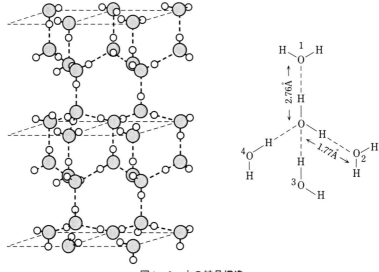

図1-2　水の結晶構造

（A.L. Lehninger: Short Course in Biochemistry 1974）

をもつ状態になっている。ここでは，この δ は1よりも小さい「部分的」という状態を示すのに用いられている。このように水分子は分子内に＋の部分と－の部分をもつので一種の双極子（磁石がN・S極をもつのと同じように，電気的に＋のところと－のところがあるもの）で，水分子同士が互いに，$\oplus$ と $\ominus$ のところで引き合うことになる。水が結晶状態になった氷では図1-2に示すように格子をつくり，水分子の酸素と他の水分子の水素の間に静電的な引力がはたらき（これを水素結合という），互いに水分子を格子上に安定化させている。

　この水素結合は共有結合より弱い結合で，水中の水素結合を切断するのには4.5 kcal／モル（O－Hの共有結合では110 kcal／モル）を必要とする。この水素結合は水分子間だけでなく，他の電気的に荷電しやすい基（水のように部分的に荷電するものも含める。たとえば，－N＋H₃，－COO⁻，－OH，＞C＝O，－SHなど）との間にもつくられる。

　このように氷では水分子が格子上に配列しているが，氷が融けた液体の水でも氷に近い構造を保っていると考えられている。それは氷の融解熱が79.7 cal／g（0℃）と水の蒸発の潜熱539.9 cal／g（100℃）に比べ非常に小さいことからも推定される。このように水は液体であっても氷に近い構造をとり，水素結合で水分子同士を拘束しているために，同じような分子量をもつ有機化合物や無機化合物に比べ，融点と沸点がはるかに高い特徴をもつ。表1-1はいろいろな化合物の融点と沸点を示している。比べてみればわかるように水の分子量18という値に対し，水素結合の小さな化合物で予想される値よりはるかに大きい沸点と融点をもつことがわかる。

表1-1　低分子化合物の物理的性質

化　合　物	分子量	沸　点	融　点
水	18	100℃	0℃
エチルアルコール	46.07	78.5	＜－130
メチルアルコール	32.04	64.1	－98
n-ヘキサン	86.17	68.7	－94
アセトン	58.08	56.5	－94
アセトアルデヒド	44.23	21	－123.5
酢酸	60.05	118	16.7
アンモニア	17.03	－33.4	－85
メチルアミン	31.06	－6.3	－93.5
酢酸エチル	88.1	77	－83

（2）　水の役割

　水は溶媒として非常に多種多様の化合物を溶解する力をもっている。大多数の無機化合物や極性基をもつ多数の有機化合物などのよい溶媒であると同時に，タンパク質，多糖などの高分子化合物を溶解あるいはコロイド溶液として保持し，あるいは，これらの高分子化合物とゲルをつくったりする。そのため，水は化合物の構造と機能維持になくてはならないものである。食品の主要成分である炭水化物，脂質，タンパク質は，水とともに消化の過程で加水分解され，動物体内に吸収あるいは排泄される。

　一方，水は油脂のような脂溶性の化合物は溶解できないが，石けんやリン脂質のような界面活性剤は水中である濃度以上になるとミセルをつくることができる。このミセルは油脂を乳化し，水中に分散させることが可能となる。このミセルは，またミセルの内部と外部を違った環境におくのにも都合がよい。たとえば，動・植物の細胞や細胞内顆粒は生体膜で覆われているが，この膜も主としてリン脂質の二重膜構造で一種のミセル構造とも考えられる。そして，内部と外部との環境をそれぞれに都合のよいようにつく

り上げている。

　また，水の密度は温度により異なり，4℃で最大の密度(1.000)をもち，氷は水よりはるかに小さく(0.917)，氷結時に約9％の体積増を示す。したがって，食品の凍結時に組織の破壊を引き起こす原因となり，その融解時に組織の軟化や可溶性成分の流出(元来，細胞内に保持されていた成分が細胞膜の破壊に伴い，氷の融解時に細胞外に融け出し，水とともに流出する。たとえば冷凍肉の解凍時のドリップの増大)などを引き起こす。

　さらに水は生物の生育に必須な成分であって，穀物などの植物種子は，低水分状態では休眠状態にあり，吸水してはじめて発芽可能となる。同様に，微生物の発育と繁殖にも水分が必要なことはいうまでもない。したがって，水分を調節することで(あるいは利用可能な水分量で)，食品の貯蔵が効果的に行われている。

（3）　結合水と自由水

　純粋の水だけが存在する場合，水分子は互いに水素結合をして，結晶構造に近い形態をとっている。この水に極性基をもった有機化合物や電離したイオンなどを加えると，水と化合物やイオンとの間で水素結合が生ずる。

　同様に完全な無水状態にあるデンプンやタンパク質に少しずつ水分を吸着させていくと，これらの高分子化合物は表面に$-OH$，$-N^+H_3$，$-COO^-$，$>NH$，$>C=O$などの水素結合をしやすい基をもっているために，水分子はこれらの高分子化合物の表面に膜状に吸着され，互いに水素結合でしっかりと結びつくことになる。このようにして吸着された水は，$3 \sim 7$ kcal / モル前後の水素結合をしているために，容易には高分子化合物から脱離されにくく，しかも普通の水と違って固定されているため運動しにくく束縛されていることになる。このように束縛されて高分子化合物などの表面に結合している水を結合水(boundary water)という。通常の食品でも，乾燥している粉体はもちろん，水分含量の高い粒状の食品の内部においても，一部の水分はこの結合水の状態で保持されている。通常の食品には$0 \sim 7$％程度までの水分がこの状態で存在すると考えられ，水の単分子膜またはそれに近い形で存在しているといわれている。

　さらに，この結合水より多くの水をこれらの食品や高分子化合物に吸着させていくと，高分子との直接の水素結合はまったくなくなり，高分子の表面に水素結合をしている結合水との間の水素結合で吸着されることになる。このような水分は準結合水といわれ，完全に自由に運動できるわけではないが，加熱などの処理で容易に除去することができる。通常の食品の$7 \sim 17$％程度の水分がこれに相当する。さらに多量の水を吸着させていくと，準結合水以上の水分は容易に運動できる水分となる。このような水分を自由水(free water)という。この自由水は自由な運動が可能なので，当然，微生物も自由に利用できることになる。普通，穀物などを貯蔵する際には$10 \sim 15$％の水分含量を使うことが多いが，これは準結合水までの状態の水分のところでは微生物が利用しにくいことと，結合水だけあるいはそれ以下に乾燥すると，組織，細胞，高分子が直接空気に露出されるため，脂質の酸化，成分の変化，組織の破壊(例：穀物の胴割れなど)などが起こりやすくなるのを防ぐためである。なお，結合水は食品に強く結合しているため，食品の凍結時においても凍結せず，溶媒としての作用ももたないことが知られている。

（4） 水分活性と等温吸湿曲線
（1） 水分活性

　前項に示したように，水溶液中に水素結合をつくることのできる官能基をもった化合物が溶解していると，水がその周りに水素結合をして結合した状態がつくり出される。このような状態は低水分含量の結合水と似た状態にあると考えてよい。この溶液の場合には，中心になるのは食塩のような電離性の塩類や，ショ糖，グルコースのような炭水化物，アミノ酸をはじめとする低分子化合物である。このように水が溶質の周りに引き寄せられて水素結合をしていると自由な運動が妨げられるので，水の状態が変化してくる。このような変化を，水の蒸気圧の変化で示したのが水分活性（water activity）である。水分活性（Aw）は純粋な水の一定温度での蒸気圧（P_0）に対する測定しようとしている水溶液の同一温度における蒸気圧（P）の比で，次のように表される。

$$Aw = \frac{P}{P_0}$$

　この水分活性は，水に化合物が溶解すると，水の一部分が自由に運動できなくなるために蒸気圧が低下する現象にもとづいて測定される。純水の場合には $P = P_0$ なので，$Aw = 1.00$ になり，理想溶質の $1.0\,M$ 溶液では25℃で $Aw = 0.9823$ となる。ショ糖のような非解離性の化合物の場合には理想溶質に近い $Aw = 0.9806$ となる（$1.0\,M$ 溶液）が，食塩のような電解質の場合は大きくずれて $Aw = 0.9669$（$1.0\,M$ 溶液）となる。

　ところで，水分活性は自由に運動できる自由水の量を示すバロメーターであるので，水分活性が低下することは，生物が利用可能な水分含量が低下していくことを意味している。特に食品の場合には，黴（カビ），酵母，細菌による腐敗が問題にされるので，これらの生育と水分活性の関係は食品の貯蔵と品質保持の点から重要な問題である。一般に最も低い水分活性でも生育可能な微生物はカビであり，*Aspergillus* 属のカビは Aw 0.90以下でも生育できる。Aw 0.85ぐらいが限度とされるが，特殊なカビは0.70以下でも生育可能である。酵母はカビに比べると Aw が高く，最低でも Aw 0.88～0.91のものが大部分である。また，多くの細菌は0.94以下では生育できないとされている*。このような現象を利用して，塩蔵やショ糖の濃厚溶液による貯蔵が行われている。

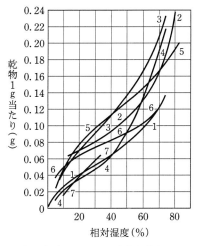

（2） 等温吸湿曲線

　完全に乾燥した食品を種々の相対湿度（RH）の水蒸気中に放置しておくと，水分を吸着し，一定の平衡湿度に達する。このときの水分含量と RH

1. 乾燥卵（10℃）　　　2. 牛肉（10℃）
3. たら（30℃）　　4. インスタント・コーヒー（10℃）
5. デンプン糊（25℃）　　6. じゃがいも（28℃）
7. オレンジジュース（20℃）

図1-3　各種食品の等温吸湿曲線
（藤巻ら：食品化学，朝倉書店）

---

*特殊な酵母やカビで，Aw 0.60～0.75の高浸透圧下でのみ生育するものも知られている。

との関係は，図1-3のように逆S字形になる。これは結合水，準結合水，自由水の変化を示すもので，低湿度では単分子層の結合水のみが存在するのに対して，高湿度では自由水が大部分を占めることを示している。この中間では多層の準結合水の状態にある。

Column 1 🐸　　軟らかい水，硬い水

　水といっても，われわれの身の回りでは純粋な水は実験室レベルでしか存在しません。ほとんどの水はカルシウムやマグネシウムなどのミネラルを含有しており，この量は硬度によって表すことができます。日本の分類基準では硬度100以下を軟水，101〜300を中硬水，301以上を硬水としており，日本で使用される水は80％以上が軟水です。これに対して，欧米では硬水が多くを占めています。これは地形と地質が関与しており，水と石灰質との接触時間が長いほど硬度が高くなります。同じ地域でも河川水と比べ地下水で硬度が高くなる傾向にあります。

　水の硬度は調理において重要な役割を担っています。一般的に軟水はお茶や出汁を抽出しやすいことから日本料理に，硬水は灰汁を出しやすくすることから肉などの煮込み料理に適しているといわれています。また，日本酒に使用される仕込水は，硬水を使用すると酵母の発酵を促進し腐造を防ぐため，西宮の「宮水」など硬度の高い水が珍重されていました。現在は，安全醸造のための技術・設備の充実と衛生環境の向上により，腐造を防ぐことができるようになったことから，仕込水には様々な硬度の水が使われています。水の違いが酒蔵ごとの味の決め手の一つとなっています。

SECTION 2 | 炭水化物

　炭水化物(carbohydrate)は糖質ともいわれる一群の生体成分の総称である。最初に単離，精製されたスクロース(ショ糖)やラクトース(乳糖)などが，元素分析の結果，炭素と水とが結合してできた分子式 $C_m(H_2O)_n$ の形をもっているところから命名された。その後の研究で，この群に入る化合物にはこの分子式に従わないもの(例：ウロン酸，アミノ糖など)や，この分子式に従っても炭水化物でないもの(例：乳酸 $C_3H_6O_3$ など)が見いだされたが，炭水化物という名称は現在も広く用いられている。

　食品に含まれている炭水化物にはさまざまな種類があり、多くの場合その含量も高い。食品のエネルギー源のみならず，食品の加工・貯蔵の際に，調味や品質改良，安定化を目的として使われるものもあり，食品の品質にはかなり重要な影響を与えている。

　炭水化物は分子量約90のトリオースからアミロペクチンのように何億にもなる巨大分子まで，さまざまな大きさのものが存在する。単糖(monosaccharides)は炭水化物を構成する最少単位で，分子量150〜200のペントースやヘキソースが主体である。単糖が2個結合したものを二糖(disaccharides)，3個結合したものを三糖(trisaccharides)とよび，単糖が2〜10個からなる糖はまとめて少糖(oligosaccharides)とされる。これ以上の多数結合したものは多糖(polysaccharides)といわれるが，最少な単糖数の明瞭なきまりはない。

　食品としての摂取量の多い炭水化物はデンプン，スクロース，ラクトース，セルロースで，セルロースを除く3つはエネルギーとして重要である。セルロースは食物繊維の一つでエネルギー源としては利用されないが，人間の健康維持という点で重要な機能をもつ。

　わが国の，健康増進法に基づく栄養表示基準による分類では，炭水化物は糖質と食物繊維に分類される。糖質はヒトの消化管で消化・吸収される炭水化物であり，糖質のうち，単糖類(グルコースなど)と二糖類を特に糖類とよぶ。糖アルコールは糖類には含まれず糖質に分類される。食物繊維はヒトの消化管で消化されない食品成分の総称で，リグニンなど，炭水化物以外の成分も包括しているが，食物繊維の大部分は多糖である。

　食品成分としての炭水化物の機能はエネルギー源以外にも，単糖・二糖の多くは甘味料や保存料としての性質をもち，多糖のうち高粘性やゲル化力をもつものは，安定化剤としても利用される。さらに、反応性に富むカルボニル基やヒドロキシ基をもつため，他の食品成分との反応性も食品の機能性を知るうえで大切である。このように炭水化物は，その含有量が低いものも，呈味性、物性，着色・着香反応といった点で重要な役割をもつ。

（1）　単　糖　類
（1）　単糖の構造，分類，性質
（a）　単糖と糖誘導体の基本構造と命名
　単糖は炭水化物の最少単位で，多価アルコールのカルボニル誘導体と定義される。すなわち，分子内に複数のヒドロキシ基(水酸基，－OH)をもつとともに，アルデヒド基

（－CHO）またはケト基（＞C＝O）といったカルボニル基が存在する。アルデヒド基をもつものをアルドース（aldose），ケト基をもつものをケトース（ketose）とよぶ。アルドースは名称の語尾に－ose をつける（例：グルコース glucose，リボース ribose）が，ケトースは - ulose をつける*（例：リブロース ribulose）。単糖は，フェーリング反応や銀鏡反応で還元性を示す還元糖に分類される。2位炭素にケトンをもつ2-ケトースも還元性をもつ。これはケトン基と隣の炭素の水酸基は，ケト・エノール互変異性による，水溶液中でエンジオールを経てアルデヒド基になる性質をもつためである（図1-4）。

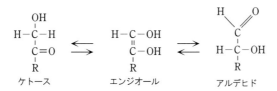

図1-4 ケト・エノール互変異性

　また単糖は構成する炭素原子の数によっても分類され，トリオース（三炭糖 triose），テトロース（四炭糖 tetrose），ペントース（五炭糖 pentose），ヘキソース（六炭糖 hexose），ヘプトース（七炭糖 heptose）とよばれる。単糖の炭素骨格は通常は直鎖状である。

　単糖のヒドロキシ基やカルボニル基が別のものに置き換わったものが糖誘導体で，それぞれもとになる単糖の名称に語尾をつけて命名される（図1-5）。たとえば，カルボニル基がヒドロキシ基に還元された糖アルコール（glycitol**），アルデヒド基がカルボキシ基（－COOH）に置換されたアルドン酸（aldonic acid），カルボニル基から最も離れたヒドロキシメチル基（－CH_2OH）がカルボキシ基に置換されたウロン酸（uronic acid），ヒドロキシ基がアミノ基に置換されたアミノ糖（aminosugar）は，それぞれ語尾を- itol，－onic acid，- uronic acid，－osamine に変える。また，ヒドロキシ基の一部が水素に置換されたデオキシ糖（deoxysugar）や分子内で脱水されて1分子の水を失ったアンヒドロ糖（anhydrosugar）のように名前の前に炭素の位置を示す数字をつけ，たとえば6- deoxy -，3,6- anhydro - galactose のように表されるものもある。

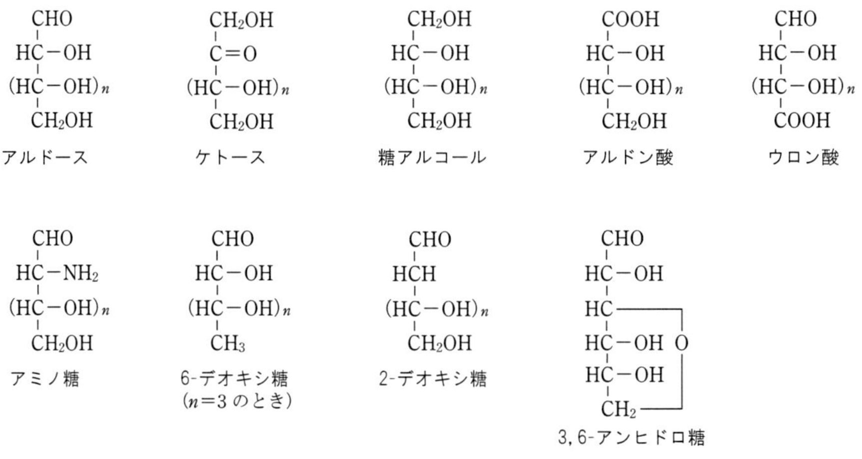

図1-5 単糖とその主な誘導体の一般構造式（直鎖構造）

（b）　単糖の構造異性体

　最も炭素数の少ないトリオースには，アルドースのグリセルアルデヒド（glyceraldehyde）とケトースのジヒドロキシアセトン（dihydroxyacetone）がある。単糖では構成する個々の炭素原子を区別するとき，カルボニル基側の端の炭素から1位，2位，3位と番号をつける。グリセルアルデヒドの場合は $\overset{①}{CHO} - \overset{②}{C^*H}(OH) - \overset{③}{CH_2OH}$ となり，2位の炭素原子は不斉炭素（キラル炭素）のため，D-型とL-型の2つの鏡像異性体（エナンチオマー）が存在する。天然に存在する単糖の大部分はD-型でありL-型のものはごく少数である。アルドテトロースになると，不斉炭素は2つになるため，D-エリスロースとD-トレオースのように不斉炭素につく水酸基の向きが異なる関係の立体異性体が存在する。このように鏡像体ではない立体異性体をジアステレオマー（diastereomer）とよぶ。また，ジアステレオマーのうち不斉炭素一つだけが立体配置が異なるものをエピマー（epimer）という。ジアステレオマーはそれぞれ鏡像異性体をもつため，アルドテトロースの異性体は4個，アルドペントースは8個，アルドヘキソースは16個と不斉炭素原子1個の増加に伴い2倍に増える。D-型のアルドースの構造を直鎖の構造式であるフィッシャー（Fischer）の投影式で示したのが図1-6である。D-型，L-型を定める標準炭素原子は，アルデヒド基より一番遠い炭素原子（•）と定められている。ケトースでは，ケト

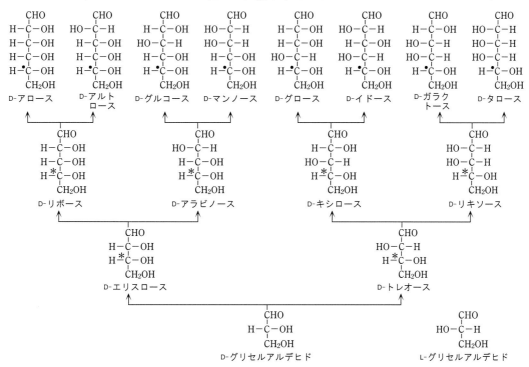

図1-6　D-アルドースの構造式（C3 〜 C6）
実際上は炭素鎖はこの図のような平面上にはなく，グルコースの場合，図1-8の
中央に示した六角形状のものを直線化して示してある（図1-7も同じ）。

---

* フルクトースは慣用的に fructose と ulose をつけないが，これに従えば gluculose となるはずである
**グリコース（glycose）という名前が単糖の総称名として使われるところから glycitol といわれる。suger alcohol
ともいう。

トリオースのジヒドロキシアセトンは不斉炭素をもたないため立体異性体はなく，ケトテトロースから立体異性体が存在する。D-型のケトースを図1-7に示す。この場合の標準炭素原子は，ケトン基より一番遠い炭素原子(•)になる。

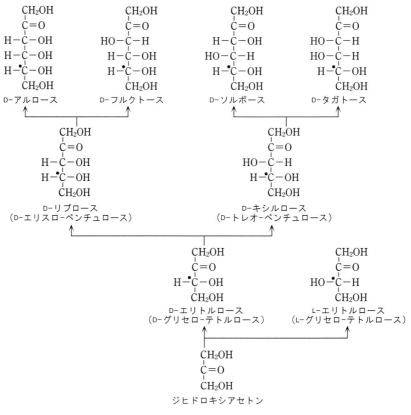

図1-7　D-ケトースの構造式（$C_3 \sim C_6$）

（ｃ）　単糖の環状構造

　糖のアルデヒド基やケトン基はアルコール性のヒドロキシ基と反応し，1個のアルコールと反応したヘミアセタールや，2個のアルコールと反応し脱水縮合で1分子の水が除かれたアセタールをつくる。

H　　　　O
　　　C
　　　R
アルデヒド
　　+R′−OH
H　　　OH
　　　C
R　　　OR′
ヘミアセタール
　　+R″−OH, −H₂O
H　　　OR″
　　　C
R　　　OR′
アセタール

　天然の単糖のうち炭素数が5個以上の単糖は，図1-6，7で示した鎖状構造で存在することは少なく，結晶でも水溶液でも，カルボニル基とヒドロキシ基が分子内でヘミアセタールをつくった環状構造で主に存在する。たとえば，グルコースの分子内には2位炭素から6位炭素まで，5個のヒドロキシ基が存在する。このうち，4位炭素のヒドロキシ基がアルデヒド基と反応すると5員環のヘミアセタールが，5位炭素のヒドロキシ基が反応すると6員環のヘミアセタールが生成する。いずれの環状構造でも環内に酸素原

子をもつので，5員環のフラン，6員環のピランにならい，5員環のヘミアセタール構造のものをフラノース（furanoses），6員環のものをピラノース（pyranoses）と名づけられた。環状構造の表示法はフィッシャー投影式よりハース（Haworth）式を用いるのが一般的である（図1-8）。

糖がヘミアセタール結合を形成し環状構造になるとき，カルボニル基を構成していた炭素は環状構造の一部となり，ここにヒドロキシ基と水素が結合しているため不斉炭素になる。ヘミアセタール結合で生じたヒドロキシ基はアノマー水酸基やグリコシド水酸基とよばれ，その配置は2種類あり，対掌体（鏡像異性体）とは異なる立体異性体が生じる。この2つの異性体がアノマー（anomer）であり，α-型，β-型で表す。グルコースの場合，ピラノース，フラノースいずれについてもα-型とβ-型が存在する（図1-8）。一般に「α-アノマーは，フィッシャーの投影式でD，Lを定めている標準炭素原子（グルコピラノースでは五位炭素）の－OH基と同じ方向にアノマー水酸基が出ている立体構造のものをいい，β-アノマーは逆の方向に出ているものをいう」と定義されている。このα-とβ-アノマーは水溶液中で容易

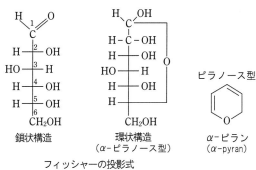

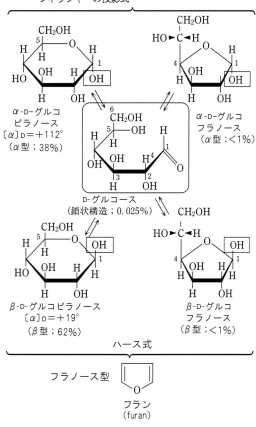

図1-8 D-グルコースの平衡状態

▢ で囲ったヒドロキシ基がアノマー水酸基
（ ）内は25℃の純水での存在割合

に鎖状構造を経て互いに変換し，平衡状態をつくる。グルコースの場合，フラノース型は水溶液中でわずかであるため，実際上はα-とβ-グルコピラノースの相互変換が起こり，平衡状態ではα-型とβ-型はそれぞれ40％弱と60％強の（20℃）の割合で存在する。20℃における10％水溶液の比旋光度はα-D-グルコピラノースが＋112.2°，β-D-グルコピラノースが＋18.7°で，いずれの水溶液の比旋光度も徐々に変化し，＋52.7°で一定になる。この現象を変旋光（mutarotation）といい，温度が高いほど早く進む。

（d） D-グルコースピラノースの立体配座（コンホメーション）

5員環，6員環構造は実際には図1-8に示したような平面構造ではない。5員環は，ほ

ぼ平面に近い構造をとっていると考えてよいが，6員環の場合はシクロヘキサンの立体
配座式で示すようなイス型，舟型(ボート型)の構造が考えられる。グルコピラノースの
場合，エネルギー的にイス型のほうが安定とされており，一般には−OH，−CH₂OH が
エクトリアル(環平面に沿った方向)にある数が多いほうの配座がより安定とされる。た
とえば，D-グルコピラノースはイス型をとり，α型の OH はアキシアル(環平面に対し
て垂直)にあり，β型の OH はエクアトリアルにある。このため，D-グルコースは水溶
液中で安定なβ型の割合が高く，次に述べるグリコシド結合でもβ型のほうが安定で
酸加水分解に対し抵抗性が強い(図1-9)。

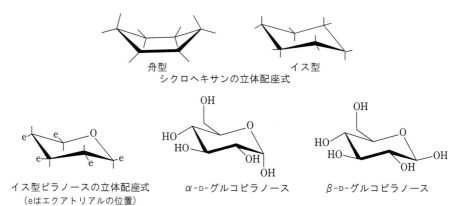

図1-9　D-グルコピラノースの立体配座式

(e)　グリコシド結合

　ヘミアセタール性のヒドロキシ基は，別のアルコールと脱水反応を起こしてアセター
ルをつくることができる。糖のアノマー水酸基は反応性に富んでおり，生じたアセター
ル結合のことをグリコシド(glycoside)結合とよぶ。糖同士でも，糖以外でもグリコシド
結合は起こり，結合した糖からヘミアセタール性ヒドロキシ部分を除いたものをグリコ
シル基とよぶ。糖以外のものと結合したとき，生成物を配糖体(glycosides)といい，糖
以外の部分をアグリコン(aglycone)とよぶ(図1-10)。

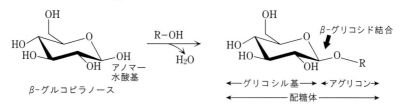

図1-10　グリコシル化合物の生成　β-グルコピラノースを糖とした例
R−OH が単糖の場合は二糖となり，R−OH が糖以外の化合物は配糖体とよぶ。

(f)　単糖の反応

　単糖は高濃度の強酸と加熱すると分解され，主として脱水反応でフルフラール類を生
成し，アルカリで処理すると異性化反応を起こす。また，食品化学的に重要な反応には，
高温に加熱したときのカラメル化反応とアミノ酸，タンパク質中のアミノ基などとの反
応がある。これらについては，3章 SECTION2, 4(p.117, 134)を参照されたい。

(2) 食品に存在する主な単糖

　天然の単糖は，はちみつ，果実など一部の食品を除いてその含量は比較的小さい。しかし，加工食品では甘味料にグルコース，コーンシロップ，異性化糖などが用いられるため，単糖含量が高いものがある。

(a) ペントース (pentose, 五炭糖)

　ペントースは単糖として食品に存在することは稀だが，核酸の構成成分のD-リボース(D-ribose)とその誘導糖のD-2-デオキシリボース(2-deoxy-D-ribose)がよく知られている。また，多糖を構成するペントアルドースにD-キシロース(D-xylose)やL-アラビノース(L-arabinose)がある。天然に存在する単糖のほとんどはD-型であるが，アラビノースはL-型として存在することが多い。

　アラビノース，キシロースは大豆の多糖の主要構成糖であるので，大豆製品，特にみそ，しょう油の製造時に，麹(こうじ)の作用により多糖が分解され，遊離のアラビノース，キシロースが生成される。これらのペントースは，後に述べるように(p.120)，アミノ酸との反応性がヘキソースに比べ数倍大きいために，みそ，しょう油の色調の生成に重要な影響を及ぼす。ペントケトースのD-リブロースやD-キシルロースはペントースリン酸回路や光合成の中間代謝物で知られる。

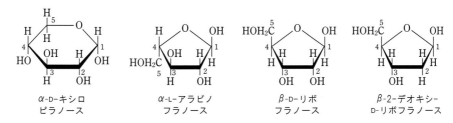

α-D-キシロ
ピラノース　　α-L-アラビノ
フラノース　　β-D-リボ
フラノース　　β-2-デオキシ-
D-リボフラノース

(b) ヘキソース (hexose, 六炭糖)

　D-グルコース(D-glucose, ブドウ糖, grape sugar)　　代表的なアルドヘキソースで，生物のエネルギー源として重要な役割をもつ。はちみつや一部の果物および野菜に単糖として存在する。食品中の主要な炭水化物であるデンプン，スクロース，ラクトース，マルトースの構成糖で，食品の加工・貯蔵中にそれらが酵素・非酵素的に分解されると，グルコースが生成される。また，コーンシロップや結晶ブドウ糖は，デンプンの酵素分解(酸加水分解による場合もあるが，現在はまれである)で工業的に生産され，甘味料として広く利用される。他にもデキストリン，グリコーゲン，セルロースなどさまざまな少糖・多糖の構成糖でもある。

　D-ガラクトース(D-galactose)　　ガラクトースはグルコースの4位炭素のエピマーで，天然では単糖として存在することはないが，ラクトース，ラフィノースなどの少糖や，いろいろな多糖の構成糖として広く存在する。なお寒天など紅藻の多糖には，L-型のガラクトースの誘導体が存在する。

　牛乳中のラクトースが牛乳不消化性にもとづく下痢(乳糖不耐症)の原因であることから，牛乳中のラクトースをラクターゼで分解した乳飲料が乳糖分解乳として市販されている。このような製品には，ガラクトースが遊離の形で存在し，甘味を与えている。

　D-マンノース(D-mannose)　　マンノースはグルコースの4位炭素のエピマーで，天

然で単糖としてほとんど存在せず，植物や海藻の多糖類として存在する。

　　D-**フルクトース**（D-fructose，果糖，fruit sugar）　　代表的なケトヘキソースでグルコースと同じく，はちみつや果物，一部の野菜に単糖として存在する。また，上白糖や黒糖には，少量がグルコースと共に存在する。天然物中には遊離の形での含量は小さいが，主要な甘味料の一つであるスクロースの構成糖であり，いろいろな食品にスクロースの形で含まれる。また，食品の加工・貯蔵中にスクロースから遊離されることも知られている。フルクトースは水溶液中では大部分がスクロースの約1.8倍の甘味度をもつβ-ピラノース型で存在するが，高温になると甘味度の低いα-およびβ-フラノース型に変化し，60℃ではスクロースより甘味度が下がるので注意が必要である。なお，スクロースをはじめとする少糖中の構成糖として存在するときはフラノース型で存在する。

β-D-フルクトピラノース（70%）　　　　β-D-フルクトフラノース（23%）

フルクトースの環状構造の例
（かっこ内は 25℃の純水での存在割合）

　　その他のヘキソース　　上記以外のヘキソースが食品中に遊離の形で含まれることはなく，一部のヘキソースが多糖の構成糖として存在している。

（3）　糖誘導体

　　単糖の構造を基本とし，糖の一部が変化して生じた誘導体を糖誘導体という。糖アルコールのように，単独で食品に含まれるものもあるが，多くは多糖の構成成分として食品中に含まれる。

（a）　糖アルコール

　　糖アルコールは，糖類のカルボニル基が還元された，鎖状多価アルコールの総称であり，糖の語尾の−ose を−itol または−it に変えて命名される。糖アルコールには，炭素数が3〜6個の単糖アルコールの他に，オリゴ糖（少糖類）を還元して得られるオリゴ糖アルコール，糖化度の異なる水飴を還元して得られる還元水飴などがある（p.19 参照）。

　　糖アルコールは反応性に富む還元基をもたないことから，食品成分との反応性に乏し

Column 2 🐸　　異性化糖

　　1960年代後半に，デンプンからつくられるグルコースを特別な酵素（グルコースイソメラーゼ：グルコースに作用し，その約1/2量をフルクトースに転換する）の作用で，グルコースの約半量をフルクトースに異性化させる技術が高崎義幸らにより開発された。この技術は国有特許の輸出第一号であり，アメリカと日本で広く普及した。こうしてつくられたグルコースとフルクトースの混合物は，異性化糖，ブドウ糖果糖液糖，果糖ブドウ糖液糖とよばれる。低温（5℃）では，D-フルクトース水溶液の甘味度はスクロースの約1.5倍，D-グルコースの約2.4倍と，異性化糖の甘味度はスクロースと同等，グルコース単独より高い。また，低温で甘味度が増し，高濃度でも結晶性が低いため、清涼飲料水をはじめとする飲料，冷菓，缶詰，乳製品などに使用される。

い。このため，熱や酸・アルカリに耐性があり，カラメル化やメイラード反応などによる着色も起こさない。また，酵母やカビ，細菌に資化されにくいため，保存安定性が良い。甘味度や味質，保湿・吸湿性は種類により異なるので，用途に応じて適当なものを選ぶ必要がある。

生理学的特性としては，非う蝕性，低エネルギー性，血糖値非上昇があげられる。糖アルコールは口腔内の細菌により資化されず，歯垢の原因になる不溶性グルカン形成や酸産生を起こさないので，虫歯の原因になりにくい。これが非う蝕性である。小腸での糖アルコールの吸収速度は遅く，また，糖アルコールとして吸収されるので，血糖値を上昇させにくいといわれる。さらに，肝臓における糖への代謝効率が低いので，糖アルコールのエネルギー換算係数は $0 \sim 3\,kcal/g$ と他の糖質に比べ低い。一方，小腸で消化されにくいので，大量摂取すると，下痢と腸内でのガス発生を誘発する。

D-ソルビトール（sorbitol，グルシトール，glucitol）　D-ソルビトールはD-グルコースのアルデヒド基が還元して得られる六炭糖アルコール（ヘキシトール）である。自然界にも多く存在し，果実や海草類などに含まれる。消化管では拡散による受動吸収により取り込まれ，肝臓で糖に代謝されるため，血糖値が上昇しにくい。工業的には糖アルコールの中で最も生産量が多く，食品での用途は保湿性の向上，品質改良，すり身の冷凍変性防止が主で，他に医薬品，化粧品，工業用に広く利用されている。

D-マンニトール（mannitol）　D-マンニトールは，六炭糖のD-マンノースのアルデヒド基が還元されたもので，干しこんぶの白い粉として知られる。また，きのこ類にも広く分布している。ショ糖の $60 \sim 70\%$ 程度の甘味をもち，吸湿性や溶解度が低い特性を利用してキャンディー，らくがん，佃煮，調味料などに利用される。

キシリトール（xylitol）　キシリトールは，五炭糖のD-キシロースのアルデヒド基が還元された糖アルコールでキシリットともよばれる。果実・野菜に含まれる。糖アルコールの中では唯一スクロースと同等の甘味度を示すため，非う蝕性素材として好んで用いられ，特定保健用食品をはじめ種々の食品に用いられる。溶解するときに口腔内の熱を奪い，強い冷涼感を感ずるので，キャンディーや口中洗浄剤などに利用される。グルコースに比べ小腸での吸収速度は遅いが，吸収されたものの約80％は肝臓で代謝され，エネルギー源として利用される。

エリスリトール（erythritol）　エリスリトールはブドウ糖を原料に，発酵により得られる四炭糖の糖アルコールである。天然界でも，発酵食品やきのこ類，メロンなどに含まれる。エリスリトールは大部分が小腸で吸収されるが，生体内で代謝されず，すみやかに尿中に排泄されるため，糖アルコールの中でもエネルギー値が最も低く（$0\,kcal/g$），低カロリー素材としても特定保健用食品素材などに使われている。他の糖アルコールと

| D-ソルビトール | D-マンニトール | キシリトール | エリスリトール |

異なり，小腸で吸収されやすいので，大量摂取による下痢を起こしにくい。キシリトール同様，非う蝕性の甘味料であり，強い冷涼感をもつため，飲料や，キャンディーなどの菓子類に利用される。

（b）　アミノ糖

　糖のヒドロキシ基の一部がアミノ基（$-NH_2$）に置換された糖で，キトサンの構成成分のD-グルコサミンなどがある。さらに，アミノ糖のアミノ基がアセチル化された誘導体には，キチンの構成成分である N-アセチル-D-グルコサミンや，コンドロイチン硫酸の構成成分の N-アセチル-D-ガラクトサミンなどがある。

（c）　デオキシ糖

　糖の$-OH$基の一部が還元されて$-H$基になった糖で，デオキシリボ核酸（DNA）の構成成分のデオキシリボースなどがある。

（d）　糖酸（ウロン酸，アルドン酸）

　ウロン酸はカルボニル基から最も遠い末端のヒドロキシメチル基がカルボキシ基に酸化されたもので，グルコースから誘導されるグルクロン酸はアラビアガムやムコ多糖の構成成分，ガラクトースから誘導されるガラクツロン酸はペクチンの構成成分として知られる。アルドン酸は単糖のアルデヒド基がカルボキシ基に酸化されたもので，D-グルコース由来のD-グルコン酸は，はつみつやローヤルゼリーの他，醸造酢やワイン，味噌，醤油などの発酵食品や，レモンやさくらんぼといった果物，きのこ類など広く分布する。水溶液中ではD-δ-グルコノラクトンとよばれるラクトン構造をとり，豆腐やチーズの凝固剤として使われる。

（e）　アザ糖（aza-sugar, iminocyclitol）

　糖の環内の酸素原子が窒素原子に置換されたものの総称で，ノジリマイシン，マンノジリマイシン，ガラクトスタチンなどが知られている。ノジリマイシンはグルコースのピラノース環の酸素原子がアミノ基に置換されたもので，この1位のアノマー水酸基が水素に置換されると1-デオキシノジリマイシン（DNJ）になる。1-デオキシノジリマイシンは桑葉などに存在し，強力なα-グルコシダーゼ阻害作用をもつため食後血糖上昇を抑制する働きが知られる。

（2）　少　糖　類
（1）　少糖類の構造

　少糖とは単糖が2個以上10個ぐらいまで結合してできたもので，オリゴ糖（oligo-saccharides）ともよばれる，結合する糖の数の上限は明確ではない。食品として日常的に摂取される主な少糖はスクロース，マルトース，ラクトースといった二糖である。他にも天然の食品中にはさまざまな少糖が含まれるものの，含量はそう多くはない。また，少糖の中には，生理機能，呈味性，物理化学的性質に特徴をもつものがあり，機能性オリゴ糖として注目されている。これらには，天然由来のものと，天然の少糖・多糖に酵素処理等を加え，人工的につくられたものが存在する。

　少糖および多糖はグリコシド結合で結合している。たとえば，グルコース2分子が次のように結合するとマルトースができる。

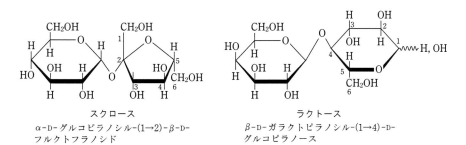

マルトース(α-D-グルコピラノシル(1→4)-D-グルコピラノース)
〜〜H, OH は α, β のいずれも存在する場合に使われる表示法である。

　左側のグルコースはグリコシル基といい，結合によりアノマー異性体の向きが固定される。マルトースの場合，左側のグルコースの1位炭素のアノマー水酸基は α 型で，右側のグルコースの4位炭素と結合している。このようなグリコシド結合を α-1,4結合と表現する。マルトースの右側のグルコースはアノマー水酸基が結合に関与せず，開環してアルデヒド基になることができるので，還元性を示す。一方，スクロースのように，アノマー水酸基同士が結合して開環できず，還元性を示さない糖もある。よって少糖には還元糖と非還元糖の両方がある。

(2) 食品に存在する主な二糖(disaccharide)

　スクロース(sucrose, ショ糖)　　グルコースとフルクトースで構成される二糖で，果実，根，葉茎など広く植物界に分布する高等植物のエネルギー運搬形態である。α-D-グルコピラノース と β-D-フルクトフラノースがアノマー部位同士で α, β-1, 2 結合しているので非還元糖である。食品原料としては最も重要な甘味料で，いろいろな食品の加工・貯蔵に使われ，ジャム，練乳などの製造では水分活性を下げる一種の防腐剤の役割をもつ。工業的には，サトウキビ(sugar cane)，テンサイ(sugar beet)から製造される。このほかメープルシロップの主成分もスクロースである。砂糖はスクロースを主とする甘味料で，結晶粒径の大きく純度の高いザラメ糖(白ざら糖，中ざら糖，グラニュー糖)と粒径が細かく溶けやすい車糖(上白糖，中白糖，三温糖)がある。上白糖は日本の主要な砂糖であり。2%程度の転化糖(ビスコ)*を加えている。これは和三盆などと称される1%程度の還元糖を含む日本古来砂糖の組成に近づけるためで，湿潤性を与えるとともに，固結防止に役立っている。

　ラクトース(lactose, 乳糖, milk sugar)　　哺乳動物の乳汁中に存在し，β-D-ガラクトピラノースが D-グルコースと β-1,4結合してできた還元糖である。牛乳中には約5%含まれる。乳糖不耐症の原因物質である。

スクロース
α-D-グルコピラノシル-(1→2)-β-D-フルクトフラノシド

ラクトース
β-D-ガラクトピラノシル-(1→4)-D-グルコピラノース

---

*スクロースの旋光度は〔α〕D＝＋61°であるが，酸で完全に加水分解すると−20°の旋光度をもつグルコースとフルクトースの混合物が得られる。このように加水分解で旋光度が逆転するので，スクロースの加水分解物を転化糖(invert sugar)という。

マルトース（maltose，麦芽糖，malt sugar）　　マルトースは前述の通り，グルコピラノース2分子が α-1,4結合してできた還元糖である。デンプンの基本構造であり，麦芽や消化液に含まれる β-アミラーゼがデンプンに作用してつくられる。ビールの製造時につくられる麦芽汁や，水飴に多く存在する。

　　その他の二糖　　トレハロースは α-D-グルコース2分子がアノマー部位で α, α-1,1結合した非還元糖で自然界ではキノコ，酵母，昆虫に含まれる。セロビオースは α-D-グルコース二分子が β-1,4結合してできた還元糖でセルロースの基本単位になる。

（3）　その他の少糖（機能性オリゴ糖）

①　機　能

　　酵素利用や精製技術の発達により，食品加工に応用できる特徴的な性質や，ヒトに有用な生理機能をもつオリゴ糖が多数開発され，生産・利用されている。

　　食品加工上の特性として，食品素材に利用されるオリゴ糖のほとんどがショ糖に似た甘味を呈するが，その甘味度は種類により異なる。また，溶解性，吸・保湿性，耐熱性，耐酸性，着色性（カラメル化やメイラード化のしやすさ）も，種類により特性が異なる。したがって，飲料や食品の製造において，これらの特徴を理解し，目的に適したオリゴ糖を選ぶ必要がある。

　　オリゴ糖の生理作用について，主なものに，難消化性と非う蝕性がある。

　　難消化性　　消化性の糖質が小腸で消化吸収されるのに対し，難消化性オリゴ糖は，未消化のまま大腸に到達し，腸内細菌により分解され，酢酸，プロピオン酸，酪酸などの短鎖脂肪酸として吸収される。この際，腸内有用菌であるビフィズス菌（*bifidobacterium*）を増殖させプレバイオティクス効果（prebiotic effect）を発現するため，難消化性オリゴ糖のほとんどに整腸作用がみとめられる。さらに，腸内 pH が低下するため，カルシウムや鉄，マグネシウムなどのミネラルの吸収を促進する作用がある。また，難消化性をもつオリゴ糖は，単糖としてはほとんど吸収されないため，摂取後の血糖値の上昇がなく，血中インスリン濃度にも影響しない。

　　非う蝕性　　歯のう蝕には糖類が深く関わっており，スクロースなど，う蝕性の糖は，ミュータンス連鎖球菌が生産するグルコシルトランスフェラーゼにより，グルコースが多数つながった粘着性で不溶性のグルカンを合成し，歯に付着し，歯垢となる。さらに，これらの糖はミュータンス連鎖球菌などにより分解され，有機酸となり歯垢やその周囲の pH を下げ，歯のエネメル質表層からカルシウムを溶出させる。オリゴ糖の中には，う蝕発生の基質にならないものや，う蝕の原因となる糖と混合したときに，う蝕の発生を抑制するものがあり，非う蝕性食品素材として利用される。

②　各　論

　　機能性オリゴ糖は多数存在し，製造販売されてるうちの主要なものだけでも20種類以上ある。製造方法や機能別の分類は重複が多く，分類法として適当でないので，ここでは原料別にまとめる。

（a）　天然の植物由来

　　オリゴ糖を多く含む植物として，大豆とてんさい（ビート，さとうだいこん）がよく知られている。大豆オリゴ糖は，大豆から抽出される水に可溶な糖類の総称であり，ラ

フィノースやスタキオースといったガラクトオリゴ糖とスクロースが主成分である。スクロースのグルコース部分に1分子のα-D-ガラクトピラノースがα-1,6結合した三糖がラフィノース(raffinose)で，2分子のα-ガラクトースα-1,6結合した四糖がスタキオース(stachyose)である。ラフィノースはてんさいにも含まれ，ショ糖を採取したときに得られる副産物の廃糖蜜から分画製造される。また，スクロースの結晶化を妨害するので，ラフィノース含量の高いてんさいは，スクロースの製造には適さない。

（b） ショ糖を原料とするもの

フラクトオリゴ糖(fructooligosaccharide)，パラチノース(palatinose)，トレハルロース(trehalulose)などがある。フラクトオリゴ糖はスクロースのフルクトース残基に1～3個のフルクトースが結合した，糖類の混合物である。ビフィズス菌増殖効果をもち，特定保健用食品素材として使われる。ショ糖を果糖転移酵素(β-fructosyl-furanosidase)で糖転移反応させて製造されるが，たまねぎ，バナナなどさまざまな植物にも存在する。パラチノースはグルコースとフルクトースがα-1,6結合したもので，トレハルロースはグルコースとフルクトースがα-1,1結合したものである。これらは，非う蝕性(虫歯の原因とならない)のオリゴ糖である。パラチノースオリゴ糖はパラチノースの2～4量体で，複数のパラチノース分子がフルクトース部分で縮合している。パラチノースと異なり大腸まで達しビフィズス菌増殖作用をもつ。

（c） ショ糖と他の糖類の混合物を原料とするもの

グリコシルスクロース(glycocyl sucrose；カップリングシュガー)，ラクトスクロース(lactosucrose；乳果オリゴ糖，乳糖果糖オリゴ糖)などがある。グリコシルスクロースはデンプンとスクロースの混合液から酵素反応を経て合成され，スクロースのグルコース残基にデンプン由来のグルコース1～数個がα-1,4結合したものの混合物である。ラクトスクロースはスクロースとラクトースからつくられ，スクロースのグルコース部分に，1分子のβ-D-ガラクトピラノースがβ-1,4結合した三糖である。ビフィズス菌増殖効果をもち，特定保健用食品素材に使われる。

（d） 乳糖を原料とするもの

ガラクトオリゴ糖(galactooligosaccharide)，ラクツロース(lactulose)などがある。これらはともに，ビフィズス菌増殖効果をもち，特定保健用食品素材に使われる。ガラクトオリゴ糖は，ラクトースのガラクトース残基にガラクトースがβ結合した，二～六糖類の混合物であり，母乳に含まれている。代表的な成分として，ラクトースにガラクトースがβ-1,4結合した4′-ガラクトシルスクロースがある。ラクツロースは，ガラクトースとフルクトースがβ-1,4結合した二糖類で，異性化乳糖ともよばれる。人工栄養児の腸内細菌叢を母乳栄養児に近づける作用をもつことから，育児用調整乳に添加される。

（e） デンプンを原料とするもの

デンプンに由来するオリゴ糖として古くから利用されてきたものに，水飴がある。酵素や精製・分離技術の発展に伴い，現在では多種多様なオリゴ糖が開発され，利用されている。代表的な物として，マルトオリゴ糖(maltooligosaccharide)，イソマルトオリゴ糖(isomaltooligosaccharide)，ゲンチオオリゴ糖(gentiooligosaccharide)，パノース(panose)，ニゲロオリゴ糖(nigelooligosaccharide)，トレハロース(trehalose)，シクロデキストリン

（cyclodextrin，CD）などがある。マルトオリゴ糖はグルコース同士が直鎖状にα-1, 4結合でつながった二〜十糖類の混合物であり，水飴の構成成分として知られ，デンプンをα-アミラーゼで消化してつくられる。イソマルトオリゴ糖も，複数のグルコース分子からなり，直鎖状にα-1, 6結合でつながっている。ビフィズス菌増殖効果をもつ。ゲンチオオリゴ糖はグルコース同士が直鎖状にβ-1, 6結合でつながった二〜十糖類の混合物で，苦みを呈する点が特徴的なオリゴ糖である。天然にはリンドウの根茎や根に含まれる。パノースはマルトースの非還元性末端グルコースにグルコース分子がα-1, 6結合でつながった三糖類，ニゲロオリゴ糖はグルコースがα-1, 3結合でつながった二糖類であり，清酒，みそ，みりん，はちみつなどに含まれる。トレハロースはグルコースが1, 1結合した非還元性の二糖のうち，α, α型のものをいい，α, β型はネオトレハロース，β, β型はイソトレハロースとよばれる。パン酵母やビール酵母などの酵母類に含まれ，昆虫類ではエネルギー源や凍結耐性を担う物質として重要な役割をもっている。シクロデキストリンは環状オリゴ糖ともよばれ，グルコース分子がα-1, 4結合で6個以上環状につながった非還元性のマルトオリゴ糖の一種である。グルコース分子が6個のものをα-CD，7個のものをβ-CD，8個のものをγ-CDとよぶ。CDは分子内が空洞で，内側が疎水性，外側が親水性を示すため，空洞内部にさまざまな物質を取り込み安定化させる分子カプセルとしての性質をもち，揮発性物質の安定化，不安定物質の保護，異臭のマスキング，難溶性・不溶性物質の可溶化，潮解性・粘着性物質の粉体化などに利用される。

（ f ）　キシランを原料とするもの

五炭糖のキシロースがβ-1, 4結合した二〜七糖類の混合物で，とうもろこしの穂軸などに含まれる多糖類キシラン（xylan）を酵素分解して得られる。ビフィズス菌増殖効果をもつ。

（ g ）　動物を原料とするもの

キチンオリゴ糖（chitin oligosaccharide）とキトサンオリゴ糖（chitosan oligosaccharide）があり，いずれも重合度2〜6程度の糖類の混合物である。キチンオリゴ糖はキチンを加水分解して得られ，N-アセチルグルコサミンがβ-1, 4結合したもので，N-アセチルキトオリゴ糖ともよばれる。キトサンオリゴ糖はキトサンを加水分解して得られ，D-グルコサミンがβ-1, 4結合したもので，キトオリゴ糖ともよばれる。

（4）　二糖以上の糖アルコール（オリゴ糖アルコール）

少糖の非還元末端を水素添加により還元したものである。代表的なものに，二糖類ではパラチノース，マルトース，ラクトースを還元して得られる，還元パラチノース（パラチニット；palatinit），マルチトール（maltitol），ラクチトール（lactitol）などがある。他にもマルトトリオースやイソマルトトリオースのようなオリゴ糖や水飴のようなオリゴ糖・多糖の混合物を還元したものもあり，それぞれ還元直鎖オリゴ糖，還元分岐オリゴ糖，還元水飴など，対応するオリゴ糖名に還元をつけてよばれる。

非う蝕性，低エネルギー性，血糖値非上昇

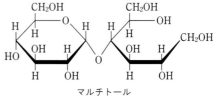

マルチトール

などの生理機能は単糖アルコールと同様である。

（3）　多糖類

（1）　多糖の構造と分類

　　多糖は数十個～数百万個の単糖がグリコシド結合したものの総称である。他の食品成分に比べその摂取量は大きいが，デンプンのように安価なエネルギー源となるものも，セルロースのように消化吸収されないものもあり，その構成糖，結合方式，置換基の種類と数，分子量の大きさでさまざまな性質をもつ。分類上は1種類の単糖からなる単純多糖(ホモ多糖, homoglycan)と，複数の単糖からなる複合多糖(ヘテロ多糖, heteroglycan)に分けられる。命名は構成糖の語尾を- an に変え，たとえば，単純多糖のうちグルコースからなるものはグルカン(glucan)で，ガラクトースはガラクタン(galactan)であり，グルコースとマンノースからなる複合多糖はグルコマンナン(glucomannan)となる。

　　食品中の多糖の起源は，動植物や菌類，藻類と多様で，その役割からは貯蔵多糖，構造多糖，ムコ多糖のように分類される。また，食品加工では，食品の物性，品質を改良または安定化するために多糖が添加される。一方，消化性は種類によって大きく異なり，デンプンなど消化・吸収されエネルギー源となる多糖と，セルロースなど消化・吸収されず，食物繊維としての機能をもつ多糖に分けられる。　ここでは主要な多糖について，消化性ごとに分けて述べる。

（2）　消化・吸収される多糖

　　食品に存在する多糖のうち，消化・吸収されるもののほとんどがデンプンである。他に肝臓や筋肉に貯蔵多糖として存在するグリコーゲンや，デンプンの一部を酸・酵素・熱などで分解して得られるデキストリンがある。

　　デンプン(starch)　　デンプンは人間のエネルギー源として最も重要なものの一つで，穀類・イモ類・豆類(ただし大豆，ピーナッツなどの油糧種子にはないか，ほとんど含まれない)などの主要な貯蔵多糖である。デンプンはこれらの種子でデンプン粒をつくっており，その粒の形態は原料の植物により異なる。図1-11に代表的なデンプンの粒形を示す。ばれいしょ，かんしょなどの地下デンプンの方が概して粒径は大きい。

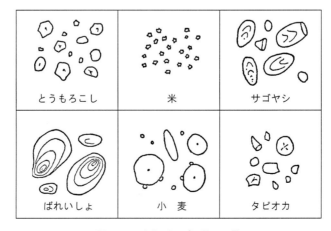

図1-11　主なデンプン粒の形状

デンプンはその構成成分から考えると直鎖状のアミロース(amylose)と分枝状のアミロペクチン(amylopectin)に大別される。いずれも，D-グルコースの重合物である。普通，デンプン粒にはアミロースが15～30％で，アミロペクチンが70～85％程度含まれる。もち米やワキシーコーンといったもち系統の穀物のデンプンのようにアミロースをほとんど含まない(0～4％)ものや，特別な品種改良でつくり出されたハイアミロースコーンといわれるとうもろこしの品種のように高含量のアミロース(70～80％)を含むものもある。

　アミロースとアミロペクチンの構造は図1-12に示す通りで，いずれもD-グルコピラノースがα-1,4結合で連なったアミロース鎖を基本構造にしており，アミロペクチンではところどころでα-1,6結合で分枝している。アミロースはグルコースの重合度(degree of polymerization，DP)が数百から数千で分子量は数万～数十万程度なのに対し，アミロペクチンのDPが数十万～数百万，分子量が数千万から一億の巨大分子である。アミロペクチンの一つの分枝の平均鎖長はデンプンの種類により若干異なっている。また，同一のアミロペクチン分子でも還元末端に近い方(または房のもとの方に近いところ)が分枝の度合が密で，非還元末端側にあたる外側が少ない(図1-12参照)。しかし，全体を平均すると分枝一つについて単糖20～30程度の鎖長とされている。

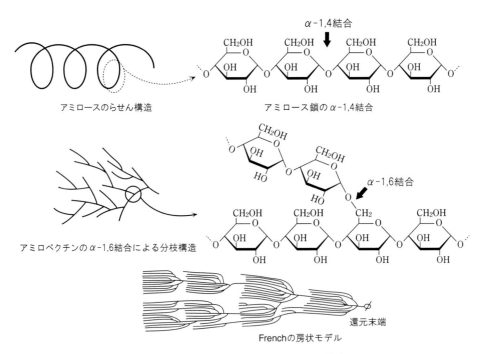

図1-12　アミロースとアミロペクチンの構造

　アミロース鎖は6個のグルコースで一周するらせん構造をとっており，デンプンにヨードイオン(三ヨウ化物イオン，I_3^-)を加えると，ヨードイオンを中心にした，安定したラセン構造をもつ複合体となる(図1-13)。ヨウ素デンプン反応はこの性質を利用したもので，複合体をつくるアミロース鎖のグルコース重合度(DP)で呈色が異なる。一般にDP45以上では青色を示し，DP20～30で赤，それより少なくなると褐色になり

DP12以下で無色になるといわれる。アミロペクチンも外側の非還元性末端に近い分枝はアミロース鎖なので，ヨードで呈色するが，アミロースよりラセン構造が短いため赤紫から褐色に呈色する。アミロース鎖は脂肪酸やモノアシルグリセロールともらせん構造に取り込み，生じたアミロース・脂質複合体は，糊化・老化といったデンプンの物性に影響する。デンプンの糊化と老化については，159頁を参照されたい。デンプンを加水分解して得られる脂質や脂肪酸を fat by hydrolysis という。

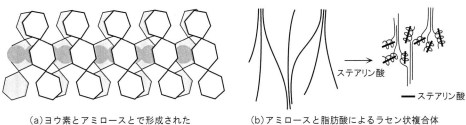

（a）ヨウ素とアミロースとで形成された
　ラセン状複合体の構造

（b）アミロースと脂肪酸によるラセン状複合体

図1-13　アミロースとヨード，脂肪酸とのラセン状複合体

(3)　消化・吸収されない多糖（食物繊維）

①　機　能

　栄養学的には，難消化性の多糖類は食物繊維に分類される。食物繊維はヒトの消化酵素で消化されにくいので，大腸まで達する。保水性，ゲル形成性，イオン交換性が食物繊維の主な機能性であり，消化管のなかで吸水して膨潤し便量を増やし，腸の運動を活

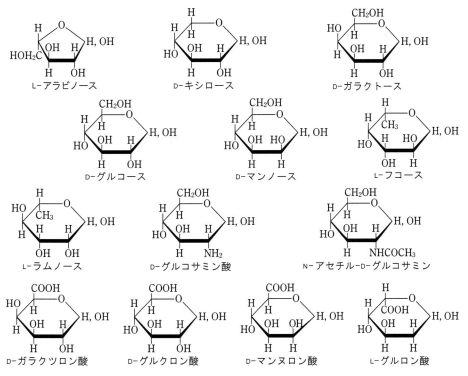

図1-14　食物繊維の多糖類を構成する主な単糖類

発にする。さらに有害物の吸着排出作用も知られる。なお，食物繊維は，図1-14のようなさまざまな単糖類で構成される。

② 各 論

食物繊維には水溶性と不水溶性のものがあり，さらに植物性と動物性に区別される。機能性オリゴ糖同様，食物繊維も種々の分類法が考えられるが，ここでは食物繊維の由来ごとに概説する。

（a） 植物細胞壁の構造成分

セルロース（cellulose）　セルロースは自然界に最も大量に存在する炭水化物であり，植物の細胞壁を構成する構造多糖である。1,000分子以上のD-グルコースがβ-1,4結合で重合した直鎖状の構造をもつ。動物はグルコースのβ-1,4結合を分解する消化酵素がないためエネルギー源として利用されない[*]。また，グルコースのβ-1,4結合では環内酸素と3位炭素にあるヒドロキシ基の間に水素結合が生じるため，安定した直鎖状の構造をとる。高分子量で，安定した繊維状の構造をもつセルロース分子は，集合して繊維を形成するため，水に不溶で膨潤性・吸水性も乏しい。セルロース繊維には規則正しく並んだ結晶部分と分子の配列が乱れた非晶質部分があり，特別な方法で非晶質部分のみを分解し，結晶部分だけをとり出したものを微結晶セルロース（microcrystalline cellulose）とよぶ。分子量は5万程度で，増量剤として医薬品やサプリメントの賦形剤，低カロリー食品，粉末化剤，吸湿剤，乳化安定剤など，いろいろな食品に利用される。

セルロース

CMC（カルボキシメチルセルロース，carboxymethyl cellulose），メチルセルロース（methyl cellulose）は，セルロースの誘導体である。CMCはセルロースのヒドロキシ基にメチルカルボキシ（$-CH_2COOH$）基を導入したエーテルで，グルコース一個あたり平均して0.5〜0.8程度置換されたものがNa塩として利用されることが多い。CMCの水溶液は高粘性を示し，乳化安定剤や糊料として使われる。CMCに水溶性多糖を組み合わせ水溶液でコロイドをつくるCMC製品も広く使われている。メチルセルロースは，セルロースのヒドロキシ基のうち20〜30％程度をメトキシ基（$-OCH_3$）に置換したもので，低温では水溶性であり，高温でゲル化する性質がある。

ペクチン質（pectic substance）　植物の果実，茎，塊茎などの細胞間隙に存在し細胞をつなぐ酸性多糖を総称してペクチン質とよぶ。一般には，ペクチンの構造はウロン酸のD-ガラクツロン酸がα-1,4結合してできるポリウロニドと，そのメチルエステルと

---

[*]セルロースは食物繊維の主成分であり，食物繊維の摂取量と大腸がんに負の相関性があることが疫学的指摘されている。このほかバルク形性能により便秘を防止する。

される。しかし自然界には，ラムノースが主鎖に混ざるラムノガラクツノナンや，ホモガラクツロナンやラムノガラクツノナンにラムノース，アラビノース，ガラクトースなどから構成される側鎖をもつ，さまざまなペクチン分子が存在する。

ペクチン質はプロトペクチン(protopectin)，ペクチニン酸(pectinic acid)，ペクチン酸(pectic acid)に分類される。未熟な果実などに存在するプロトペクチンはセルロース，たんぱく質，カルシウムイオンなどと結合した不溶性のペクチン質で，若い果実の組織に硬い物性を与えている。果実の成熟の過程でプロトペクチンは，ガラクツロン酸のα-1,4結合を加水分解するポリガラクツロナーゼによる低分子化と，ペクチンエステラーゼによるメチルエステルの加水分解で，水溶性が増したペクチニン酸となる。さらに過熟が進むとメトキシ基をほとんど含まない水溶性のペクチン酸となる。

理論上，ポリガラクツロン酸のカルボキシ基が完全にメチル化するとメトキシ基含量はポリガラクツロン酸メチル重量の16.32％(w/w)になる。天然の果実に含まれるペクチンは，メトキシ含量が約7％(カルボキシ基の50％がメチルエステル化に相当)以上で，高メトキシペクチン(HMペクチン)とよばれる。高メトキシペクチンは，pH3.0付近の酸性条件でスクロースなどの糖を50％以上含むと，ゲル化する性質があり，ジャムの製造に利用される。ゲル化に必要な条件はpHと糖度のほか，ペクチン濃度，メチル化の割合，他の塩存在によって異なる。高メトキシペクチンを酸やアルカリで処理し脱エステル化しメトキシ基含量を7％以下にしたものが低メトキシペクチン(LMペクチン)である。低メトキシペクチンやペクチン酸はCa^{2+}やMg^{2+}などの2価金属イオンを加えるとゲル化する性質をもつ。これはペクチンのカルボキシ基がCa^{2+}とイオン結合で架橋されるためである。低メトキシペクチンのゲル化は，中性で低い糖濃度でも可能であり，酸性条件に適さない乳製品などのゲル化にも利用される。

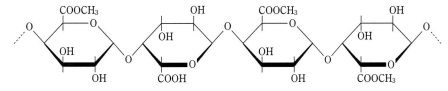

ペクチン分子の構造*
*ペクチン酸では−$COOCH_3$がすべて−COOHになっている。
結合はα-1,4結合である。

（b） その他の植物多糖

植物滲出物と植物種子抽出物　食品の加工・貯蔵に用いられている植物多糖は多数に上る。そのうちの代表的なものを表1-2に示す。これらは樹木などの滲出物(exudates)と種子の抽出物，いわゆる種実ガム(seed gums)に分けられる。前者の代表がアラビアガムで，後者の代表がローカストビーンガムやグアーガムである。ローカストビーンガムとグアーガムの構造を図1-15に示す。両者の構造は非常に類似していることがよくわかる。

大豆の多糖　完熟した大豆種子は，デンプンが含まれず，タンパク質や脂質の割合が大きい。食品成分表(七訂)では国産黄大豆の乾燥品では，炭水化物(29.5g/100g)の

表1‐2 食品に用いられる主な植物多糖の性状と用途

種類，名称	原　料	構成糖	性　状	主な用途
1. 植物滲出物 アラビアガム (gum arabic)	*Acacia senegal* などの Acacia 属の樹木の滲出物(主産地アフリカ)	D‐Gal (37%)， L‐Ara (30%)， D‐GA (14%)， L‐Rha (11%) を主構成糖とする MW. 25万〜100万	水溶性，50%まで可溶，溶液は低粘性でニュートン流体，pH は4.5〜5.5，pH5〜10で安定	乳化剤(O/W型に用いられる)，製菓用(砂糖の晶出防止，脂肪の乳化)，乳製品(アイスクリーム，シャーベットの氷晶の成長阻害)，フレーバーの固定
トラガカントガム (gum tragacanth)	*Astraglus* 属の樹木から得られる滲出物(主産地中近東)	D‐Gal A (43%)， D‐Xyl (40%)， D‐Fuc (4%) を主構成糖とする	水溶性と不溶性物の混合，不溶物はゲル状に膨潤，熱，酸に対し安定	アイスクリーム等の安定剤 サラダ・ドレッシング等の安定剤
ガティガム (gum Ghatti)	*Anogeissus latifolia* の樹皮から分泌される滲出物(インド，スリランカ)	L‐Ara (47.6%)， D‐Gal (28.6%)， D‐Man (9.5%)， D‐GA (9.5%)， D‐Xyl (5%) を主構成糖とする	10%は水に不溶，残り90%が可溶，緩衝能あり	乳化剤，安定化剤，主としてシロップおよびシロップ‐脂肪系の安定剤として用いられる
カラヤガム (gum karaya)	*Sterculia urens* の滲出物(インド)	D‐Gal A (60%)， D‐Gal (19%)， L‐Rha (21%) で部分的にアセチル化されている(8%程度)	溶解性以外の性質はトラガカントガムに類似する．水に不溶であるが水を吸収しコロイド状のゾルを形成する	アイスクリーム，シャーベットの安定剤，肉製品の保水性の改良，乳製品等に用いられる
2. 植物種実抽出物 ローカストビーンガム (locust bean gum)	*Cereatonia siliqua* (イナゴマメ)の種実の抽出物(米国)	D‐Gal と D‐Man が1:3〜4の割合で構成されるガラクトマンナンが90%程度，他にペントザン3〜4%など	冷水には一部可溶，熱水可溶，カラギーナン，アルギン酸の離漿性を低下し，エラスチックなゲルにする	アイスクリームのすぐれた安定化剤，チーズスプレッド，肉製品などの安定剤，ドウの改良剤として用いられる
グアーガム (guar gum)	*Cyamopsis tetragonolobus* の種実からの抽出物(インド，パキスタン，米国)	D‐Gal と D‐Man を1:2の割合で含むガラクトマンナンが主成分(89%程度，MW.20〜30万)	冷水に可溶，溶液はチクソトロピーを示す	プロセスチーズ，アイスクリーム，ケーキミックス，肉製品の結着剤，飲料などに広く安定剤，改良剤として用いられる

原料の括弧内は主産地，構成糖の割合は産地や品種，製法で異なる．MW; 分子量
Ara: アラビノース，Fuc: フコース，GA: グルクロン酸，Gal: ガラクトース，GalA: ガラクツロン酸，Man: マンノース，Rha: ラムノース，Xyl: キシリトール

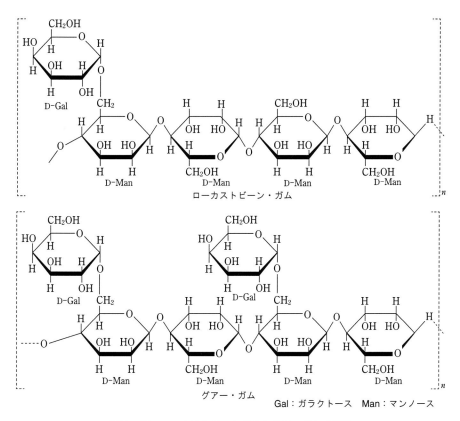

図1-15　ローカストビーンガムとグアーガムの構造

大部分は食物繊維で水溶性が$1.5\,\text{g}/100\,\text{g}$, 不溶性が$16.4\,\text{g}/100\,\text{g}$である。大豆の多糖には，セルロースのほか，側鎖にD-ガラクトースとL-アラビノースからなるアラビノガラクタン（arabinogalactan，図1-16）をもつペクチン質がある。大豆アラビノガラクタンは，熱水可溶性であるが，単なる加熱抽出では完全に抽出されず，大部分は残渣に残る。酵母，細菌，カビの酵素で分解され，大豆の発酵食品の味噌，しょう油などの製造工程中に放出されるアラビノース，ガラクトースは非酵素的褐変の出発物質として非常に重要で，大豆の発酵食品の色調に関係が深い。

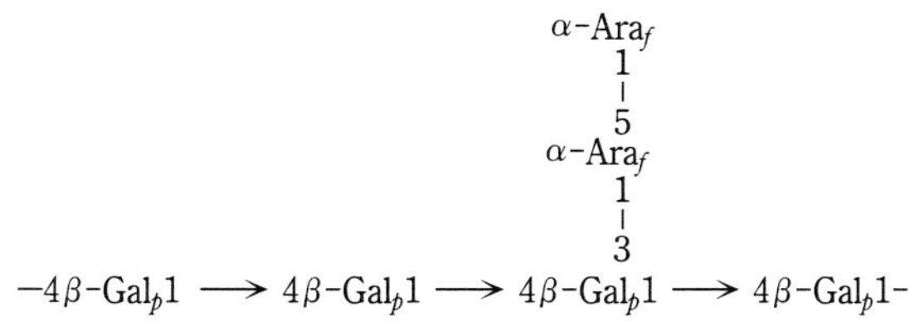

$$\begin{array}{l}
\alpha\text{-Ara}_f \\
1 \\
| \\
5 \\
\alpha\text{-Ara}_f \\
1 \\
| \\
3 \\
-4\beta\text{-Gal}_p1 \longrightarrow 4\beta\text{-Gal}_p1 \longrightarrow 4\beta\text{-Gal}_p1 \longrightarrow 4\beta\text{-Gal}_p1-
\end{array}$$

数字は結合に関わる炭素の番号，矢印の向きは還元末端を指す。
Ara; アラビノース，Gal; ガラクトース，f; フラノース，p; ピラノース

図1-16　大豆のアラビノガラクタンの主構造

　　グルコマンナン（glucomannan）　　グルコマンナンはこんにゃくの主成分で，コンニャクマンナンともよばれる。D-マンノースとD-グルコースがβ-1,4結合でつながった基本構造をもち，グルコースとマンノースの比率は2：3〜1：2である。水溶性で，水を加えると膨潤して粘度の高い液体となる。この水溶液に水酸化カルシウムといったアルカリを加えて加熱すると不溶化し，弾力のあるゲルになる。

イヌリン（inulin）　　ごぼう，きくいも，たまねぎ，チコリなどに含まれる水溶性食物繊維で，スクロースの D-フルクトース側に D-フルクトースが β-2, 1結合で20〜30個つながったフルクタンの一種．フルクトオリゴ糖の原料になる．

　レジスタントスターチ（resistant starch）　　デンプンは生体内で消化・吸収される多糖であるが，たとえばデンプン粒のように結晶構造をもつ場合は，消化酵素が作用できないため，消化できない．レジスタントスターチ（RS）は，このような"健常人の小腸腔内で消化・吸収されずに大腸に達するデンプンおよびデンプンの部分分解物"の総称であり，難消化性デンプンともよばれる．RS はその性質から以下の4つに分類される．

　　RS1：物理的に消化酵素が作用できないもの，RS2：デンプン粒がその結晶構造ゆえに消化抵抗性を示すもの，RS3：老化デンプン，RS4：化学修飾デンプン

（c）　海藻多糖（seaweed polysaccharide）

　海藻の多糖として食品加工に用いられる重要なものは，主に紅藻の生産する多糖で，寒天，カラギーナン，ファーセレランなどがこれに属し，その他には褐藻から生産されるアルギン酸がある．

　寒天（agar, agar-agar）　　寒天は日本の特産品で，テングサ（*Gelidium amansii*）をはじめとするテングサ（*Gelidium*）属，オゴノリ（*Gracilaria*）属などの紅藻から抽出してつくられる．約70％を占めるアガロース（agarose）と約30％のアガロペクチン（agaropectin）からなる．アガロースの分子量は，12万程度で D-ガラクトピラノースと3, 6-アンヒドロ-L-ガラクトースが β-1,4結合したアガロビオースを基本構造とし，アガロビオースが α-1,3結合で連続的に結合した直鎖状の構造をもつ．アガロペクチンはアガロースを基本として，グルクロン酸，ピルビン酸，L-ガラクトースなども含み，一部が硫酸基で修飾されている酸性多糖である．寒天は水に不溶だが，熱水に溶解し30℃以下に冷却するとゲル化する．このゲルは再び加熱すると80〜90℃でゾル化する熱可逆性ゲルである．紅藻の熱水抽出物を冷却したものがところてんであり，寒天はところてんを凍結・融解を繰り返すことで融解時に不純物がのぞかれたものを乾燥してつくられる．

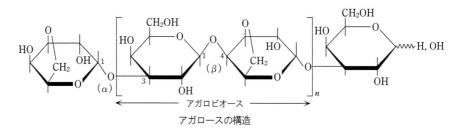

アガロースの構造

　カラギーナン（carrageenan）　　ヤハズツノマタ（*Chondrus crispus*）をはじめとするツノマタ（*Chondrus*）属，スギノリ（*Gigartina*）属，キリンサイ（*Eucheuma*）属などの紅藻に含まれる多糖の総称である．D-ガラクトースと3, 6-アンヒドロ-D-ガラクトースの重合体で，硫酸基を含む．κ-型，λ-型，ι-型に大別される．これらの3種のカラギーナンの性質を表1-3に示す．κ-カラギーナンはカリウムイオンまたはリン酸イオンの存在下でゲル化する．λ-型はゲル化しない．カラギーナンゲルはもろく砕けやすいため他の植物ガム質（ローカストビーンガムなど）と混合して使われることが多い．また，

κ-カラギーナンの低濃度の溶液は食品中のタンパク質，特にミルクカゼインと反応し，複合体をつくり，溶液を安定化させる。この性質を利用し，乳飲料（チョコレートミルク，ラクトコーヒーなど）の安定化剤として用いられる（製品中0.0075～0.02％の濃度で安定化を行う）。

表1-3　カラギーナンの分類と性質

性　質	κ-型	λ-型	ι-型
硫酸残基	約25％	約35％	約32％
3,6-アンヒドロ糖	約28％	0％	約30％
陽イオンとの反応	K⁺でゲル化	ゲル化しない	K^+ Ca^{2+} でゲル化
ゲルの特性	砕けやすい，離漿性，加熱で可逆的	ゲル化しない	離漿性なし，弾性力のあるゲル，加熱で可逆性
冷水可溶性	Na塩は可溶性	可溶性	Ca塩はチクソトロピックな分散をする
リン酸塩との反応ガラクトース-6-硫酸*	ゲル化または濃厚化微量	ゲル化または濃厚化糖残基の1/2	ゲル化または濃厚化少量

*2,6-ジ硫酸も含む

　ファーセレラン（furcellaran）　　フルセララン、デンマーク寒天ともいわれ，第二次世界大戦以後，食品への利用が開発された。フルセラリア（Furcellaria）属の紅藻から抽出され，性質はカラギーナンに類似し，κ-型，λ-型が存在するが，硫酸エステルの含量はカラギーナンより低く，寒天との中間の値を示す。構造的には，D-ガラクトースと3,6-アンヒドロ-D-ガラクトースが主構成糖で，カラギーナンに類似する。

　アルギン酸（alginic acid, alginate）　　こんぶ，わかめなど褐藻の細胞壁の構成成分で，D-マンヌロン酸（マンノースのウロン酸）とL-グルロン酸（グロースのウロン酸）とがβ-1,4結合で連なっている。交互に2つの糖が連なっている部分と各々の糖が多数連なっている部分とからできているとされる。アルギン酸自身は水に不溶性だが，ナトリウム塩は水にとけて粘性のある溶液をつくり，増粘剤や安定剤として利用される。また，アルギン酸ナトリウム塩はペクチン酸と同様に2価金属イオンで架橋され熱に安定なゲルを形成する。アルギン酸のプロピレングリコール誘導体は酸性下でも可溶性で，アイスクリームの安定剤としては非常にすぐれた性質を示す。

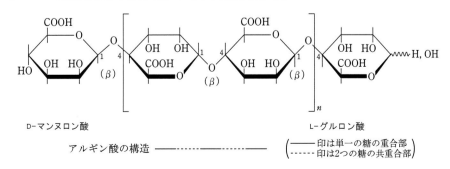

D-マンヌロン酸　　　　　　　　　　　　　　　　L-グルロン酸

アルギン酸の構造 ——————————（ —— 印は単一の糖の重合部 ・・・・・ 印は2つの糖の共重合部 ）

（d） ムコ多糖

　ムコ多糖は古くは動物の粘液から得られる粘性の高い物質を構成する多糖を指していたが，現在ではアミノ糖を含む多糖と定義される。キチン・キトサンに代表される中性ムコ多糖と，コンドロイチン硫酸やヒアルロン酸に代表される酸性ムコ多糖に大別される。

　キチン（chitin）・**キトサン**（chitosan）　　キチンは N-アセチル-D-グルコサミンが β-1,4結合で直鎖状に結合した多糖で，キトサンはキチンを脱アセチル化したもので，D-グルコサミンが β-1,4結合している。キチンはえびやかにの殻に含まれているキチン質から脱塩，除タンパク質，洗浄の工程を経て精製され，キトサンは精製キチンを濃NaOH で処理して得られる。キトサンにはコレステロール吸収を助ける胆汁酸に結合する性質があるため，消化管からのコレステロール吸収を抑えるはたらきが示されている。キトサンによる胆汁酸の体外への排出促進により，肝臓ではコレステロールからの胆汁酸合成が刺激されるので，体内のコレステロール蓄積も抑制されると推定されている。

　グリコサミノグリカン（glycosaminoglycan）　　酸性ムコ多糖ともよび，アミノ糖と，硫酸基をもつ糖やウロン酸で構成される。N-アセチルグルコサミンとグルクロン酸の繰り返し構造からなるヒアルロン酸や，硫酸化した N-アセチルガラクトサミンとグルクロン酸からなるコンドロイチン硫酸がある。

（e）　合成，加工食物繊維

　代表的なものに，ポリデキストロース（polydextrose）や難消化性デキストリン（indigestible dextrin）がある。ポリデキストロースはグルコースとソルビトールとクエン酸を一定の割合で混合したものを，高温度の真空下で反応させて製造する多糖類である。水溶性で，グルコースがランダムに結合した構造をもち，難消化性の性質をもつ。難消化性デキストリンは，デンプンを粉末のまま加熱した焙焼デンプン中に含まれるデキストリンのうちアミラーゼで消化されにくい画分の総称であり，平均分子量が約2,000のグルコース重合体である。同じ重合度20程度のデキストリンと同様，水に溶けやすく，わずかに甘味を呈する。

SECTION 3 　脂　質

　　脂質(lipid)は，糖質およびタンパク質と並んで食品の主要成分の一つである。われわ
れが日常生活で用いている食用油，機械油，ガソリンのように水にまったく溶解せず，
有機溶媒-エーテル，石油エーテル(ヘキサン)，クロロホルム，ベンゼンなど-に可溶な
有機化合物と考えれば，ほぼ間違いない。通常，生体や食品からの脂質の抽出にはクロ
ロホルムとメタノールの混合液(2：1の混液)が用いられることが多い。この方法で抽出
すると脂質のほかに，糖質と中間の性質を示すもの(例：糖脂質)，タンパク質との中間
の性質を示すもの(例：プロテオリピド)なども混入してくる。これらをいずれに分類す
るかは問題であるが，通例は脂質的性質の強いものは脂質に入れるようである。

　　このように，脂質の定義がほぼ有機溶媒への溶解性を基準としているために，糖質や
タンパク質とは違って脂質の分類は非常に複雑なものとなってくる。以下に構造的にも
まったく関連性のないものが含まれる分類法と各脂質の特性を示す。

（1）　脂質の分類

　　表1-4に脂質の分類法の一つを示す。脂質はおおまかに単純脂質，複合脂質，誘導脂
質に分類される。単純脂質はエステル結合だけで脂肪酸とアルコール(グリセロールも
3価のアルコールである)が結合したものを指し，複合脂質はアルコールや脂肪酸のほか
に，リン酸，アミン，アミノ酸，糖，タンパク質など(そのうちの一つまたは組合せて)
が結合したものを指す。誘導脂質は，脂質の加水分解によって誘導されるもので有機溶
媒に可溶で水に不溶のものを指す。その他の脂質も通常の分類では誘導脂質に含めるが，
化学構造的にまったく異質のものと考えられる。

　　これらの脂質の中で，食品化学の面で重要なものは，食品として摂取量の大きい脂肪，
この脂肪を構成する脂肪酸，食品中の脂質の変敗や食品の乳化性に関係の深い一部のリ
ン脂質，食品の色調および色調の変化に関係する色素類やトコフェロール類(抗酸化剤
としての機能をもつ)などである。本項では，脂肪酸，リン脂質，中性脂肪，ステロール
について述べることとする。色素類およびトコフェロール類に関しては，別項で触れる
こととする(p. 67参照)。

（2）　脂肪酸

　　脂肪酸は脂肪を構成する重要要素で，一塩基性のカルボン酸である。通常，食品中に
存在する脂肪酸は，一部の例外を除けば炭素数が14，16，18などの直鎖で長鎖かつ偶数
のものが大部分を占める*。このほか分岐の脂肪酸，炭素数が奇数の脂肪酸の存在も知
られているが，食品中の存在量はごくわずかである。炭素数が4-6個の脂肪酸を短鎖脂
肪酸，8-12個の脂肪酸を中鎖脂肪酸，14個以上のものを長鎖脂肪酸とよぶ。

　　脂肪酸は脂肪をケン化して得られる。脂肪はトリグリセリド(triglyceride; TG，別名ト

---

*偶数の脂肪酸がほとんどを占める理由は，動・植物体内の脂肪酸の生合成の際，炭素数2個の前駆体であるマ
　ロニルCoAが順次重合していくためである。

表 1 - 4　天然脂質の分類

1. **単純脂質**（simple lipid）
   (1) 脂肪（fat：中性脂肪（neutral fat），トリグリセリド（triglyceride）ともいわれる）*
   (2) ロウ（wax）
2. **複合脂質**（compound lipid）
   (1) リン脂質（phospholipid）
       ⅰ) レシチン（lecithin：ホスファチジルコリン phosphatidylcholine）
       ⅱ) ホスファチジルエタノールアミン（phosphatidylethanolamine）**
       ⅲ) ホスファチジルセリン（phosphatidylserine）**
       ⅳ) ホスホイノシチド（phosphdnositide）
       ⅴ) プラズマローゲン（plasmalogen）
       ⅵ) スフィンゴミエリン（sphingomyelin）
       ⅶ) その他***
   (2) 糖脂質（glycolipids）
       ⅰ) セレブロシド（スルフォリピドを含む，cerebroside including sulfolipid）
       ⅱ) ガングリオシド（ganglioside）
   (3) リポタンパク質（lipoprotein）
3. **誘導脂質**
   (1) 脂肪酸（fatty acid）
   (2) 脂肪族アルコール（aliphatic alcohol）
   (3) 脂肪族炭化水素（aliphatic hydrocarbon）
4. **その他の脂質**
   (1) ステロイド（steroid）
   (2) 色素類（pigment）
       ⅰ) クロロフィル（chlorophyll，葉緑素ともいう）
       ⅱ) カロチノイド（carotenoid）
   (3) 脂溶性ビタミン（fat-soluble vitamin）****
   (4) 炭化水素（hydrocarbon）
   (5) その他

---

*脂肪は食品では油脂（oils and fats）といわれることが多い。油とは常温で液体のものをいい，脂とは固体のものをいう。したがって，ほとんどの植物油は油に，哺乳動物脂は脂に入る。しかし，パーム核油のように融点が30℃に近いものでは，室温によって固状であったり，液体となったりして油と脂の区別があいまいなものがある。

** この2つの化合物は以前ケファリン（cephalin）として分類されていた。しかし2種の化合物の混合物であることが判明してからは，ケファリンという名称が使われなくなってきた。

*** その他の中にはレシチンなどの分解物であるホスファチジン酸（phosphatidic acid），リゾレシチン（lysolecithin）などが含まれる。

**** 詳細は2章 SECTION 1 参照のこと。

リアシルグリセロール）ともよばれ，グリセロール1分子と脂肪酸3分子がエステル結合したものである。このほかグリセロール1分子と脂肪酸2分子がエステル結合したジグリセリド（diglyceride；DG，別名ジアシルグリセロール），脂肪酸1分子と結合したモノグリ

$$
\begin{array}{ll}
 & O \\
 & \| \\
O & \overset{1}{CH_2}OCR_1 \quad R_1COOH \\
 \| & \overset{2}{|} \\
R_2C\overset{2}{O}CH \quad O \quad R_2COOH \\
 & \overset{3}{|} \quad \| \\
 & CH_2OCR_3 \quad R_3COOH
\end{array} \Big\} 脂肪酸
$$

トリグリセリド

セリド（monoglyceide；MG，別名モノアシルグリセロール）があり，これらは特別な物性をもつので，食品の品質改良剤として用いられる。DG や MG を部分グリセリドという。

(1) 飽和脂肪酸と不飽和脂肪酸

脂肪をケン化すると脂肪酸のカリウム塩またはナトリウム塩が得られる。これが石けんで，これを酸性にすると脂肪酸が分離してくる。天然の脂肪酸は大別して飽和脂肪酸（saturated fatty acid）と不飽和脂肪酸（unsaturated fatty acid）に分けられる。飽和脂肪酸は

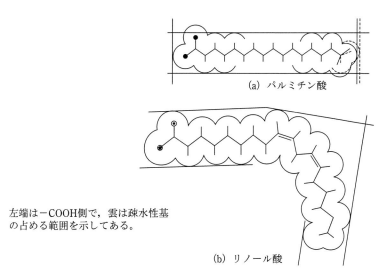

(a) パルミチン酸

左端は−COOH側で，雲は疎水性基
の占める範囲を示してある。

(b) リノール酸

図1–17　パルチミン酸とリノール酸の空間配置

二重結合をまったくもたない直鎖状の脂肪酸である。不飽和脂肪酸は1つ以上の二重結合をもつ脂肪酸で，もっている二重結合の数によって分類さる。1個のものはモノエン酸（monoenoic acid）あるいはその代表脂肪酸であるオレイン酸（18：1）にちなんでオレイン酸系列の脂肪酸，2個のものはジエン酸（dienoic acid）あるいはリノール酸（18：2）系列の脂肪酸，3個のものはトリエン酸（trieoic acid）あるいはリノレン酸（18：3）系列の脂肪酸などとよばれる。二重結合を4あるいは5個含む脂肪酸も存在し，同様にテトラエン酸，ペンタエン酸とよばれる。通常2個以上の二重結合をもつ不飽和脂肪酸をポリエン酸，あるいは多価不飽和脂肪酸（polyunsaturated fatty acid; PUFA）とよぶ。また，炭素数が20以上で二重結合を4つ以上もつ脂肪酸を高度不飽和脂肪酸（highly poly unsaturated fatty acid; HPUFA）とよぶこともある。

　これらの天然の不飽和脂肪酸は，二重結合に関しては，すべてシス型でトランス型のものは一部の例外を除けばほとんど存在しないといっていい。しかしマーガリン，ショートニングのように，天然の油脂を水素添加して製造したものでは，その製造工程中に一部にトランス型の二重結合が生成されることが知られている。トランス型を含む脂肪酸については後述する（p. 37参照）。

　ポリエン酸の二重結合が共役している脂肪酸はまれである。通常食品に存在する脂肪酸の場合，二重結合の間にメチレン基（−CH_2−）がはさまった形になっている。このため二重結合のところで折れ曲がりやすくなり，図1-17に示すように直鎖の飽和脂肪酸が長い棒状の空間を占めるのに対し，不飽和脂肪酸のリノール酸は折れ曲がったかなり回転長円形に近い空間を占めることとなる。不飽和脂肪酸のこのような空間の占め方が，飽和脂肪酸に比べ，他分子の接近を妨げやすくし，不飽和脂肪酸あるいは不飽和脂肪酸含量の多い油脂の物性に影響を与えている。

　表1-5は食品中に含まれる代表的な脂肪酸の構造と主な所在を示す。飽和脂肪酸のうち炭素数の少ない酪酸（炭素数4）からカプリン酸（炭素数10）までは，水蒸気蒸留の際流出されるので，揮発性脂肪酸（volatile fatty acid）ともいい,バターなどの香りに関係する。

表1−5 食品中に見出される主な脂肪酸

1. 直鎖飽和脂肪酸 $C_nH_{2n+1}COOH$

慣用名		系統名	構造式	主な所在
酪酸	butyric	n-butanoic	$CH_3(CH_2)_2COOH$	バター
カプロン酸	caproic	n-hexanoic	$CH_3(CH_2)_4COOH$	バター，やし油
カプリル酸	caprylic	n-octanoic	$CH_3(CH_2)_6COOH$	バター，やし油
カプリン酸	capric	n-decanoic	$CH_3(CH_2)_8COOH$	バター，やし油
ラウリン酸	lauric	n-dodecanoic	$CH_3(CH_2)_{10}COOH$	やし油
ミリスチン酸	myristic	n-tetradecanoic	$CH_3(CH_2)_{12}COOH$	一般動植物油脂
パルミチン酸	palmitic	n-hexadecanoic	$CH_3(CH_2)_{14}COOH$	一般動植物油脂
ステアリン酸	stearic	n-octadecanoic	$CH_3(CH_2)_{16}COOH$	一般動植物油脂
アラキジン酸	arachidic	n-(e)icosanoic	$CH_3(CH_2)_{18}COOH$	落花生油，魚油

2. 直鎖不飽和脂肪酸

1) モノエン酸 $C_nH_{2n-1}COOH$

慣用名		系統名	構造式	主な所在
パルミトオレイン酸	palmitoleic	9-*cis*-hexadecenoic	$CH_3(CH_2)_5CH=CH(CH_2)_7COOH$	一般動植物油脂
オレイン酸	oleic	9-*cis*-octadecenoic	$CH_3(CH_2)_7CH=CH(CH_2)_7COOH$	一般動植物油脂
エルシン酸	erucic	13-*cis*-docosenoic	$CH_3(CH_2)_7CH=CH(CH_2)_{11}COOH$	なたね油

2) ジエン酸 $C_nH_{2n-3}COOH$

慣用名		系統名	構造式	主な所在
リノール酸	linoleic	9, 12-all-*cis*-octadecadienoic	$CH_3(CH_2)_4CH=CHCH_2CH=CH(CH_2)_7COOH$	一般植物油，ラード

3) トリエン酸 $C_nH_{2n-5}COOH$

慣用名		系統名	構造式	主な所在
リノレン酸	linolenic	9, 12, 15-all-*cis*-octadecatrienoic	$CH_3(CH_2CH=CH)_3(CH_2)_7COOH$	大豆油，なたね油
α-エレオステアリン酸	α-eleostearic	9-*cis*-11, 13-*trans*-octadecatrienoic	$CH_3(CH_2)_3(CH=CH)_3(CH_2)_7COOH$	にがうり種子油

4) テトラエン酸，ペンタエン酸，ヘキサエン酸など

慣用名		系統名	構造式	主な所在
アラキドン酸	arachidonic	5, 8, 11, 14-all-*cis*-(e)icosatetraenoic	$CH_3(CH_2)_3(CH_2CH=CH)_4(CH_2)_3COOH$	肝臓，卵黄レシチン
(エ)イコサペンタエン酸	(e)icosapentaenoic	5, 8, 11, 14, 17-all-*cis*-(e)icosapentaenoic	$CH_3(CH_2CH=CH)_5(CH_2)_3COOH$	魚油
ドコサヘキサエン酸	docosahexaenoic	4, 7, 10, 13, 16, 19-all-*cis*-docosahexaenoic	$CH_3(CH_2CH=CH)_6(CH_2)_2COOH$	魚油

飽和脂肪酸は広く動・植物油脂に分布し，パルミチン酸（16：0）とステアリン酸（18：0）の含量が高い。バター，やし油は特異な油で，短鎖脂肪酸，中鎖脂肪酸の含量が高い。不飽和脂肪酸は動・植物油脂に広く存在するが，動物脂ではその含量が低い。普通の食用植物油では，オレイン酸とリノール酸の含量が多い。

（2）　脂肪酸の不飽和結合の表記

　不飽和脂肪酸の二重結合の表記法は，国際的に定められている。カルボキシ基の炭素を1位とし，二重結合が9位と10位の間と，12位と13位の間に2つあるリノール酸は，9, 12-18：2と示す（下図）。あるいはⅮ（デルタ）をつけて，Ⅾ9, 12-18：2と示す。

　一方，不飽和脂肪酸の鎖長延長や不飽和化は，既存の二重結合のカルボキシ基側で起こるので，二重結合の位置をメチル基側から数えた方が脂肪酸の系列がわかりやすく便利な場合がある。n-3やn-6などのn-x表記では，nは脂肪酸鎖長の炭素の数を示し，-x（-はマイナスを意味する）は二重結合がメチル末端から何番目の炭素にあるかを示す。たとえば，リノール酸は18：2n-6と表記でき，炭素数が18でn-6だから，メチル基末端側に最も近い二重結合がカルボキシ基から数えて18-6＝12位にあることがわかる。不飽和脂肪酸の二重結合は通常3つの炭素ごとに存在するので，この表記法からすべての二重結合と位置が把握できる。また，二重結合の位置をメチル基末端の炭素からω1, ω2…，と数え，ω3やω6と表記することもある。

（3）　一価不飽和脂肪酸

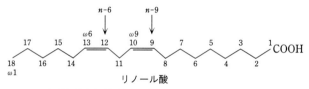

リノール酸
9, 12-18:2（Ⅾ9,12-18:2），18:2 n-6, 18:2 ω6

　二重結合を一つもつ脂肪酸は一価不飽和脂肪酸（monounsatureted fatty acid）とよばれる。その代表はオレイン酸で（18：1 n-9），オリーブ油を代表として多くの動植物油に存在する。多価不飽和脂肪酸に比べれば酸化しにくく，食品だけでなく化粧品などの原料にも使用されている。

　オレイン酸を代表とするn-9系の脂肪酸は，食品から十分に摂取することができ，さらに，Ⅾ9不飽和化酵素（Ⅾ9 desaturase）によって飽和脂肪酸（18：0）から生合成される。したがって，オレイン酸は必須脂肪酸ではないが，食品からの直接摂取が望ましいとの報告もある。

（4）　多価不飽和脂肪酸

　多価不飽和脂肪酸（polyunsaturated fatty acid; PUFA）は大きくn-3（ω-3）とn-6（ω-6）系に分類できる（図1-18）。n-6系のリノール酸（18：2 n-6）はほとんどすべての植物油に存在するが，パーム油，ヤシ油，ココアバターには例外的に少ない。n-3系のα-リノレン酸（18：3 n-3）はあまに油やしそ油に多く，大豆油やなたね油には3〜5％含まれている。動物では，これらの不飽和脂肪酸を飽和脂肪酸やn-9系脂肪酸から生合成するための酵素がなく，食品から摂取しなくてはいけないため必須脂肪酸とよばれている。図1

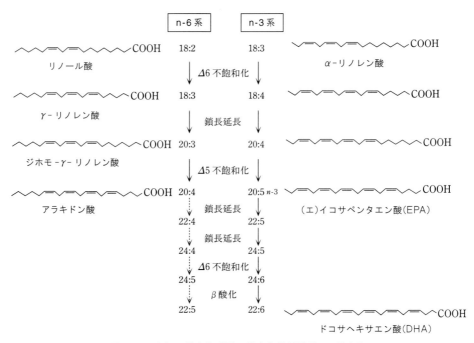

	n-6系	n-3系	

リノール酸　18:2　　　18:3　　α-リノレン酸

Δ6不飽和化

γ-リノレン酸　18:3　　　18:4

鎖長延長

ジホモ-γ-リノレン酸　20:3　　　20:4

Δ5不飽和化

アラキドン酸　20:4　　　20:5 n-3　（エ)イコサペンタエン酸(EPA)

鎖長延長

22:4　　　22:5

鎖長延長

24:4　　　24:5

Δ6不飽和化

24:5　　　24:6

β酸化

22:5　　　22:6

ドコサヘキサエン酸(DHA)

図1-18　多価不飽和脂肪酸の構造と鎖長延長・不飽和化

-18に示すように，不飽和化酵素(desaturase)と鎖長延長酵素(elongase)により，リノール酸(18：2 n-6)はアラキドン酸(20：4 n-6)に，α-リノレン酸(18：3 n-3)はエイコサペンタエン酸(EPA, 20：5 n-3)やドコサヘキサエン酸(DHA, 22：6 n-3)に代謝される。生体内での多価不飽和脂肪酸合成は，主に肝臓で行われており，その合成は，油脂の摂取量や種類，ホルモンなどのさまざまな影響を受ける。そのため，特にn-3系のEPAとDHAに関しては，その機能性からも安定した供給が望ましいため，多くの国で食品からの摂取が推奨されている。一方，動物実験の結果ではあるが，生体内での高度不飽和脂肪酸合成量は，リノール酸とリノレン酸を必要量摂取している場合，正常な生理機能を保つためには十分であるとの報告もある。アラキドン酸は牛や豚の肝臓に多く，牛肉，豚肉などにも含まれる。エイコサペンタエン酸(EPA, 20：5 n-3)やドコサヘキサエン酸(DHA, 22：6 n-3)は海藻や魚類に多く含まれている。

　日本人の食事摂取基準(2020年版)による日本人(30〜49歳，男性)の多価不飽和脂肪酸の一日摂取量の中央値は，n-6系脂肪酸が10.44 g，n-3系脂肪酸が2.03 gである。日本人で摂取されるn-6系脂肪酸の98％はリノール酸であるといわれ，また他国と比較するとドコサヘキサエン酸やエイコサペンタエン酸の摂取が多いといわれているものの最も摂取量の多いn-3系脂肪酸はα-リノレン酸である。n-6系脂肪酸とn-3系脂肪酸においては臨床において欠乏症状が観察される場合があるため摂取目安量が設定されているが，健康な人の推定平均必要量を設定できるデータがないのが現状である。そこで，日本人の食事摂取基準(2020年版)においては，国民栄養調査におけるn-6系脂肪酸とn-3系脂肪酸摂取量の中央値を摂取の目安量としている。また，2010年版の日本人の食事摂取基準では，望ましいEPAおよびDHAの摂取量が設定されていたが，2015年版と2020年版では摂取量は設定されていない。

(5) 共役リノール酸

共役リノール酸（conjugated linoleic acid; CLA）は，リノール酸の位置・幾何異性体であり，分子内に共役二重結合をもつ。CLA は反芻動物（牛，羊など）の反芻胃に存在するルーメンバクテリアによりリノール酸から代謝転換され生じる。牛などの肉や乳，バターやチーズなどの乳製品に総構成脂肪酸の数パーセント程度に含まれている。また食品の調理加熱によりリノール酸から生ずることもある。

CLA は発がん抑制，インスリン抵抗性の改善，抗動脈硬化，抗肥満などリノール酸とは異なる生理作用が動物実験で示され，機能性の食品成分として期待されている。体脂肪低下の機構として，カルニチンパルミトイルトランスフェラーゼやペルオキシゾーム活性化レセプター（PPARs）の関与が示唆されている。天然に最も多い 9-*cis*, 11-*trans*-CLA（下図）は癌細胞の増殖抑制に効果的で，10-*trans*, 12-*cis*-CLA は脂質代謝の改善と肥満抑制に関与すると考えられている。その他微量ではあるが共役トリエン型の共役リノレン酸（にがうり種子，きり油），共役 EPA（紅藻），共役 DHA（紅藻）の存在も知られ，これらは CLA より，強い抗がん作用など多様な生理機能が明らかにされている。

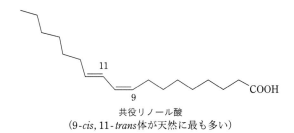

共役リノール酸
（9-*cis*, 11-*trans*体が天然に最も多い）

(6) トランス酸

天然の不飽和脂肪酸は，二重結合に関しては，ほとんどすべてシス型である。例外として，トランス酸は反芻動物の体内で微生物により生産されるため，その肉や乳に含まれている。天然のトランス型脂肪酸としては前述した共役リノール酸（上記参照）やバクセン酸（vaccenic acid）などがある。

トランス型脂肪酸は，天然の油脂を水素添加してマーガリンやショートニングのような判固体状の油脂を調製する際に副産物として生じる。代表例としては，シス型オレイン酸の異性体であるエライジン酸（elaidic acid）（オレイン酸，エライジン酸の図）がよく知られている。トランス酸の含量は製造方法によってかなり幅がある。

トランス酸の大量摂取は LDL コレステロールを増加させ，心疾患のリスクを高めるといわれ，トランス酸をふくむ製品の使用規制やトランス酸含量の表示義務などをする国が増えている。わが国では他国に比較してトランス酸の摂取量が低いため，現在特にトランス酸に対する規制はない。

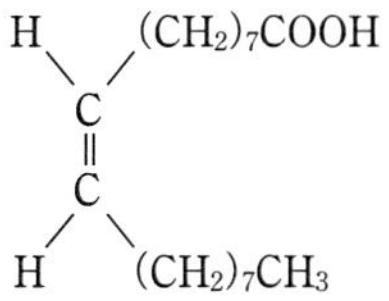

オレイン酸（シス型）

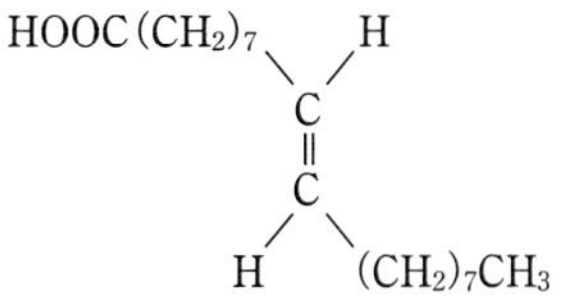

H   (CH$_2$)$_7$COOH
 \ /
  C
  ‖
  C
 / \
H   (CH$_2$)$_7$CH$_3$

エライジン酸（トランス型）

HOOC (CH$_2$)$_7$ H
       \   /
        C
        ‖
        C
       /   \
      H   (CH$_2$)$_7$CH$_3$

(7) 脂肪酸の融点

　　飽和脂肪酸と不飽和脂肪酸を比較すると，飽和脂肪酸の方が高い融点を示す。飽和脂肪酸であるラウリン酸(12：0)の融点は44.2℃，ミリスチン酸(14：0)が58.5℃，パルミチン酸(16：0)が63.1℃，ステアリン酸(18：0)が71.5℃であるのに対し，不飽和脂肪酸であるオレイン酸(18：1 n-9)が16.3℃，リノール酸(18：2 n-6)が－5.2℃，リノレン酸(18：3 n-3)が－11.3℃とはるかに低い。このように，二重結合の導入と数の増加によって融点は次第に低下することがわかる。これは，前述の不飽和脂肪酸の折れ曲がり構造に基づくものと考えられる。一方，このような飽和脂肪酸と不飽和脂肪酸の融点の違いは，これらの脂肪酸から構成されているトリグリセリドの融点にも影響し，一般に飽和度の高い脂肪(構成脂肪酸のうち，飽和脂肪酸含量の高いもの，動物性油脂など)は常温で固体となり，不飽和脂肪酸含量の高い脂質(植物性物油など)は液体となる。

　　前述した，トランス型の脂肪酸は一般にシス型の脂肪酸よりも安定度が高く，融点が高い。たとえば，オレイン酸のトランス型であるエライジン酸(リン脂質の図)の融点は44℃とオレイン酸の16℃より高い。このようなトランス酸の特性を利用して不飽和度は大きく下げることなく，融点を高めたマーガリン(ソフト型とよばれるもの)の製造が行われている。

(3) リン脂質

　　リン脂質はリン酸を構成要素として含む脂質であるが，食品成分として重要なのは，グリセロールを含むグリセロリン脂質である。過酸化物価の図(p.40)に示すように，トリグリセリド(トリアシルグリセロール)のうち，グリセロールのC-3位にリン酸がエステル結合をし，さらに他の塩基，アミノ酸，イノシトール，コリン，セリンなどが1分子エステル結合をしている。これらのリン脂質には多価不飽和脂肪酸が多く含まれ，特にグリセロールのC-2位についている場合が多い。したがって，リン脂質は食品中の脂質酸化のときに，いちはやく自動酸化されやすく，食品脂質の酸敗の要因となりやすい。

　　リン脂質は，脂肪酸がグリセロールにエステル結合した疎水性の長い部分とリン酸，塩基の結合したイオン化しやすい極性部分とからできている。したがって，親水・疎水性の両方の性質をもつので乳化剤の性質をもつ。特に，コリンのついたレシチン(一般には大豆レシチンを使う)はこの性質が強いので，含脂肪食品の乳化剤，安定剤として用いられることが多い(p.175参照)。

Base: －CH₂－CH₂－NH₂（エタノールアミン）
(塩基)
－CH₂－CH⁺NH₃(セリン)
　　　｜
　　COO⁻
－CH₂－CH₂－N⁺(CH₃)₃(コリン)など，
イノシトールがつくこともある

（4） 脂肪(トリグリセリド，トリアシルグリセロール)

脂肪はトリグリセリドのことを示すが，普通，われわれが食用に供している食用油の
ほとんど大部分(95％以上)はこのトリグリセリドである。また，バター，マーガリン，
ショートニング，ミルククリームのようにトリグリセリドを主体とする食品，さらに牛
乳，獣鳥肉，大豆，ナッツなど脂肪含量の高い食品はわれわれの周囲に多い。また，特
殊なトリグリセリドの性質を用いた食品の加工も行われている。トリグリセリドは，グ
リセロールに脂肪酸(アシル基)が3つエステル結合した構造なので，トリアシルグリセ
ロール(triacylglycerol; TG)ともよばれる。

（1） 油脂の特数

油脂の平均的な性質を示すものとして，特数といわれるものがある。近年は分析手段
の進展により特数の意義も低下してきたが，現在でも使用されている。このうち油脂の
不飽和度の指標となるヨウ素価，構成脂肪酸の平均分子量の指標となるケン化価，遊離
脂肪酸含量の目安となる酸価，酸化の程度を知る過酸化物価などがしばしば用いられる。

（a） ヨウ素価 （iodine value; IV）

油脂の構成脂肪酸である不飽和脂肪酸の二重結合は，ハロゲンを吸収してハロゲン化
物をつくりやすい。この性質を利用して一定条件下で油脂100gに吸収されるハロゲン
量をヨウ素のg数で表示したものがヨウ素価である。オレイン酸メチルのヨウ素価は
85.8，リノール酸メチルで172.4，リノレン酸メチルで260.4となる。一般の植物油は
100～140程度のものが多く，動物油脂では表1-6に示すように，70以下とはるかに小
さい。ヨウ素価は構成脂肪酸の不飽和度を示すものがあるが，あくまでも平均の不飽和
度の指標であって，不飽和脂肪酸の構成を示すものではないことに留意する必要がある。

（b） ケン化価 （saponification value; SV）

油脂はトリグリセリドであるから，水酸化カリウム，水酸化ナトリウムなどのアルカ
リのアルコール溶液で処理するとエステル結合が加水分解されて石けんを生じる(下図)。
これをケン化という。このとき必要なアルカリの量は構成脂肪酸の分子量が小さいほど，
油脂1gに対して多くなる。ケン化価は油脂1gをケン化するのに必要な水酸化カリウ
ムの量(mg数)と定義されている。したがって，ラウリン酸メチルのケン化価は261.8，
パルミチン酸メチルは207.5，オレイン酸メチルは189.2となる。それゆえ，ケン化価
から油脂の構成脂肪酸の平均分子量を知ることができる。しかし，実際の脂肪酸構成は
ヨウ素価の場合と同じく，ガスクロマトグラフィーなどでの測定が必要である。

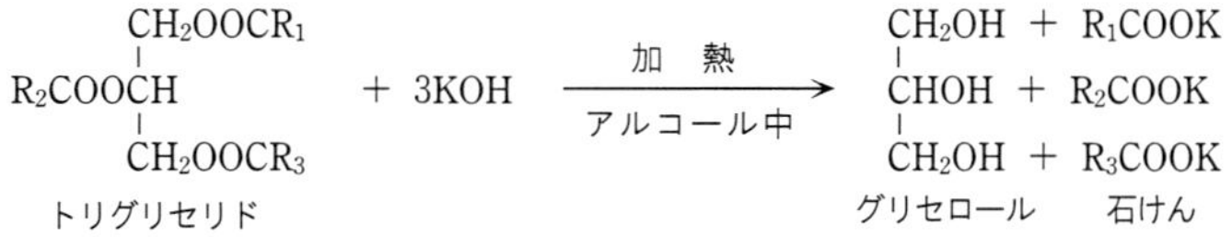

$$
\begin{matrix}
CH_2OOCR_1 & & & & CH_2OH + R_1COOK \\
| & & & \xrightarrow[\text{アルコール中}]{\text{加 熱}} & | \\
R_2COOCH & + 3KOH & & & CHOH + R_2COOK \\
| & & & & | \\
CH_2OOCR_3 & & & & CH_2OH + R_3COOK
\end{matrix}
$$

　　　トリグリセリド　　　　　　　　　　　　グリセロール　　石けん

（c） 酸価 （acid value; AV）

酸価は油脂1gに含まれている遊離脂肪酸を中和するのに必要な水酸化カリウム量
(mg数)と定義されている。この数値は通常の食用油では1以下であり，長時間開封し
て貯蔵された酸敗した食用油脂では高値になる。酸価は次の過酸化物価と同じく食用油
の品質を示す評価法の一つである。

（d） **過酸化物価** （peroxide value; POV）

　油脂の構成脂肪酸の一つである不飽和脂肪酸は，油脂を空気中に放置しておくと，酸化され過酸化物を生じてくる。この過酸化物の油脂中の含量を示したのが過酸化物価である。下の図に示すように，油脂中の過酸化物がヨウ化カリウム（KI）と反応してヨウ素（I_2）を生成することを利用し，生成したヨウ素のミリグラム当量数を試料1kgについて表したものである。前述の酸価と同じく，油脂，食品中の脂質の品質の評価に用いられる。リノール酸メチルモノヒドロペルオキシドの過酸化物価は6,164である。

$$-CH_2-CH-CH=CH- \quad \xrightarrow{+2KI} \quad -CH_2-CH-CH=CH- \ + I_2 + K_2O$$
$$\quad\quad | \quad\quad\quad\quad\quad\quad\quad\quad\quad\quad\quad\quad\quad\quad | $$
$$\quad\ OOH \quad\quad\quad\quad\quad\quad\quad\quad\quad\quad\quad\ OH$$

　表1-6に主な油脂のケン化価とヨウ素価をおよび脂肪酸組成を示す。

（2）　トリグリセリドの構造

　油脂はそれぞれに特有な脂肪酸組成をもつ（表1-6）。そのためにリノレン酸含量の大きい大豆油（6-8％）はリノレン酸を含まない綿実油に比べると自動酸化を受けやすく，色もどり，もどり臭といった現象を起こし，商品価値の低下を起こしやすい。また，飽和脂肪酸の含量の大きい油は，融点が高くなり，冬期に固体化しやすい。このように脂肪酸組成は，油脂の商品価値に大きな影響を与える。

　油脂の融点に影響を及ぼすのは，トリグリセリドの構造である。たとえば，カカオバターと羊脂の脂肪酸組成を比較するとよく類似しているが，融点は異なる。カカオバターは比較的鋭い融点を示し，30〜35℃程度である。これに対し，羊脂は40〜50℃と高くかつ幅広い融点を示す。これは脂肪酸組成が類似していてもトリグリセリドの構造が異なるためと考えられている。

　カカオバターのトリグリセリドを分析してみると，その約80％がSOS型（1位と3位に飽和脂肪酸，2位にオレイン酸をもつもの）である*。しかも，その飽和脂肪酸はパルミチン酸とステアリン酸である。また，残りのトリグリセリドの大部分（15％）はSUU型（1位に飽和脂肪酸，2位と3位に不飽和脂肪酸をもつもの）である。POP型（1位と3位にパルミチン酸，2位にオレイン酸をもつもの）とPOS t型（1位にパルミチン酸，2位にオレイン酸，3位にステアリン酸）の融点はそれぞれ37.5℃，35.0℃とほとんど同じであり，この両者を融合しても性質が似ているため融点降下をほとんど示さないので，油脂としてはシャープな融点を示すようになる。このシャープな融点を示す性質を利用して口に入れたときに容易に解けるチョコレートの製造の原料に用いられている。これに対し同様な脂肪酸組成の羊脂では，脂肪酸の1位と3位，2位への分布がさまざまで，カカオバターと対照的に，トリグリセリドの組成がまったくの混合物となっている。そのために融点の幅が広くなり，シャープな融点を示さない。

---

*トリグリセリドのグリセロールの1位と3位についている脂肪酸も識別可能で，1，2，3位についている脂肪酸を完全に分析することにより識別できる。それぞれをトリグリセリド分子種とよぶ。

表1-6　主要油脂の特徴と脂肪酸組成（%）

品名	ケン化価	ヨウ素価	10:0	12:0	14:0	16:0	18:0	20:0	22:0	16:1	18:1	18:2	18:3	20:1	22:1	ステロール含量
哺乳動物脂																
バター脂	210~245	25~47	3.1	3.7	12.0	29.6	11.1	0.2		1.9	24.6	2.6	0.7	Tr	Tr	0.37%
牛脂	190~202	32~47			3.0	25.6	17.6	0.2		3.3	43.0	3.3	0.3			0.1
豚脂	193~202	46~70			1.4	25.0	16.0	0.5		2.9	42.0	10.0	1.6			0.1
羊脂	192~198	31~47			4.6	24.6	30.5		0.4		36.0	4.3				0.1
植物油脂																
カカオバター	189~202	29~38				24.4	35.4			0.6	38.1	2.1				0.19
とうもろこし油	187~198	117~123				11.2	2.1			0.7	34.7	50.5	1.5			0.79
綿実油	189~199	88~121			0.7	20.0	2.4	0.2	0.1		18.4	56.9	0.5	0.1		0.29
オリーブ油	185~197	75~90				9.9	3.2	0.2		0.7	75.0	10.4	0.8			0.27
大豆油	188~196	114~138				10.3	3.8	0.3	0.4	1.0	24.3	52.7	7.9	0.1		0.27
サフラワー油	186~194	122~150		Tr		7.3	2.6				13.4	76.4	0.2			–
なたね油（在来種）	172~175	99~104				4.0	1.3	0.9	0.7	0.1	17.4	12.7	5.3	10.4	45.6	0.43
なたね油（キャノーラ）						4.0	2.0	0.5	0.3		58.6	21.8	10.8	1.5	0.6	–
やし油	245~271	7~16	6.0	47.0	18.0	9.0	3.0				7.0	2.0				0.09
米ぬか油	183~192	99~108			0.2	16.4	1.7	0.6	0.2	0.2	42.0	36.6	1.4	0.5		3~5
ごま油	186~195	103~118				9.0	5.3	0.7			39.0	44.8	0.6	0.2		0.49

Tr：微量

（3）　構造脂質

　　構造脂質（structured lipid, structured fat）は，脂肪酸の機能をより強く発揮するために，グリセロールの特定の位置の水酸基に特定の脂肪酸を組み込んだトリグリセリドである。狭義には，とくに消化吸収の点から検討した油脂をさすが，広義にはトリグリセリドの

結晶構造や界面配向性などの物性や酸化安定性なども含めた機能をもつように作出されたトリグリセリドをいう。

トリグリセリドを構成する脂肪酸の結合位置は，吸収代謝と生理機能に大きく影響すると考えられている。たとえば，トリグリセリドの2位にパルミチン酸が多いラードの吸収率は約95％なのに，脂肪酸分布を均等にしたランダム化ラードでは吸収率は72％に低下する。牛乳（トリグリセリドの1,3位に短鎖・不飽和脂肪酸，2位に中鎖・飽和脂肪酸）より母乳（1,3位に不飽和脂肪酸，2位にパルミチン酸が多い）を飲んだ乳児の脂肪吸収率が高い理由もそのトリグリセリド構造の差に由来すると考えられている。

構造脂質の例としては，エステル交換反応によってパーム油から得られるPOS（パルミチン酸－オレイン酸－ステアリン酸）とSOS（ステアリン酸－オレイン酸－ステアリン酸）からなるハードバターなどの代用カカオ脂（チョコレート用油脂），炭素数6から10の脂肪酸からなる中鎖脂肪酸トリグリセリドなどの易消化吸収性油脂，逆に低カロリー油脂の図に示したような吸収性の低い長鎖脂肪酸と融点を下げるために中鎖脂肪酸を選択的に組合せた低カロリー油脂，コレステロール低下作用を示すPOPなどの脂質代謝改善油脂，グリセロールの2位に選択的に多価不飽和脂肪酸を結合させた抗酸化安定油脂などがある。

$$CH_2-O-CO-(CH_2)_{20}-CH_3$$
$$CH-O-CO-(CH_2)_6-CH_3$$
$$CH_2-O-CO-(CH_2)_6-CH_3$$

$$CH_2-O-CO-(CH_2)_{16}-CH_3$$
$$CH-O-CO-(CH_2)_2-CH_3$$
$$CH_2-O-CO-(CH_2)_2-CH_3$$

$$CH_2-O-CO-(CH_2)_{20}-CH_3$$
$$CH-O-CO-(CH_2)_8-CH_3$$
$$CH_2-O-CO-(CH_2)_8-CH_3$$

$$CH_2-O-CO-(CH_2)_{16}-CH_3$$
$$CH-O-CO-(CH_2)_{16}-CH_3$$
$$CH_2-O-CO-(CH_2)_2-CH_3$$

カプレニン（caprenin）　　　　　　　サラトリム（salatrim）

低カロリー油脂

構造脂質の作出法としては，ナトリウムメトキシドを触媒としたエステル交換反応，融点の違いを利用した結晶化による分別法，ニッケルや銅の触媒存在下で水素と反応させ不飽和脂肪酸の二重結合を飽和結合にする水素添加法などの化学的方法がある。さらにリパーゼやエステラーゼにより加水分解やエステル転移反応を行う酵素法と，微生物や植物に構造脂質を生合成させる生物法がある。

(4)　不ケン化物　（unsaponifiable matter）

脂肪をケン化すると脂肪酸は石けんとなり水層に移るが，一部の脂質は水に不溶性で有機溶媒に可溶な形で残る。このようにアルカリケン化しても水層に移らない成分を不ケン化物という。食用油脂では，不ケン化物の大部分はステロール（sterol）が占める。その他，脂溶性ビタミン，カロテノイドなども含まれる。

ステロールは動物と植物で種類が異なり，動物脂肪では，ほとんどすべてがコレステロール（cholesterol）であり，植物ステロール（phytosterol）にはカンペステロール（campesterol），スチグマステロール（stigmasterol），β-シトステロール（β-sitosterol）などがある。これらは植物の種類により含量が異なる。このように，動物，植物でステ

ロールの種類が異なるので，動物起源の油脂が植物起源の油脂に混入されているか否かについての識別はコレステロールの存在の有無を用いればよいことになる。

　食事由来のコレステロールはほぼ動物性食品に由来している。食用油脂では，米ぬか油で植物性ステロールの含量が高いが（3～5％），他の植物油脂ではステロールの含量ささほど高くない（図1-19）。植物ステロールには血中コレステロール低下作用のあることが報告されている。一方で，動物由来のコレステロールを多く摂取すると虚血性心疾患やがん罹患の増加が危惧されるとの研究報告が多い。そのため，日本を含む各国でコレステロールを多く含む食品の摂取を低めに抑える指導をする傾向があった。しかしながら，コレステロールの上限の目標量を算定するのに十分な科学的根拠が得られなかったといった理由で，日本人の食事摂取基準（2015年版）において目標量は設定されていない。また，2015年に発表された米国農務省USDAのガイドライン作成委員会報告書からもコレステロールの摂取基準をなくすことが記載された。

　日本人の食事摂取基準2020年版では，2015年同様に目標値は設定されていないものの，脂質異常症の重症化予防を目的とした量として200 mg/日未満に留めることが望ましいことが追加されている。

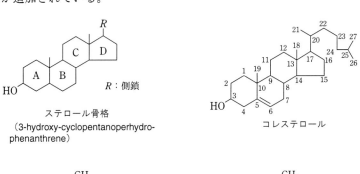

図1-19　主要ステロールの構造

　食品の原料である動・植物の体内には，必ず少量か微量のアミノ酸が含まれている。また，そのアミノ酸がヘプチド結合で重合したタンパク質は，生体の必須構成成分なので，どの動・植物にも必ず含まれる。

（1）　アミノ酸

　アミノ酸(amino acid)は，一つの分子内にアミノ基($-NH_2$)とカルボキシ基($-COOH$)をもつ化合物である。自然界には400種以上のアミノ酸が知られているが，食品成分として主要なものは，タンパク質を構成する約20種のL-α-アミノ酸である（表1-7）。α-とはカルボキシ基のα位の炭素（$-COOH$の結合している炭素）に$-NH_2$も結合していることを示す。また，α-アミノ酸では側鎖（$-R$：α位の炭素に結合するもう一つの原子団）が水素であるグリシンを除いてα位の炭素が不斉炭素となり，図1-20に示すように，D-グリセルアルデヒドとの対比によってD-，L-型が定められるが，自然界のα-アミノ酸は，一部の例外を除いてすべてL-型である。なお，表1-7に示したアミノ酸のうち，シスチンとヒドロキシプロリンは遺伝子にコードされたアミノ酸ではなく，それぞれmRNAから翻訳されたペプチド鎖を構成するシステインとプロリンから翻訳後修飾によって生成する。

　遊離のアミノ酸の中には特有な呈味を示すものがあり，調味料として使われるほか，糖と反応して褐変を起こしたり，特有の香りを食品に与えたりするので，食品中の含量が少なくても加工・貯蔵上重要な成分である。また，アミノ酸はタンパク質の構成成分として，その物性と機能を決定づける。

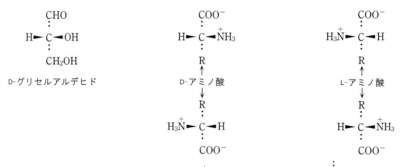

　►C◄は紙面より手前にOH，H，$\overset{+}{NH_3}$基などが出ていることを，C は紙面の背面にCHO，COO^-，CH_2OH，Rなどの基が出ていることを示す。
　この対比では$-CHO$基が$-COOH$基に酸化され，OH基が$-NH_2$基に置換されたものを考えればよい。

図1-20　アミノ酸の立体構造

アミノ酸の解離と等電点

　遊離のアミノ酸はアミノ基($-NH_2$)とカルボキシ基($-COOH$)をもつが，中性付近の水溶液中では，これらはほぼ$-N^+H_3$と$-COO^-$に解離している。すなわち表1-7に示した構造は中性付近で最も存在割合の高いイオンを示している。このように塩基性と酸性の解離基をもつ分子において，両方の基が同時に解離して正負両電荷をもっていると

表1-7　主要アミノ酸の構造

分類	側鎖	名称	略号		構造
中性アミノ酸	非極性	グリシン (glycine)	Gly	G	$H-\overset{\overset{+}{N}H_3}{\underset{H}{C}}-COO^-$
		アラニン (alanine)	Ala	A	$CH_3-\overset{\overset{+}{N}H_3}{\underset{H}{C}}-COO^-$
		バリン (valine)	Val	V	$\overset{CH_3}{\underset{CH_3}{>}}CH-\overset{\overset{+}{N}H_3}{\underset{H}{C}}-COO^-$
		ロイシン (leucine)	Leu	L	$\overset{CH_3}{\underset{CH_3}{>}}CH-CH_2-\overset{\overset{+}{N}H_3}{\underset{H}{C}}-COO^-$
		イソロイシン (isoleucine)	Ile	I	$CH_3-CH_2-\underset{CH_3}{CH}-\overset{\overset{+}{N}H_3}{\underset{H}{C}}-COO^-$
	極性アミノ酸 ヒドロキシアミノ酸	セリン (serine)	Ser	S	$HO-CH_2-\overset{\overset{+}{N}H_3}{\underset{H}{C}}-COO^-$
		トレオニン (threonine)	Thr	T	$CH_3-\underset{OH}{\overset{H}{C}}-\overset{\overset{+}{N}H_3}{\underset{H}{C}}-COO^-$
	極性アミノ酸 含硫アミノ酸	システイン (cysteine)	Cys-	C	$HS-CH_2-\overset{\overset{+}{N}H_3}{\underset{H}{C}}-COO^-$
		シスチン (cystine)	—	—	$S-CH_2-\overset{\overset{+}{N}H_3}{\underset{H}{C}}-COO^-$ $\|$ $S-CH_2-\overset{\overset{+}{N}H_3}{\underset{H}{C}}-COO^-$
		メチオニン (methionine)	Met	M	$CH_3-S-CH_2-CH_2-\overset{\overset{+}{N}H_3}{\underset{H}{C}}-COO^-$

分類		アミノ酸	略号	記号	構造式
極性アミノ酸	芳香族アミノ酸	チロシン (tyrosine)	Tyr	Y	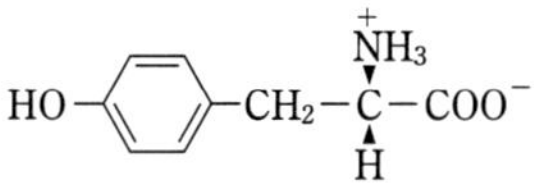 HO–⟨ベンゼン環⟩–CH_2–$\overset{+NH_3}{\underset{H}{C}}$–$COO^-$
		トリプトファン (tryptophan)	Trp	W	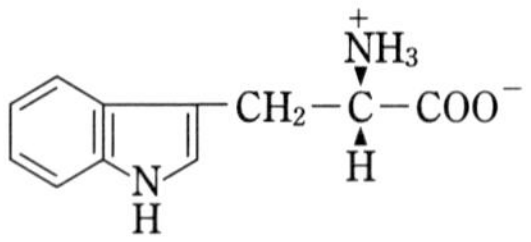 ⟨インドール環, NH⟩–CH_2–$\overset{+NH_3}{\underset{H}{C}}$–$COO^-$
	非極性	フェニルアラニン (phenylalanine)	Phe	F	⟨ベンゼン環⟩–CH_2–$\overset{+NH_3}{\underset{H}{C}}$–$COO^-$
酸性アミノ酸		アスパラギン酸 (aspartic acid)	Asp	D	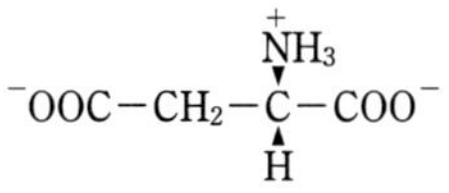 ^-OOC–CH_2–$\overset{+NH_3}{\underset{H}{C}}$–$COO^-$
		グルタミン酸 (glutamic acid)	Glu	E	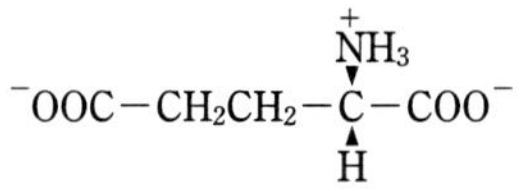 ^-OOC–CH_2CH_2–$\overset{+NH_3}{\underset{H}{C}}$–$COO^-$
塩基性アミノ酸		リジン (lysine)	Lys	K	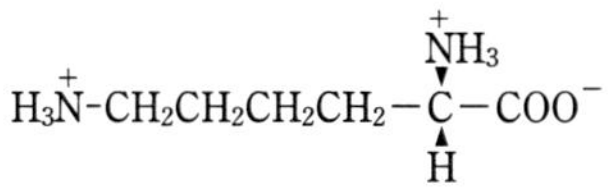 $H_3\overset{+}{N}$-$CH_2CH_2CH_2$–CH_2–$\overset{+NH_3}{\underset{H}{C}}$–$COO^-$
		アルギニン (arginine)	Arg	R	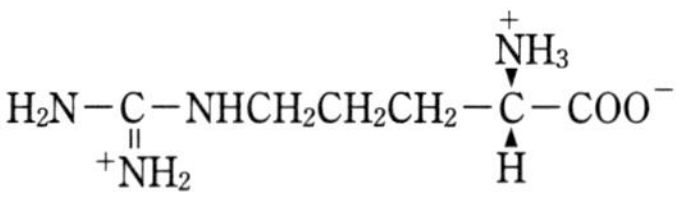 H_2N–$\overset{\overset{\displaystyle\ }{C}}{\underset{+NH_2}{\parallel}}$–$NHCH_2CH_2CH_2$–$\overset{+NH_3}{\underset{H}{C}}$–$COO^-$
		ヒスチジン (histidine)	His *	H	$HC{=}C$–CH_2–$\overset{+NH_3}{\underset{H}{C}}$–$COO^-$ (イミダゾール環 $HN{=}N$, C, H)
中性アミノ酸		プロリン (proline)	Pro	P	H_2C–CH_2 / H_2C $\overset{+}{NH_2}$ $\overset{|}{C}$–COO^- (環状)
		ヒドロキシプロリン (hydroxyproline)	Hyp	—	HO–CH–CH_2 / H_2C $\overset{+}{NH_2}$ $\overset{|}{C}$–COO^- (環状)
酸アミド		アスパラギン (asparagine)	Asn	N	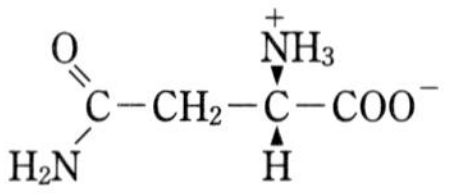 $\overset{O}{\underset{H_2N}{\overset{\parallel}{C}}}$–$CH_2$–$\overset{+NH_3}{\underset{H}{C}}$–$COO^-$
		グルタミン (glutamine)	Gln	Q	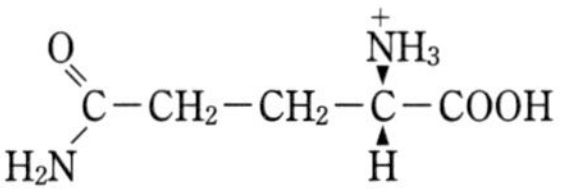 $\overset{O}{\underset{H_2N}{\overset{\parallel}{C}}}$–$CH_2$–$CH_2$–$\overset{+NH_3}{\underset{H}{C}}$–$COOH$

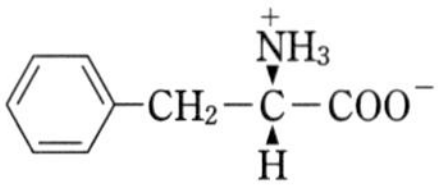

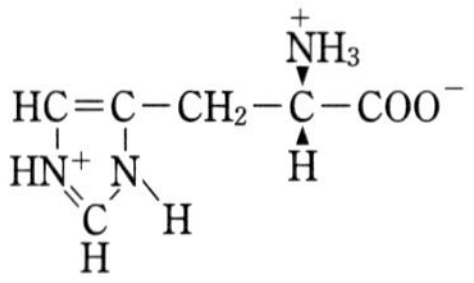

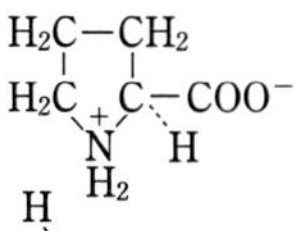

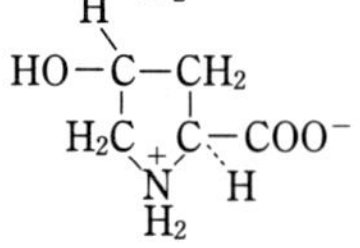

分類法によっては複素環アミノ酸に Try，His，Pro，Hyp を入れたり，Pro，Hyp を中性アミノ酸の群に入れたりする場合がある。

*His のイミダゾール基は，弱塩基性 (pK_a6.0) なので，塩基性では解離しない右図の型となる。

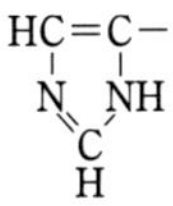

Lys の ε-アミノ基は pK_a9.67，Arg のグアニジン基は pK_a12.48 なので，通常の中性付近の pH ではほぼ完全に解離している。

(右図: $HC{=}C$– / N NH / C / H イミダゾール環)

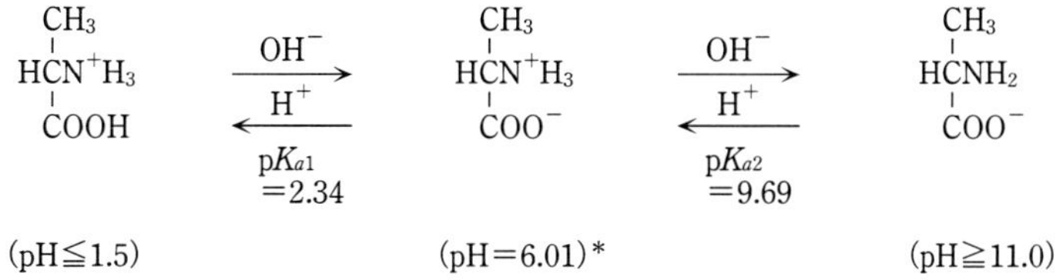

アラニンの解離：

CH_3 | HCN^+H_3 | $COOH$ (pH≦1.5)　$\xrightarrow{OH^-}$ $\underset{\substack{pKa_1\\=2.34}}{\xleftarrow{H^+}}$　CH_3 | HCN^+H_3 | COO^- (pH=6.01)*　$\xrightarrow{OH^-}$ $\underset{\substack{pKa_2\\=9.69}}{\xleftarrow{H^+}}$　CH_3 | $HCNH_2$ | COO^- (pH≧11.0)

アラニンの解離*

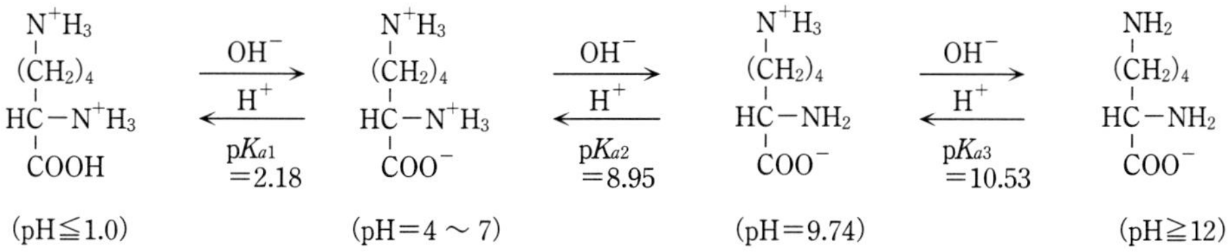

リジンの解離：

N^+H_3 | $(CH_2)_4$ | $HC-N^+H_3$ | $COOH$ (pH≦1.0)　$\xrightarrow{OH^-}$ $\underset{\substack{pKa_1\\=2.18}}{\xleftarrow{H^+}}$　N^+H_3 | $(CH_2)_4$ | $HC-N^+H_3$ | COO^- (pH=4～7)　$\xrightarrow{OH^-}$ $\underset{\substack{pKa_2\\=8.95}}{\xleftarrow{H^+}}$　N^+H_3 | $(CH_2)_4$ | $HC-NH_2$ | COO^- (pH=9.74)　$\xrightarrow{OH^-}$ $\underset{\substack{pKa_3\\=10.53}}{\xleftarrow{H^+}}$　NH_2 | $(CH_2)_4$ | $HC-NH_2$ | COO^- (pH≧12)

リジンの解離

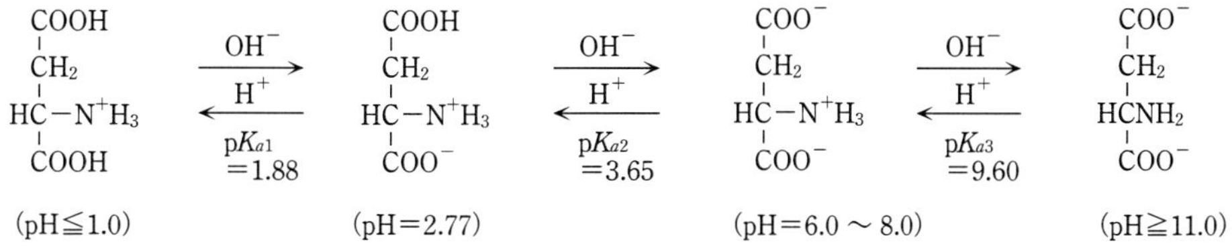

アスパラギン酸の解離：

$COOH$ | CH_2 | $HC-N^+H_3$ | $COOH$ (pH≦1.0)　$\xrightarrow{OH^-}$ $\underset{\substack{pKa_1\\=1.88}}{\xleftarrow{H^+}}$　$COOH$ | CH_2 | $HC-N^+H_3$ | COO^- (pH=2.77)　$\xrightarrow{OH^-}$ $\underset{\substack{pKa_2\\=3.65}}{\xleftarrow{H^+}}$　COO^- | CH_2 | $HC-N^+H_3$ | COO^- (pH=6.0～8.0)　$\xrightarrow{OH^-}$ $\underset{\substack{pKa_3\\=9.60}}{\xleftarrow{H^+}}$　COO^- | CH_2 | $HCNH_2$ | COO^- (pH≧11.0)

アスパラギン酸の解離

図 1-21　アミノ酸の解離と等電点 pKa *
*pKa はその両側のイオンが等量存在するときの pH を示す。

き，これを両性イオン（amphoteric ion）といい，アミノ酸の特徴の一つである。

　図 1-21 は，pH の異なる水溶液中でのアミノ酸の解離状態を，中性アミノ酸のアラニン，塩基性アミノ酸のリジン，酸性アミノ酸のアスパラギン酸を例として示している。アミノ酸は強酸性溶液中ではカルボキシ基は解離せず（-COOH）アミノ基のみが解離する（-N$^+$H$_3$）ため正に荷電し，反対に強塩基中では，カルボキシ基が解離し（-COO$^-$）アミノ基は解離しない（-NH$_2$）ため負に荷電する。また，中性アミノ酸では中性付近（アラニンでは pH = 6.01）で-N$^+$H$_3$ と-COO$^-$ が同数存在し，分子全体として電荷が± 0 となるが，このときの pH を等電点（isoelectric point; pI）という。リジンやアスパラギン酸のように側鎖にも塩基性，または酸性の解離基をもつアミノ酸では，これらの解離基の関与によって，分子全体の解離状態はより複雑になり，リジンの等電点は pH = 9.74，アスパラギン酸は pH = 2.77 となる。なお，タンパク質では α 位のアミノ基とカルボキシ基がペプチド結合形成に使われるため，タンパク質の等電点は主に側鎖の解離基の性質によって規定される（p. 53 参照）。

（2）　ペプチドとタンパク質

　ペプチド（peptide）とは，2 個以上の α-アミノ酸が一方の α 位のカルボキシ基と他方の α 位のアミノ基を介して脱水縮合（酸-アミド結合）した化合物である。ペプチドの酸-アミド結合をペプチド結合（peptide bond）といい，酸-アミド結合の間に R-$\overset{|}{C}$H 基がはさまれた形となる。構成するアミノ酸の数（2, 3, 4, …）にしたがって接頭語（di-, tri-,

tetra -, …)を付け, それぞれジ, トリ, テトラペプチド(di -, tri -, tetrapeptide)などとよ
ぶ。構成するアミノ酸の数が概ね10以下のものをオリゴペプチド(oligopeptide), 10〜
50個程度のものをポリペプチド(polypeptide)とよび, 約50個以上のものはタンパク質
(protein)とよばれるが, これらの境界に明確な区別があるわけではない。

ペプチド結合

（3） タンパク質の構造

　　タンパク質は基本的には α -アミノ酸がペプチド結合で鎖状に連なったもの(ペプチド
鎖)であるが, 各タンパク質固有の物性や機能は, その空間的配置(立体構造)が厳密に規
定されることによって発揮される。タンパク質の構造は一般に以下のように説明される。

（1） 一次構造

　　タンパク質のペプチド鎖を構成するアミノ酸の配列順序が一次構造である。ペプチド
鎖を構成するアミノ酸は, 遺伝子 DNA 情報の翻訳(mRNA からのペプチド鎖生成)順序
にしたがって, α -アミノ基が遊離している N 末端のアミノ酸から α -カルボキシ基が遊
離している C 末端のアミノ酸にむかって順に表記する。また, ポリペプチド鎖中のシス
テイン間では, しばしば側鎖のチオール(−SH)基同士が酸化的に結合したジスルフィド
(S−S)結合(disulfide bond)を形成し, ペプチド鎖内部あるいはペプチド鎖間に架橋構造
をつくる。アミノ酸配列に加えて, S−S 結合が存在する場合にはその結合位置も含め
た一次元的な化学構造をタンパク質の一次構造という。図1-22 に一例としてリボヌク
レアーゼ A の一次構造を示す(図中に黒く示してある架橋が S−S 結合の位置である)。

（2） 二次構造

　　タンパク質のペプチド結合は図1-23に示したような結合距離, 結合角をもつ。次のよ
うな共鳴構造のため, ほぼ平面構造をとり, C−N 結合は約40％の二重結合性をもつ。

　　この共鳴構造によって, ペプチド結合間では水素結合が形成されやすくなる。このペ
プチド結合どうしの水素結合によって形成される α -ヘリックス(α - helix)や β 構造(β -
structure)などの規則的な部分立体構造をタンパク質の二次構造という。二次構造は共
有結合よりはるかに弱い水素結合やファンデルワールス力で安定化されているため, 加
熱や pH 変化などの比較的穏和な処理でも構造が変化する。

（a） α -ヘリックス

　　アミノ酸3.6個で1回転し, 1回転のピッチ5.4Å のらせん構造(図1-24)。α -らせん,
α -構造ともいわれる。4個おきアミノ酸の−NH−と−CO−との間に, らせん軸とほぼ
平行な水素結合を形成し, 側鎖はヘリックスの外側に突き出す。右巻きと左巻きのらせ
ん構造が考えられるが, 右巻きの方がわずかに安定であり, 天然のタンパク質では右巻

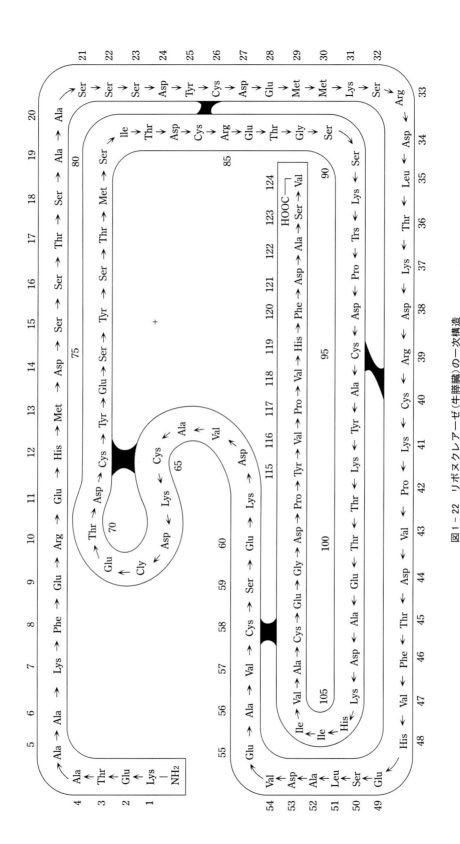

図1-22 リボヌクレアーゼ（牛膵臓）の一次構造

きのらせんのみがみられる。α-ヘリックスを形成しやすいアミノ酸はグルタミン酸，メチオニン，アラニン，ロイシンなどであり，チロシン，アスパラギン，プロリン，グリシンはα-ヘリックスを壊す傾向にある。

（b）　β-構造

β-シート構造，β-伸展構造ともいわれるひだ状シート（プリーツシート）構造。2本以上のペプチド鎖がほとんどのびきった形で平行に並び，ペプチド結合の−NH−と−CO−と，それぞれ隣のペプチド鎖の−CO−と−NH−との間に水素結合を形成してシート状構造をなす（図1-25）。隣り合うペプチド鎖の向きが互いに同じものを平行β-構造，逆向きのものを逆平行β-構造という。一本のペプチド鎖上の前後のアミノ酸の側鎖は，シート構造から，ほぼ垂直にそれぞれ反対方向に突き出す。β-構造をとりやすいアミノ酸はバリン，イソロイシン，トレオニン，フェニルアラニン，チロシン，トリプトファンなどであり，逆にアスパラギン酸，グルタミン酸，リジン，アスパラギン，プロリンはβ-構造をとりにくい。

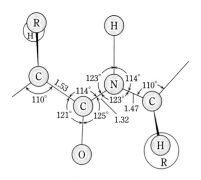

図1-23　ペプチド結合の原子間距離と結合角

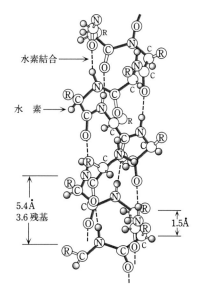

図1-24　α-ヘリックス構造

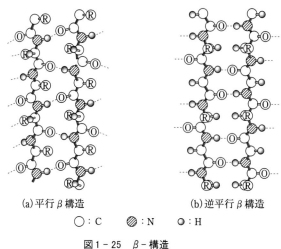

（a）平行β構造　　　　（b）逆平行β構造

◯：C　　▨：N　　◉：H

図1-25　β-構造

(3) 三次構造

タンパク質を構成する一本のペプチド鎖がとる
全体的な立体構造がタンパク質の三次構造である。
α-ヘリックスやβ-構造などの二次構造が不規則
構造部分を介してさらに折りたたまれた構造であ
り，その構造はアミノ酸側鎖間および主鎖-側鎖
間の相互作用（水素結合，イオン結合，疎水性相互
作用，S−S結合など）により安定化されている。

各タンパク質に固有の二次，三次構造といった
立体構造（高次構造）は，基本的にはペプチド鎖の
アミノ酸配列（一次構造）によって規定されるもの
と考えられている。たとえば，リボヌクレアーゼ

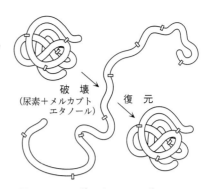

図1-26　リボヌクレアーゼAのS−S
結合の還元，再酸化にする天
然の配座の破壊と復元

Aに尿素と2-メルカプトエタノールを作用させて変性させた後これらを取り除くと，また元の活性のある状態にもどる（図1-26）。

(4) 四次構造

三次構造をもつ複数のペプチド鎖が集合体を形成して一つのタンパク質を形成してい
る場合，その構造（空間的配置）をタンパク質の四次構造という。この場合，各ペプチド
鎖はサブユニット（subunit）とよばれ，タンパク質全体はサブユニットの数によって，二
量体，三量体，四量体…（dimer, trimer, tetramer, …）とよばれる。サブユニット間の接触
部分は多数の疎水性相互作用，水素結合，イオン結合やペプチド鎖間のS−S結合からな
り，この接触面は互いに相補的であるため各サブユニットは特定の空間配置をとる。

（4）　タンパク質の分類

タンパク質の数は膨大であり，その分類方法も組成，形態，物性，機能などにより多
岐にわたる。ここでは構成成分や溶解性などによる分類の一例を示す。

(1) 単純タンパク質

単純タンパク質（simple protein）とは，アミノ酸のみからなるタンパク質である。単純
タンパク質は，その溶解性によって古典的に以下のように分類されるが，現在では，実
際にはアルブミンやグロブリンには糖などで修飾された複合タンパク質がかなり含まれ
ることがわかっている。

アルブミン（albumin）　水，希薄塩溶液，希酸，希アルカリに可溶。溶液を加熱する
と凝固する。50％飽和硫酸アンモニウム（硫安）で沈殿しない。動・植物の組織，体液中
に含まれる。卵白のオボアルブミン（ovalbumin），乳のラクトアルブミン（lactalbumin），
豆類のレグメリン（legumelin）など。

グロブリン（globulin）　水に難溶。希薄塩溶液，希酸，希アルカリに可溶。溶液を加
熱すると凝固する。50％飽和硫酸アンモニウム（硫安）で沈殿する。動・植物の組織，体
液中に含まれる。筋肉のミオシン（myosin），乳のラクトグロブリン（lactoglobulin），大豆
のグリシニン（glycinin）など。

グルテリン（glutelin）　水，希薄塩溶液に不溶。希酸，希アルカリに可溶。主に穀類

の種実に含まれる。小麦のグルテニン(glutenin)，米のオリゼニン(oryzenin)など。

プロラミン(prolamin)　70～80％エタノールに可溶。水，希薄塩溶液に不溶。希酸，希アルカリに可溶。その特殊な溶解性は高いプロリン含量による。小麦のグリアジン(gliadin)，トウモロコシのツェイン(zein)など。

ヒストン(histone)　塩基性アミノ酸(リジン，アルギニン)含量が高いため塩基性を呈し，アンモニア水に不溶。水，希薄塩溶液，希酸に可溶。真核生物の核内でDNAとの複合タンパク質(核タンパク質)であるヌクレオヒストン(nucleohistone)を形成する。

プロタミン(protamine)　ヒストンと同様塩基性アミノ酸含量が高いため塩基性を示すが，アンモニア水には可溶。多くの脊椎動物の精子特異的タンパク質であり，精子のDNAとヌクレオプロタミン(nucleoprotamine)を形成する。

硬タンパク質(scleroprotein)　実際上ほとんどの溶媒に不溶な繊維状のタンパク質結合組織のコラーゲン(collagen)，毛髪や爪のケラチン(keratin)，絹のフィブロイン(fibroin)やセリシン(sericin)など。

(2)　複合タンパク質

複合タンパク質(conjugated protein)とは，構成成分としてアミノ酸以外に他の有機物質や無機物質を含むタンパク質複合体である。アミノ酸以外の構成成分によって，たとえば，以下のようなものがある。

リンタンパク質(phosphoprotein)　セリンやトレオニンの水酸基とエステル結合したリン酸基を含む。乳のカゼイン(casein)，卵黄のビテリン(vitellin)など。

糖タンパク質(glycoprotein)　セリンやトレオニンの水酸基やアスパラギンの酸アミドに共有結合した糖鎖を含む。卵白のオボムコイド(ovomucoid)など。

色素タンパク質(chromoprotein)　ヘム色素，フラビン，カロテノイドなどの色素を結合したタンパク質。筋肉のミオグロビン(myoglobin)など。

核タンパク質(nucleoprotein)　核酸とタンパク質の複合体。結合は核酸のリン酸基とタンパク質の塩基性アミノ酸側鎖とのイオン結合による。

リポタンパク質(lipoprotein)　脂質とタンパク質の複合体。構成成分としてリン脂質や中性脂肪，コレステロールなどを含む。脂質とタンパク質の結合は，主に疎水性相互作用による。血漿リポタンパク質や卵黄リポタンパク質など。

(3)　誘導タンパク質

上記(1)，(2)で示したような天然のタンパク質が，化学的，物理的，酵素的な作用を受け，変性あるいは分解したもの。コラーゲンを熱変性したゼラチン(gelatin)，小麦のグリアジンとグルテニンの会合によって生じるグルテン(gluten)，牛乳カゼインや畜肉，大豆タンパク質などを酵素や酸で部分的に加水分解したペプトン(peptone)など。

（5）　タンパク質の特性と変性

タンパク質は個々のアミノ酸配列に基づいた固有の立体構造をとることによって特有の物性や機能を示す。この各タンパク質に特有の性質やその変性(高次構造の破壊による物性や機能の変化)は，さまざまな食品の加工・貯蔵に利用される。

(1) タンパク質の特性

タンパク質に特徴的な性質として，溶液の性状(塩の種類や濃度，pH，共存物質など)によって溶解性が大きく変化することが挙げられる。

(a) 溶解性

タンパク質の溶解性は，そのタンパク質分子の全体の形状(球状か繊維状か)，表面に存在する荷電の数と状態，水和しやすい極性基($-OH$，$-SH$，$-NH_2$，$-COOH$など)の表面での数と分布，疎水性基の表面への露出状態，塩の種類や濃度，pH，溶液中の他の高分子の物性などにより，大きな影響を受ける。たとえば，卵白や卵黄の熱凝固は，加熱によりタンパク質分子内部に埋め込まれていた疎水性基が表面に露出するようになるためと考えられている。また，牛乳のカゼインは，低濃度のカラギーナン(紅藻類から得られる含硫多糖類)が存在すると複合体を形成して荷電状態が変化し，等電点付近のpHでも沈殿を生じなくなる(p. 166 参照)。

(b) 等電点

タンパク質においては，アミノ酸のα位のアミノ基とカルボキシ基はペプチド結合に使われるので，等電点は主に側鎖の解離基の性質によって規定される。側鎖の解離基の解離には，その側鎖のタンパク質分子内での位置(内側に埋め込まれているか，外側に露出しているか)や，他のアミノ酸側鎖の$-SH$，$-OH$，$-NH_2$，$-COOH$基などが影響するので，各タンパク質の等電点は構成アミノ酸の解離基の数と解離定数から計算されたものとは厳密には一致しないが，それに近い値をとることが多い。通常の食品に含まれるタンパク質の等電点はpH＝5.0前後のものが多い。

等電点では，タンパク質のもつ正負の荷電は互いに打ち消し合い±0となる。したがって，等電点より高いまたは低いpHで溶解していたタンパク質も，等電点では見かけ上の荷電を失って溶解度は最小となり，タンパク質分子同士が互いに凝集して沈殿しはじめる。これを等電沈殿という。たとえば，ヨーグルトの製造においては，牛乳に乳酸菌が育成すると生成した乳酸によってpHが低下し，カゼインの等電点(pH＝4.6)に達するので，カゼインが沈殿する。また，チーズの製造過程においても，酸によってカゼインを等電沈殿させ，カードを生成させることがある(p. 58 参照)。

(2) タンパク質の変性

タンパク質の変性とは，高次構造の破壊による物性・機能の変化である。変性の原因は，加熱，凍結，乾燥，加圧，超音波処理など物理的なものと，酸化・還元剤，強酸・強アルカリ，有機溶媒，界面活性剤，尿素などの変性剤といった化学的なものとがある。コンパクトに折りたたまれていた高次構造は，変性によって破壊されて不規則な構造となり，酵素などの生物活性の低下・喪失(失活)，溶解性の低下・不溶化(凝固)，サブユニットの解離，プロテアーゼによる被分解性の増大，側鎖官能基の反応性の増大などの変化が生じる。変性機構の例として，タンパク質溶液の加熱と凍結による変性を以下に示す。

(a) 加熱

タンパク質溶液を加熱するとかなりの水溶性タンパク質が凝固する。加熱によって水分子のブラウン運動が激しくなると，タンパク質分子表面に水和していた水分子が脱離

したり，タンパク質内部まで水分子が浸入したりすることにより，二次，三次構造を形成していたペプチド鎖の水素結合が破壊される。その結果，ペプチド鎖の折りたたまれた高次構造は破壊され，不規則な引き伸ばされた形となり，もともとタンパク質内部に埋め込まれていた疎水性基が外部の水と接触するようになる。したがって，表面積に対する疎水性部分が増大し，タンパク質全体の水溶性が低下して凝固，沈殿するようになる。

（b）　凍　結

　タンパク質溶液を凍結してから再解凍すると，タンパク質が変性して溶解性に変化が生じる場合がある。この変性の程度には凍結の方法も関係し，凍結を徐々に行った場合に変性が大きく，急速に凍結すると変性が少ないといわれる。これは徐冷すると溶液が凍結する際，水分子のみの凍結が起こり，非凍結部での塩濃度，タンパク質濃度が高まるためであると考えられている。急速凍結では，氷晶も小さく，塩やタンパク質も氷晶中に取り込まれるので，変性度が小さいといわれる。

（6）　食品中の主要なタンパク質
（1）　グルテン

　グルテン（gluten）は，小麦の主要タンパク質であるグリアジン（gliadin）とグルテニン（glutenin）の会合によって形成される誘導タンパク質である。グルテンに特有の生地（ドウ，dough）を形成するという性質は，食品の加工に重要な特徴である。グルテンは加水した小麦粉を練って水洗し，水溶性成分，デンプンなどを洗い流すと粘着性の塊（湿麩）として残る。

（a）　グルテンの組成と形成

　グルテンの構成成分は，プロラミンの一種であるグリアジンとグルテリンの一種であるグルテニンである。いずれも単一の成分ではなく多数のタンパク質の混合物である。グルテニン（分子量$10^5 \sim 10^6$）はグリアジン（分子量$10^4 \sim 10^5$）より高分子量であり多数のサブユニットから構成されている。両者のアミノ酸組成は非常に類似しており，グルタミン酸，プロリンに富む。

　グリアジンとグルテニンの会合によるグルテンの形成は，主にS−S結合による分子間架橋の形成によるものであり，グルテンは，グリアジンとグルテニンが不均一に重合したものの混合物と考えてよい。グリアジンとグルテニンの分子内−SH，−S−S−基が適当な酸化的条件下で交換反応することにより分子間架橋形成は促進される。たとえば小麦粉は製粉直後よりも，一定時間寝かせる（熟成 aging させるという）と生地形成能が高くなるが，これは熟成中に小麦粉に含まれるリポキシゲナーゼが不飽和脂肪酸を酸化し，生成した脂質の酸化物によってS−S結合の形成が促進されるためであると考えられている。なお，この酵素反応は同時に小麦粉中のカロテノイド色素を分解し脱色する効果もある。この酸化処理は人工的にも過酸化ベンゾイルによる漂白として行われ，漂白と同時にグルテン酸化によって架橋形成が促進される。また，製パンに用いられるグルテン強化剤である臭素酸塩もこの架橋形成を促進させ，グルテンの物性の改良が行われる。

（b） 生地の形成と性質

　上述のようにグルテンの物性が生地（ドウ）形成能に大きく影響しているので，小麦粉の品質，用途に最も大きな影響をあたえるのはタンパク質含量である（グリアジンとグルテニンが小麦粉タンパク質の約85％を占める）。一般に使われている小麦粉で最も高い生地形成能をもつのは，通常の小麦（フツウコムギ：*Triticum aestivum*）とは種の異なるデュラムコムギ（*T. durum*）からつくられるデュラム小麦粉であり，パスタ類の製造に用いられている。通常の小麦からつくられる小麦粉はタンパク質含量によって強力粉（タンパク質含量11.5〜13.0％，製パン用），準強力粉（タンパク質含量10.5〜12.5％，菓子パン，麺用），中力粉（タンパク質含量7.5〜10.5％，麺用），薄力粉（タンパク質含量6.5〜9.0％，菓子，天ぷら用）に分類される。

　小麦粉生地では，グルテンを中心にしてつくられた網目状構造の中にデンプン，脂質などが包み込まれて安定な薄い層状のネットワークが形成される。こうしてできた生地（ドウ）の重要な性質としてガス保持性がある。すなわち，パンの発酵過程でつくられた炭酸ガスは，上記の網目構造の中に細かい気泡として保持され，加熱により膨張したガスは細かい泡状体として保持され適当な気泡がパン内部に形成される。加熱時にグルテンとデンプンは変性し網状構造を維持したまま固まる。

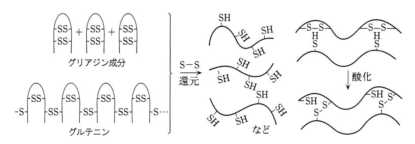

(a) グリアジンとグルテニンの構造　　(b) グルテン形成時における迅速なS-S, SH 交換反応による
　　　　　　　　　　　　　　　　　　　　　ネットワークの形成

図1-27　グリアジン，グルテニンの構造模式図とグルテン形成時
におけるS-S, SH基の交換反応

　このとき，グルテニンが高分子であることがグルテンの熱安定性に影響し，もし，グルテニンを−S−S−結合開裂剤で還元すると，熱安定性が低下し，ゲル化開始温度が低下するといわれる。このような−S−S−結合の形成によるグルテニンの高分子化がドウの安定性に大きく関与している。このドウの性質には，グルテンの物性が第一に大きく影響するが，その他，デンプン，脂質，ガム質の性状も影響を与えている（図1-27）。

（2）　大豆タンパク質

　大豆は主要な植物性タンパク質源であり，わが国を含む東アジアや東南アジアの地域では古くからさまざまな食品に加工され用いられてきた。近年では，欧米においても動物性食品の過剰摂取による生活習慣病の増加が問題視され，大豆タンパク質の食品への利用が注目されている。

（a）　大豆タンパク質の組成

　乾燥大豆には約35％のタンパク質が含まれるが，その90％程度が水抽出性であり，さらにそのうちの90％がグリシニン（glycinin）を主成分とするグロブリンである。グリ

シニンは大豆の食塩可溶性タンパク質であり，数種のタンパク質の混合物である。精製した大豆のグロブリンタンパク質は水に不溶で塩可溶性であるが，大豆から抽出する際は容易に水抽出される。この抽出液をpH4.5程度で等電沈殿するとグロブリンが沈殿として得られ，この際沈殿しないタンパク質は乳の同様の画分にちなんでホエータンパク質(whey proteins)とよぶ。大豆のグロブリンタンパク質は，超遠心沈殿法によって沈降定数の異なる4つの成分(2S, 7S, 11S, 15S)に分けられる。主成分は7Sと11Sであり，全体の70%以上をしめる。11Sは単一成分であるが7Sは主成分のほかにいくつかの画分を含むと考えられている。7Sと11Sの分子量はそれぞれ3.5×10^5と1.8×10^5程度であり，どちらも分子量$3 \sim 4 \times 10^4$程度のサブユニットからなる。このように大豆のグロブリンは多成分からなるが，これらは大豆種子中ではプロテインボディーとよばれる粒子を形成して存在している。

（b） 大豆タンパク質の特性

大豆タンパク質の特徴として二価カチオン(Ca^{2+}，Mg^{2+})による沈殿性がある。図1-28に示すように，大豆タンパク質は抽出時のpHや塩の種類・濃度によって抽出性が大きく異なるが，特に低濃度の$CaCl_2$で特徴的に抽出効率が低くなることがわかる。これは，大豆グロブリンがCa^{2+}，Mg^{2+}などの二価のカチオンで沈殿する特性によるものであり，この沈殿は乳の画分にならってカード(curd)とよばれる。この特性を利用して，大豆の熱水抽出物である豆乳に$MgCl_2$，$CaCl_2$を主成分とする凝固剤(にがり)を加えて豆腐が製造される。なお，にがりによるタンパク質の沈殿の際，上澄み(ホエー)のpHが低下し5.2程度となるが，これはタンパク質とCa^{2+}，Mg^{2+}がイオン結合し，イオン交換によってH^+が遊離するためであると考えられる。

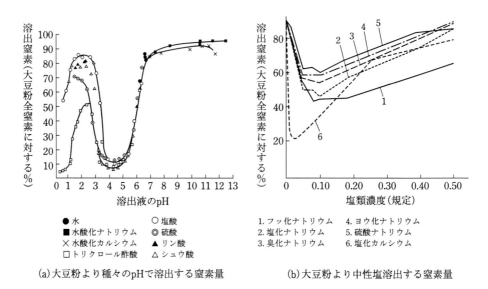

(a)大豆粉より種々のpHで溶出する窒素量　　(b)大豆粉より中性塩溶出する窒素量

図1-28　大豆粉より大豆タンパク質の抽出に及ぼすpHと塩の種類，塩濃度の影響

（3）　牛乳カゼイン

牛乳にはタンパク質が3%程度含まれるが，その主成分(約80%)はカゼイン(casein)

とよばれるリンタンパク質である。カゼインは牛乳中では大部分がカゼインミセル（casein micelle）とよばれる直径30～300nmのコロイド粒子として存在している。これはCa^{2+}とリンタンパク質であるカゼインとが複合体として，カルシウムカゼイネート-リン酸複合体（calcium caseinate - phosphate complex）を形成しているためである。カゼインミセルに酸を加えて等電沈殿させて得たカゼインを酸カゼイン，または等電沈殿カゼインとよぶ。酸カゼインはアルカリ可溶性である。

（a）　カゼインの構成成分

カゼインはいくつかの成分に分けられ，電気泳動の移動度によってα, β, γの3成分に大別される（表1-8）。α-カゼインはCa^{2+}によって沈殿するα_S-カゼインとCa^{2+}沈殿性のないκ-カゼイン，λ-カゼインに分けられる。これらのカゼイン成分間の相互作用によって上述の複合体は安定なコロイド粒子として存在している。たとえば，κ-カゼインは，α_S-カゼインと1：3の割合で会合し，Ca^{2+}沈殿性のα_S-カゼインを安定化している。β-カゼインもまたκ-カゼインによって安定化されているといわれている。

表1-8　主な牛乳タンパク質
（タンパク質中の含量(%)）

カゼイン	76～86
α-カゼイン	45～63
α_S-カゼイン	～42
κ-カゼイン	～11
λ-カゼイン	3～4
β-カゼイン	19～28
γ-カゼイン	3～7
乳清タンパク質	14～24
β-ラクトグロブリン	7～12
α-ラクトグロブリン	2～5
その他	5～8

（b）　カゼインの凝固

カゼインは，酸（等電沈殿）やキモシン（chymosin）とよばれる酵素（レンニン（rennin）ともよばれる）によって凝固する。キモシンは仔牛などの第4胃の消化液に含まれるプロテアーゼであり，この消化液の抽出物はレンネット（rennet）とよばれる。レンネットは伝統的なチーズの製造に用いられているが，現在では同様の作用（凝乳作用）を示すカビ類由来の酵素（微生物レンネット）もチーズ製造に用いられている。カゼインを含む乳に酸やレンネットを作用させて生じた沈殿をカード（curd）といい，その上澄みをホエー（whey）とよぶ。キモシンはκ-カゼインのペプチド結合を（105番目のフェニルアラニンと106番目のメチオニンの間で）切断する。その結果，κ-カゼインは水溶性のペプチドを放出してCa^{2+}沈殿性を示すようになり，α_S-カゼインやβ-カゼインもκ-カゼインによるCa^{2+}沈殿に対する安定化作用を失い，結果としてカゼイン全体が沈殿する（図1-29）。

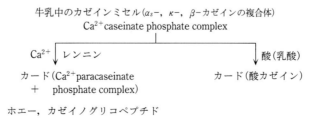

図1-29　牛乳凝固の機構

カゼインがプロテアーゼのはたらきで分解して生じるオリゴペプチド（カゼインドデカペプチド，ラクトトリペプチドなど）には，血圧を正常に保つ機能があるとされる。乳

カゼインを酵素処理とするとカゼインホスホペプチド(CPP)が得られる。カルシウムや鉄などのミネラルは，食物繊維やフィチン酸などと結合して不溶化するため，時として体内吸収が阻害される場合がある。この時，カゼインホスホペプチドはミネラルが食物繊維やフィチン酸と結合するのを妨げ，カルシウムなどのミネラルを吸収を促進する機能性があるとされている。

（4） 畜肉・魚肉のタンパク質

畜肉・魚肉の食用部位の多くは筋肉に相当する部位であり，筋肉タンパク質の特性が加工・貯蔵に重要な役割を果たす。

（a） 畜肉のタンパク質組成

ほ乳動物の筋肉タンパク質は，その存在部位と溶解性に基づいて，筋漿タンパク質（sarcoplasmic proteins），筋原繊維タンパク質（myofibrillar proteins），肉基質タンパク質（stroma proteins）に大別され，筋原繊維タンパク質がタンパク質の約1/2を占める。

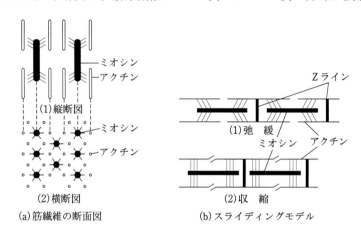

図1-30　筋繊維の構造とスライディングモデル
（Z. Berk: Introduction to the biochemistry of food 1976, Elsevier による）

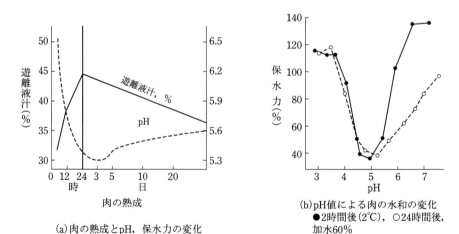

（a）肉の熟成とpH，保水力の変化

（b）pH値による肉の水和の変化
●2時間後(2℃)，○24時間後，加水60%

図1-31　肉の死後硬直，熟成中のpH，保水力の変化およびpHと保水力との相関
（藤巻ら：食品化学，朝倉書店）

筋漿タンパク質は，各種の酵素やミオグロビンなどの可溶性タンパク質の総称である。ミオグロビンは肉製品の呈色，変色に関与する（p. 75 参照）。

　筋原繊維タンパク質は，筋繊維を構成するタンパク質であり，生体では筋繊維の収縮・弛緩によって，いわゆる筋肉運動を行っている。主要構成成分はミオシン（myosin）とアクチン（actin）であり，それぞれ筋原繊維タンパク質の 50 ％，20 ％程度を構成する。残りは α-アクチニン，β-アクチニン，トロポミオシン，トロポニンなどである。

　肉基質タンパク質は筋肉の結合組織を構成するタンパク質で，コラーゲン，エラスチンなどを含む。

（b）　死後硬直

　生体中での筋の収縮は図1-30に示したような筋原繊維の収縮によって起こる。筋原繊維の収縮は，神経系の刺激により筋原繊維を取り巻く小包体から放出された Ca^{2+} が引き金となって開始され，ATP を消費して Ca^{2+} が小包体に再回収されると収縮は解除され弛緩する。

　動物が屠殺されると，循環系からの酸素と栄養素の供給が絶たれるので，筋肉は貯蔵されているグリコーゲンを嫌気的に代謝する。その結果，筋肉には乳酸が蓄積し pH が低下する（図1-31）。さらに pH の低下によって嫌気的な代謝も阻害されるようになり，グリコーゲンも枯渇するため，ATP が枯渇して，筋原繊維は収縮状態に固定されるようになる。この筋収縮の固定による硬化が死後硬直である。死後硬直は動物種によって起こる時間が異なり，最大硬直は魚では死後1〜4時間，トリで6〜12時間，牛で12〜24時間，豚で3日後といわれる。

（c）　肉の熟成

　屠殺直後の動物の肉は軟らかいがうま味に乏しく，死後硬直中の肉は硬く，加熱すると肉汁の損失が大きいので，調理・加工に適さない。肉の保水性は pH＝5.5 付近で最小になることが知られており，死後硬直中の肉汁の損失は pH の低下による肉の保水性の低下によるものである（図1-31）。

　死後硬直した肉を冷蔵しておくと徐々に柔らかくなって肉の保水性も回復し，うま味のある肉になる。これを肉の熟成（aging）という。肉の熟成は生体における筋の弛緩とは全く異なる機構によるもの考えられており，筋原繊維の不鮮明化，カテプシンなどのプロテアーゼによるタンパク質の分解などが熟成中に起こることが知られている。タンパク質の分解によって生成した各種のペプチドやアミノ酸は，肉のうま味に関与するほか，アミノ・カルボニル反応により加熱肉のにおいの生成にも関与すると考えられている（p. 117参照）。

（d）　魚肉のタンパク質

　魚肉の主要タンパク質も基本的に畜肉と同様であるが，基質タンパク質が少なく筋原繊維タンパク質の割合が高い。魚肉タンパク質の特徴としてゲル形成能があるが，これは魚肉タンパク質の主成分であるミオシン（全タンパク質の 65 〜 70 ％で溶塩性）の特性によるものであり，ゲルの強度には S−S 結合による架橋構造の形成も関与している。このゲル形成能を利用してかまぼこなどの練り製品の製造が行われており，形成したゲルによる弾力のある食感は「かまぼこの足」とよばれる。

（7）　アミノ酸・タンパク質の栄養と機能

　　われわれはタンパク質(アミノ酸)を食物から摂取しなければ生命活動を維持できない。タンパク質に特徴的な栄養上の意義と，近年注目されている生理活性(機能性)について以下に示す。

（1）　窒素代謝

　　食物から摂取したタンパク質は消化されて，そのほとんどがアミノ酸として吸収される。吸収されたアミノ酸は，生体内でタンパク質合成のほか，核酸，複合脂質，種々の生理活性物質などの窒素化合物の原料としても用いられる。われわれはタンパク質を摂取しないときでも，尿や糞からの排泄，皮膚の脱落などによって，つねに窒素成分を失っており，これは不可避窒素損失(obligatory nitrogen loss)とよばれ，成人では3〜4g/日といわれている。タンパク質を摂取する第一の意義は，この損失を補って生体の窒素平衡を保つことにある。

（2）　必須アミノ酸

　　動物において，正常な成長あるいは生命の維持に必要な量を満たしうるような速度で合成されず，食物などとして外部から摂取しなければならないアミノ酸を必須アミノ酸(essential amino acids)という。必須アミノ酸は動物種によって異なるがヒトでは，バリン，ロイシン，イソロイシン，リジン，メチオニン，トレオニン，トリプトファン，フェニルアラニン，ヒスチジンの9種類とされる。これらのアミノ酸のいずれか一つでも欠けている，または乏しいタンパク質は，それのみでは窒素代謝を正常に維持することができない。必須アミノ酸以外のアミノ酸は，他のアミノ酸，糖質，脂質から合成することが可能であり，これらは非必須アミノ酸(nonessential amino acids)とよばれる。

（3）　タンパク質・ペプチドと食品の機能性

　　上述のような生命を維持するための基本的な意義に加えて，近年では，食品中のタンパク質やその消化の過程で生じる種々のペプチドに，他の栄養素との相互作用などによる様々な生理活性(機能性)があることが知られるようになり，食品への応用(機能性食品の開発)がなされている。たとえば，牛乳カゼインの酵素消化よって生じるある種のペプチドは消化管内でのカルシウムの不溶化を妨げ，カルシウムの吸収を高めるはたらきがあるとされる。牛乳カゼイン由来のオリゴペプチドには血圧を正常域に保つはたらきがあるものもあるとされる。また，大豆タンパク質には血清コレステロール値を低下させる作用があることが知られているが，これは大豆のグロブリンタンパク質が消化される段階で生成する疎水性の高いペプチドが消化管内で胆汁酸と結合し，コレステロールの吸収を妨げるためであると考えられている。

SECTION 5 核酸関連化合物

　核酸(nucleic acid)は，塩基，糖，リン酸からなるヌクレオチド(nucleotide)を構成単位としている。ヌクレオチドは，細胞内でさまざまな生理的な役割を果たしているが，食品化学的には呈味成分の一つとして知られている。

（1）　ヌクレオシドとヌクレオチド

　塩基と糖がβ-グリコシド結合したものをヌクレオシド(nucleoside)という。糖としてD-リボースを有するものはリボヌクレオシド，D-2-デオキシリボースを有するものはデオキシリボヌクレオシドである。塩基は複素環式化合物のプリン(purine)とピリミジン(pyrimidine)の誘導体であり，アデニン(adenine)，グアニン(guanine)，ヒポキサンチン(hypoxanthine)がプリン塩基，シトシン(cytosine)，チミン(thymine)，ウラシル(uracil)がピリミジン塩基に属する。ヌクレオシドを形成する際の塩基の結合位置は，プリンの9位，ピリミジンの1位である。

　ヌクレオシドのリン酸エステルがヌクレオチド(nucleotide)であり，（デオキシ）リボヌクレオシドのリン酸エステルを（デオキシ）リボヌクレオチドとよぶ。リン酸は糖のC-2位，C-3位，C-5位のヒドロキシル基に結合する。ヌクレオシドやヌクレオチドを構成する糖の炭素原子の番号は，塩基の番号と区別するために ′ を付けて表すので，C-5位にリン酸基がつくものは5′-ヌクレオチド（またはヌクレオシド5′-リン酸；しいたけに多い）とよばれる。

　食品化学的に重要なヌクレオチドは，呈味（うま味）成分として知られる5′-GMP(5′-グアニル酸，5′-guanylic acid; しいたけに多い)，5′-IMP(5′-イノシン酸，5′-inocinic acid; 肉，魚，かつおぶしに多い)である(図1-32)。このヌクレオチドがリン酸を介して3′位と5′位のリボースの間で結合して重合していくとRNAとなる。また，ヌクレオチドにさらに1分子のリン酸または2分子のリン酸がピロリン酸結合で結びつくと，これらのピロリン酸結合は高エネルギー結合なので，水解時に多量の化学エネルギーを放出する高エネルギーリン酸化合物を生成する。これらの代表がアデノシン三リン酸(ATP)，アデノシン二リン酸(ADP)で，いずれもリボースの5′位に複数のリン酸が結合している。このような高エネルギーリン酸化合物は生理的に重要な役割を生体内で担っているが，食品化学的には，SECTION 4で述べたように，筋肉の収縮弛緩に関係し，ATPを消費して収縮，弛緩するといわれる。したがって，死後ATPを消費してATPをもはや生成できなくなった筋肉は死後硬直を起こすことが知られている。

　ヌクレオチドの細胞内での主要な機能を以下に示す。

　核酸の構成単位　　ヌクレオチドは（デオキシ）リボースの3′位と5′位の炭素がホスホジエステル結合で重合して核酸を形成する。

　高エネルギー化合物　　アデノシン三リン酸(ATP)はリン酸基が一つ少ないアデノシン二リン酸(ADP)との相互作用によってエネルギー運搬体としてはたらく。グアノシン三リン酸(GTP)，シチジン三リン酸(CTP)，ウリジン三リン酸(UTP)，デオキシチミジン三リン酸(dTTP)などもエネルギーを蓄えたヌクレオチドである。

A. 塩 基

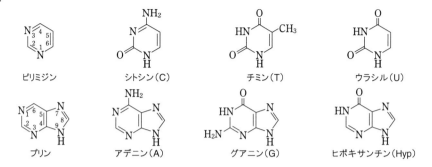

| ピリミジン | シトシン（C） | チミン（T） | ウラシル（U） |

| プリン | アデニン（A） | グアニン（G） | ヒポキサンチン（Hyp） |

B. 糖

リボース   2-デオキシリボース

C. ヌクレオチド

5′-GMP   5′-IMP   5′-デオキシシチジル酸（dCMP）

D. 高エネルギー化合物

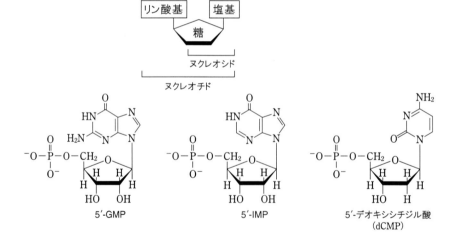

ADP   ATP

図1-32　塩基，糖，ヌクレオチドの化学構造

補酵素　ヌクレオチドとビタミンが結合したフラビンアデニンジヌクレオチド（flavin adenine dinucleotide; FAD），ニコチンアミドアデニンジヌクレオチド（nicotinamide adenine dinucleotide; NAD），補酵素 A（coenzyme A; CoA）は，酸化還元反応などに関わる酵素の補酵素としてはたらく。

（2）核　酸

核酸は動植物の細胞核内でタンパク質と結合した核タンパク質として存在し，遺伝情報の伝達，それに基づくタンパク質の生合成に関与している。核酸は糖，リン酸，塩基が結合したものが一つの単位（これをヌクレオチドという）となって，これが重合してできたものであるが，糖成分の違いにより2つに大別される（生理活性も糖成分の違いによりまったく異なる役割をもつことになる）。糖成分として2-デオキシリボースをもつものをデオキシリボ核酸（deoxyribonucleic acid; DNA），リボースをもつものをリボ核酸（ribonucleic acid; RNA）と称する。

塩基にはプリン（purines）とピリミジン（pyrimidines）の2種類があり，通常の RNA を構成する塩基は，アデニン（adenine），グアニン（guanine）の2つのプリンと，ウラシル（uracil），シトシン（cytosine）の2つのピリミジンである。DNA にはウラシルの代わりにチミン（thymine）が含まれる（表1-9）。このほか RNA，DNA には含まれないがヌクレオチドを構成する塩基として，ヒポキサンチン（hypoxanthine）がある（図1-32）。

デオキシリボヌクレオチドが重合したデオキシリボ核酸（deoxyribonucleic acid; DNA）とリボヌクレオチドが重合したリボ核酸（ribonucleic acid; RNA）がある（図1-33）。ヌクレオチド同士は3′-5′ホスホジエステル結合で繋がっているため，ヌクレオチド鎖の一方の端には他のヌクレオチドとの結合に関与していない5′-リン酸基があり，他方の端には3′-OH基がある。したがって，ヌクレオチド鎖には方向性があり，前者は5′末端，後者は3′末端とよばれる。

DNA は，逆方向を向いたヌクレオチド鎖が2本並んだ二重らせん構造をとる。この2本鎖構造を支えているのは，互いの鎖かららせんの内側に伸びた塩基同士の水素結合である。この塩基同士の結合は特異的であり，アデニン（A）はチミン（T）と，グアニン（G）はシトシン（C）と塩基対を形成する。水素結合は A-T 対で2個，G-C 対で3個つくられるので，G-C 対の方が安定である。

RNA は DNA の片方の鎖の一部分をコピーした1本鎖の核酸であり，DNA のデオキシ

表1-9　核酸に含まれるヌクレオチド

核　酸	糖	塩　基	ヌクレオチド（ヌクレオシド5′―一リン酸）	略　号
RNA	D-リボース	アデニン	5′-アデニル酸（アデノシン5′-一リン酸）	AMP
		グアニン	5′-グアニル酸（グアノシン5′-一リン酸）	GMP
		シトシン	5′-シチジル酸（シチジン5′-一リン酸）	CMP
		ウラシル	5′-ウリジル酸（ウリジン5′-一リン酸）	UMP
DNA	D-2-デオキシリボース	アデニン	5′-デオキシアデニル酸（デオキシアデノシン5′-一リン酸）	dAMP
		グアニン	5′-デオキシグアニル酸（デオキシグアノシン5′-一リン酸）	dGMP
		シトシン	5′-デオキシシチジル酸（デオキシシチジン5′-一リン酸）	dCMP
		チミン	5′-デオキシチミジル酸（デオキシチミジン5′-一リン酸）	dTMP

リボースの代わりにリボース，チミンの代わりにウラシルを用いている（表1-9）。

RNAはその構造と機能から3種類に大別される。メッセンジャー RNA（messenger RNA; mRNA）は個々の遺伝子に塩基配列として書き込まれたタンパク質のアミノ酸配列を写し取ったもので，リボソームでのタンパク質合成の鋳型となる。リボソーム RNA（ribosomal RNA; rRNA）はタンパク質合成の場となるリボソームの成分であり，細胞内の RNA 全体のおよそ90 %を占める。トランスファー RNA（transfer RNA; tRNA）はタンパク質の材料となるアミノ酸をリボソームに運ぶ役割を担う。

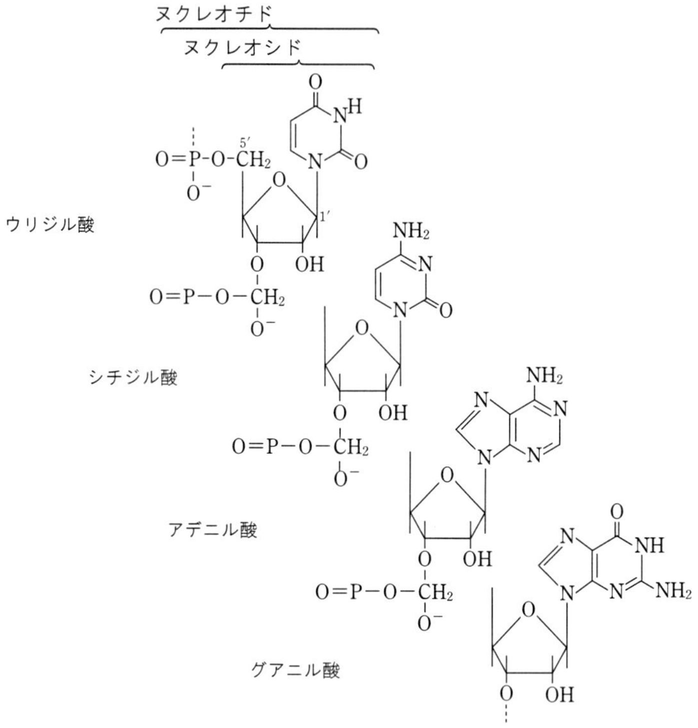

図1-33　RNAの部分構造とヌクレオシド，ヌクレオチドとの関連

生体内で発現する RNA のうちタンパク質をコードしない RNA をノンコーディング RNA（noncoding RNA; ncRNA）とよぶ。tRNA，rRNA，核内低分子 RNA（small nuclear RNA; snRNA），核小体内低分子 RNA（small nucleolar RNA; snoRNA），マイクロ RNA（microRNA, miRNA）などが知られており，これらはゲノム情報発現の制御因子として機能する。例えば，miRNA は18〜25塩基の長さを有し，標的とする mRNA に結合することでその遺伝子発現を負に制御する。ヒトでは2,000種以上の miRNA の存在が確認されており，一つの miRNA は複数の mRNA を標的にできることが明らかになっている。したがって，ヒト遺伝子の約半分が miRNA による調節を受けるため，miRNA は多様な生命活動の制御に寄与する。細胞内での miRNA の発現異常は遺伝情報の伝達に不具合をもたらすため，重大な疾患の発症につながる。実際に，がんや認知症などの疾病で miRNA の作用異常が起こっていることから，miRNA に着目した疾患治療が期待されている。近年，さまざまな食品成分が miRNA の発現を調節することが示され，食品による miRNA 制御を介した疾病の予防・改善が注目を集めている。

2章　食品の微量成分の化学と機能

ビタミン，ミネラル

（1）　ビタミン

　　ビタミンはその溶解性に基づいて水溶性ビタミンと脂溶性ビタミンに分けられる。しかし，これらのビタミンの動向が食品化学的に注目されるのは，ビタミンC（アスコルビン酸）とビタミンE（トコフェロール）の2つである。それ以外のビタミンでは，ビタミンB₂（リボフラビン）が光化学的な酸化反応の光増感剤としての作用を示すことがやや注目される。それゆえその他のビタミンが食品の品質に，良きにつけ悪きにつけ影響を及ぼすことはほとんどないといってよい。

(1)　ビタミンC　（アスコルビン酸 ascorbic acid）

　　アスコルビン酸は水溶性の還元性を示す物質で，溶液中で容易に酸化される。一般に酸性溶液中の方が中〜アルカリ性溶液よりはるかに安定である。次項に示すように分子

$$-\overset{\text{OH}}{\text{C}}=\overset{\text{OH}}{\text{C}}-$$

内に$-\underset{}{C}=\underset{}{C}-$の形の構造をもつ。この形の化合物は，レダクトン（reductone）*といわれ，酸〜中〜アルカリ性で還元力を示し，インドフェノール色素を還元する。

　　アスコルビン酸を酸化すると（あるいはほかの物質を還元すると），1電子脱離されたモノラジカル（アスコルビン酸ラジカル）を経てデヒドロアスコルビン酸を生成する。このようにかなり強い還元作用を示すので，いろいろな酸化反応を阻害する方向で作用する。それゆえ，アスコルビン酸は水溶液系での代表的な抗酸化剤として，また油脂系での抗酸化シネルギスト（相乗剤）として広く利用されている。

---

*レダクトンとは von Euler と Martius が1933年にグルコースのアルカリ処理で得た $CH(OH)=C(OH)-CHO$ が非常に強い還元力を示すことから命名された名前である。このようなエンジオール（enediol）型の構造をもち，それゆえに強い還元性を示す物質をレダクトンと総称する。このレダクトンには，エンジオール構造をもつもののほかに，エナミノール（eneaminol），エンジアミン（enediamine），チオールエノール（thiol-enol），エナミンチオール（eneamine-thiol）などの構造をもつものも同様な性質をもつので一緒に含められている。このうち重要なのはエンジオール，エナミノール，エンジアミンである。これらは酸性でも還元力を示すので，アシ-レダクトン（aci-reductone）ともよばれる。

$-\overset{}{C}=\overset{}{C}-$ HO　OH	$-\overset{}{C}=\overset{}{C}-$ HO　NH₂	$-\overset{}{C}=\overset{}{C}-$ H₂N　NH₂	$-\overset{}{C}=\overset{}{C}-$ H₂N　SH	$-\overset{}{C}=\overset{}{C}-$ HO　SH
エンジオール	エナミノール	エンジアミン	エナミンチオール	チオールエノール

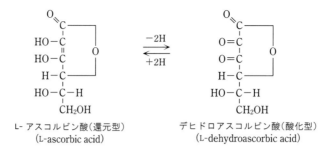

L- アスコルビン酸（還元型）　　　デヒドロアスコルビン酸（酸化型）
（L-ascorbic acid）　　　　　　　　（L-dehydroascorbic acid）

　一方，アスコルビン酸から生じたデヒドロアスコルビン酸は，ジケト化合物であるため反応性が強く，それ自身分解し，あるいは α－アミノ酸などと反応して食品の着色反応の原因となる（p.124参照）。したがって，アスコルビン酸の抗酸化剤としての使用も，目的，条件によっては具合の悪い結果を引き起こすことがあるので，注意を要する場合がある。

　アスコルビン酸の立体異性体で，類似した抗酸化性を示す合成の化合物にエリソルビン酸（erythorbic acid, D-araboascorbic acid）がある。これもアスコルビン酸と同じく，抗酸化剤として使用される。ただし，ビタミンCとしての生理活性はほとんどない。

　アスコルビン酸は，酸性でもアルカリ性でも還元性を示すので，体内で還元作用を利用して抗酸化物質として働く。さらに重要な働きは，体タンパク質の約1/3を占めるコラーゲンの生合成に関与し，コラーゲンを合成するためのプロトコラーゲンの水酸化酵素の補助因子として機能することである。アスコルビン酸はこのとき，酵素の中心にある鉄イオンを還元型の2価に保つ働きをする。また，アスコルビン酸は，アドレナリンやノルアドレナリンの生合成中間体であるドーパミンをヒドロキシドーパミンに水酸化する酵素の安定化に必須で，この酵素の銅イオンを還元型の1価に保つ機能が考えられている。

（2）　ビタミンE

　ビタミンEは植物界に広く分布する天然の代表的な脂溶性抗酸化剤である。ビタミンEとして天然に主に8つの化合物の存在が認められているが，そのうち4つは飽和側鎖（フィチル側鎖）を有するトコフェロール（tocopherol）といい，残りの4つは二重結合が3つある不飽和側鎖（イソプレノイド側鎖）を有するトコトリエノール（tocotrienol）という。トコフェロールとトコトリエノールはクロマン（chroman）の誘導体である（図2-1）。

　トコフェロールは植物界に広く分布し，とくに含有量の高いのは小麦胚芽油，大豆油，とうもろこし油などである。動物油ではたら肝油に多い。トコトリエノールは米ぬか油やパーム油に特徴的に多く含まれている。

　ビタミンEでは dl-α-トコフェロール酢酸エステル（合成品）1mg が1国際単位（IU）と規格されている。ラットの抗不妊試験に基づく生物活性は，dl-α-トコフェロール酢酸エステルを100とした場合，d-α-トコフェロールが150，d-β-トコフェロールが45，d-γ-トコフェロールが13，d-δ-トコフェロールが0.4以下，d-α-トコトリエノールが16，d-β-トコトリエノールが4，d-γ-および d-δ-トコトリエノールは非常に小さ

トコフェロール	R_1	R_2	R_3	トコトリエノール
α-トコフェロール	CH_3	CH_3	CH_3	α-トコトリエノール
β-トコフェロール	CH_3	H	CH_3	β-トコトリエノール
γ-トコフェロール	H	CH_3	CH_3	γ-トコトリエノール
δ-トコフェロール	H	H	CH_3	δ-トコトリエノール

* R_1, R_2, R_3 は下の図に対応している。

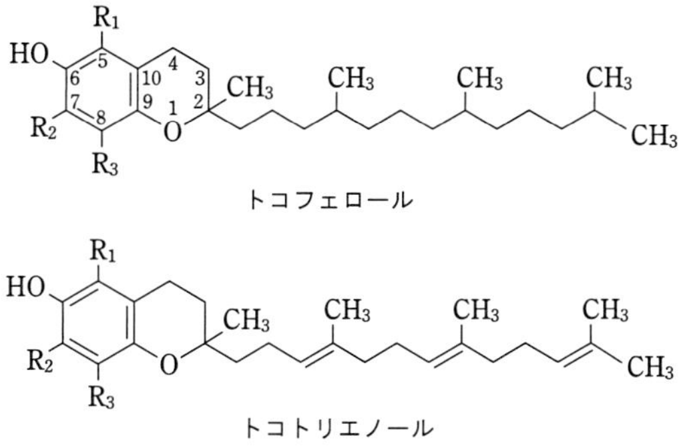

トコフェロール

トコトリエノール

図2-1　ビタミンEの名称と構造

い値である。生物活性に影響する構造部位はクロマン環の2位，ついで側鎖4位であり，いずれもR配置はS配置より活性が高いとされる。

　トコフェロールの食品中における抗酸化剤としての活性は，その生物活性とは逆にδ-トコフェロールが最大で，ついでγ-，β-，α-トコフェロールの順となる。これらのトコフェロールのうち，β-トコフェロールは，その分布が非常に狭く，特殊な食品，たとえば，小麦胚芽およびその胚芽油に比較的多量に含まれる以外，ほとんどの油糧作物種子に含まれることが少ない。したがってトコフェロールの抗酸化剤としての機能を考える際にはγ-とδ-トコフェロールの含有量が問題とされる。

　α-トコフェロールは，一重項酸素のクエンチャーとしての機能が生体機能および酸化防止との関連で明らかにされつつある。1分子のα-トコフェロールは100分子の一重項酸素を物理的にクエンチングする能力があるとされ，通常の三重項酸素にエネルギーレベルを低下させる働きをもつといわれる。したがって，光増感酸化反応の際には，効果的な抗酸化剤であると考えることができる。

　トコフェロールは，脂質過酸化におけるフリーラジカル連鎖反応を脂質ペルオキシラジカルの捕捉によって停止させる（図2-2）。この反応で生じるトコフェロキシルラジカルは比較的安定であり，反応性が低いため，再び脂質を攻撃してラジカル連鎖反応を続ける可能性は低い。また，このトコフェロキシルラジカルは，もう一つのペルオキシルラジカルと反応して安定化すると考えられている。

　トコフェロールの生理機能は，抗不妊作用と抗酸化作用に代表される。トコフェロールのいくつかの代謝中間体には，ナトリウム利尿性ホルモン様機能が知られる。トコトリエノールは，トコフェロールに比べ，強い特徴的な生理機能として，抗がん，コレステロール低下，神経細胞保護，老化性の血管新生の阻害，また抗肥満の各作用が明らかになりつつある。

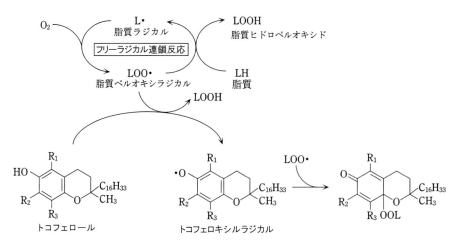

図2-2　トコフェロールによるフリーラジカル連鎖反応の停止

（3）　その他のビタミン

　　食品に含まれる各種ビタミンのうち，代表的な化合物を表2-1に構造を図2-4に示す。

表2-1　ビタミンの種類

種類		主な所在	食品での主な役割	主な生理機能
水溶性ビタミン				
チアミン	B_1	肝臓, 胚芽	—	糖質代謝, 神経機能の保持
リボフラビン	B_2	緑葉菜, 牛乳, 卵, 肝臓, 海藻	着色, 光増感作用***	酸化還元反応
ナイアシン	—	肝臓, 肉, 魚, 豆類	—	酸化還元反応
葉酸	—	肝臓, 肉, 緑葉菜, 豆類	—	核酸, アミノ酸代謝
パントテン酸	—	肉, 内臓肉, 卵, 豆類	—	アシル基転移反応
ピリドキシン	B_6	肉, 魚, にんにく, 肝臓	—	アミノ酸代謝
ビオチン	—	肝臓, 卵, 豆類	—	炭酸固定
シアノコバラミン	B_{12}	貝類, 牛, 豚などの肝臓	—	脂肪酸, アミノ酸代謝
アスコルビン酸	C	野菜, 果実	抗酸化剤	抗酸化作用 コラーゲンの合成
脂溶性ビタミン				
レチノール	A*	肝臓, 肝油, うなぎ	—	視覚, 粘膜の機能維持
カルシフェロール	D**	肝臓, 肝油, きくらげ, 干しいたけ	—	カルシウム, リンの吸収代謝
トコフェロール, トコトリエノール	E	小麦胚芽, 植物油	抗酸化剤	抗酸化作用, 抗不妊作用
メナキノン, フィロキノン	K	緑葉菜, 納豆	—	血液凝固因子の合成, 骨形成

　＊プロビタミンAとしてβ-カロテンなどがあり，着色剤として使用される。
　＊＊コレカルシフェロールとエルゴカルシフェロールがある。
　＊＊＊光増感作用は害作用と考えてよい。

（a）　水溶性ビタミン

　　上述のアスコルビン酸（ビタミンC）のほかにいわゆるビタミンB群に属するビタミン
が含まれる。これらのビタミン類のうち，ビタミンB_2（リボフラビン，riboflavin）は光増
感作用をもち，光が当たると酸素を励起し，一重項酸素を生成する作用をもつ。した

がって，高ビタミンB_2含量の食品に光が照射されると，不飽和脂肪酸の酸素による酸化が促進されやすくなる（p. 103参照）。また，酸化還元反応の電子伝達系中間体として働き，糖質，脂質，タンパク質の代謝反応，および呼吸鎖によるエネルギー産生に関与している。

　そのほかのビタミンB群は，水溶性のため，調理・加工の際の損失率が問題になる程度で，食品の品質に影響を及ぼすことはほとんどない。

（b）脂溶性ビタミン

　ビタミンE以外では，プロビタミンAであるβ-カロテンをはじめとするカロテノイド色素の酸化による色調の変化が食品加工上問題にされるが（p. 76参照），ほかの脂溶性ビタミンの食品中の動向が問題にされることは比較的少ない。

　ビタミンA　ビタミンAには，A_1（レチノール, retinol）とA_2（3-デヒドロレチノール，3 - dehydroretinol），レチナール（retinal），レチノイン酸（retinoic acid）がある。レチノールは構造上多数の二重結合をもつので，加熱処理により二重結合の異性化（トランス型よりシス型の生成）が起こること，酸化されて過酸化物，エポキシ化合物が生成されることが知られている。ビタミンAは視覚に関与しており，レチナールは目の網膜中でオプシンと結合し，ロドプシンとして光を感知する働きをしている。

　ビタミンD　カルシフェロール前駆体であるエルゴステロール，7-デヒドロコレステロールに紫外線照射すると光化学反応でステロールのB環が開環してビタミンDが生成される。カルシフェロールは，動物体内で，肝臓や腎臓の水酸化酵素によって活性型ビタミンDである1, 25-ジヒドロキシカルシフェロールに変換される（図2-3）。活性型ビタミンDは，カルシウムやリンの腸管吸収とそれらの骨からの移動や腎臓での再吸収に関与している。

　ビタミンK　植物（緑黄色野菜や植物油脂）に含まれるフィロキノン（phylloquinone，ビタミンK_1）と納豆や肉類に含まれ動物の腸内細菌で産生されるメナキノン（menaquinone，ビタミンK_2）がある。血液凝固作用があり，血液中の可溶性フィブリノーゲンを不溶性のフィブリンに変換するプロトロンビンの産生に必須である。

　いくつかのビタミンの構造を図2-4に示す。

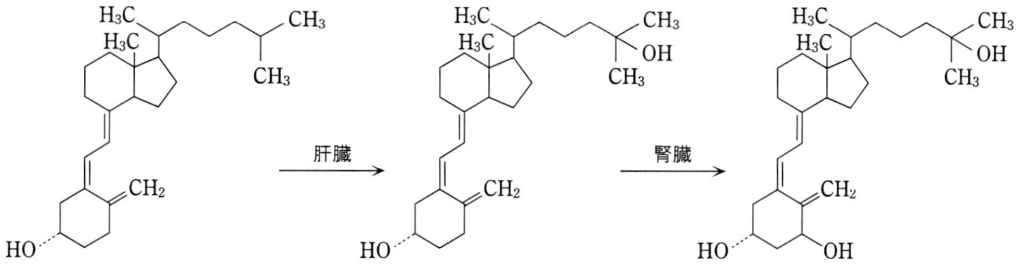

コレカルシフェロール　　　　　　25-ヒドロキシコレカルシ　　　　　1, 25-ジヒドロキシコレカルシ
（ビタミンD_3）　　　　　　　　フェロール　　　　　　　　　　フェロール（活性型ビタミンD_3）

図2-3　コレカルシフェロールの動物体内での変換

脂溶性ビタミン

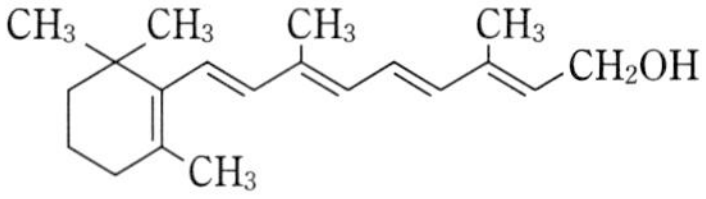

ビタミンA（レチノール）

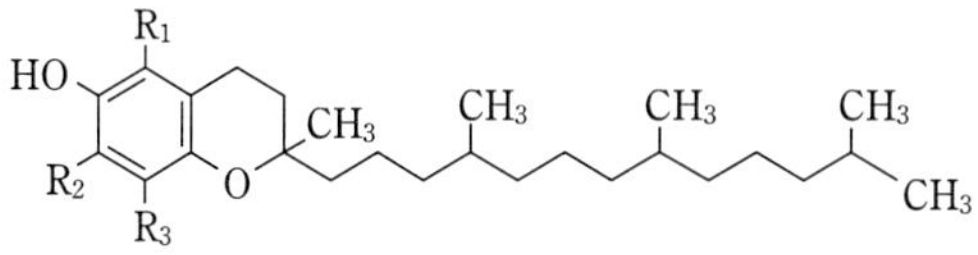

ビタミンE（トコフェロール）

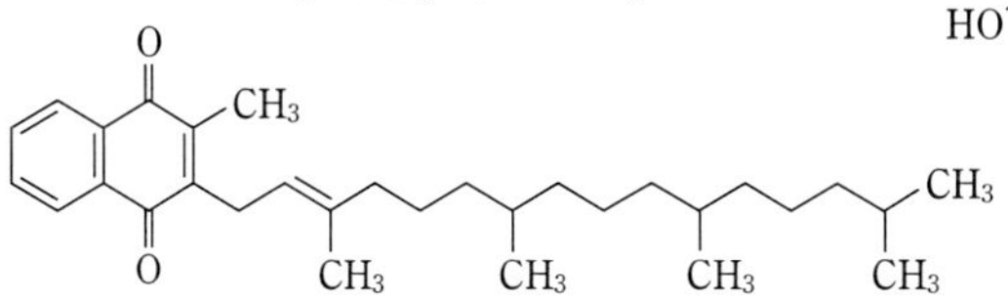

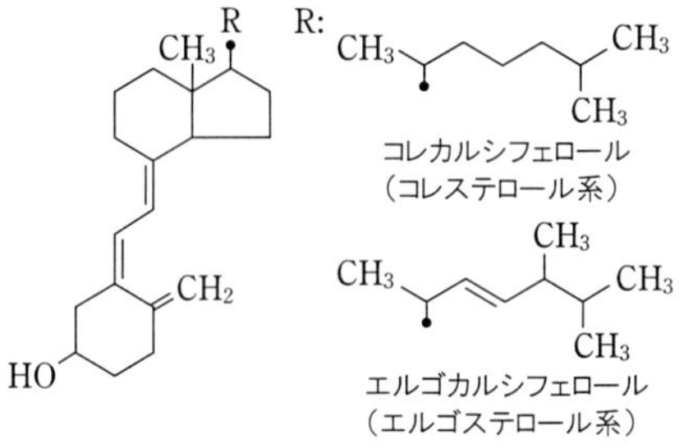

ビタミンD（カルシフェロール）

コレカルシフェロール
（コレステロール系）

エルゴカルシフェロール
（エルゴステロール系）

ビタミンK（フィロキノン）

水溶性ビタミン

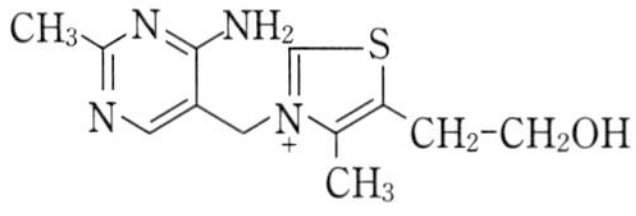

ビタミンB₁（チアミン）

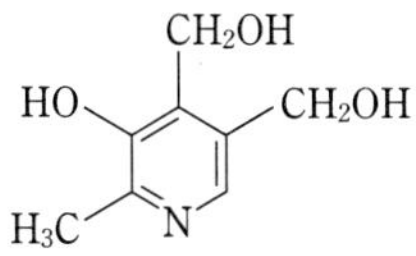

ビタミンB₆（ピリドキシン）

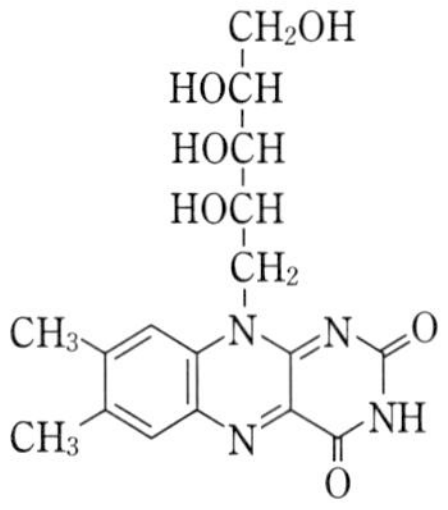

ビタミンB₂（リボフラビン）

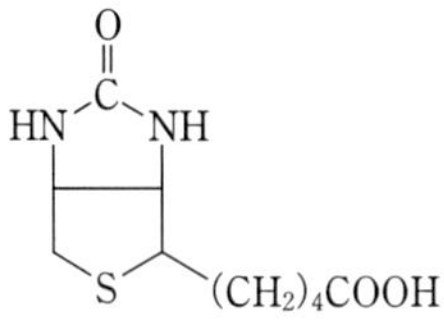

ビオチン

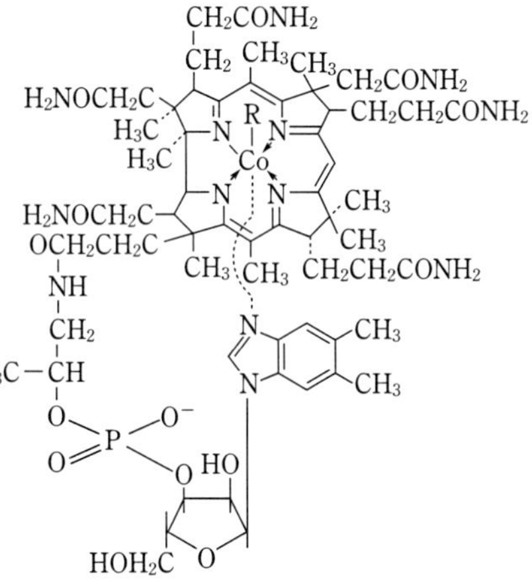

ビタミンB₁₂（コバラミン）

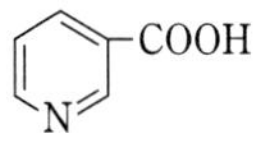

ナイアシン（ニコチン酸）

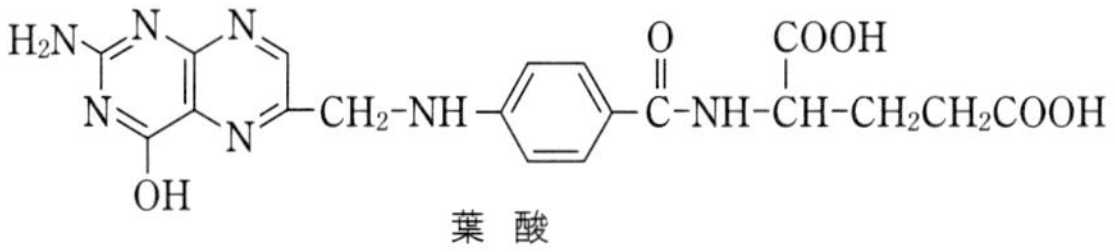

葉　酸

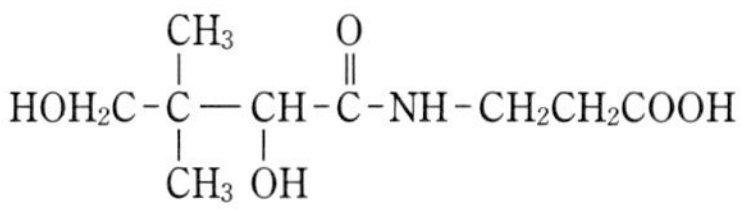

パントテン酸

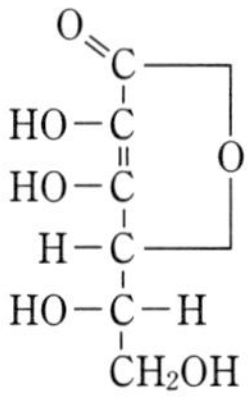

ビタミンC（アスコルビン酸）

図2-4　ビタミンの構造

（2）　ミネラル

　　食品成分としてのミネラルは，Na，K をはじめ Ca，P，Mg，Fe，Cu，S などがあり，微量元素を含めれば，かなり多数にのぼる。しかし，食品の品質の変化に関与するミネラルは，重金属イオンが主なもので，特に Fe と Cu の関与が大きい。また，リン酸およびその誘導体であるポリリン酸，リン酸エステル類は金属キレート作用が大きいので，上述の重金属イオンの触媒作用を阻害する効果があり，また，独自の作用ももつことが知られている。

　　このほか Ca，Mg などの 2 価のカチオンは，食品の多糖，タンパク質の一部のもののゲル形成，沈殿生成などにおいてネットワーク形成に関与している。たとえば，硫酸カルシウムや塩化マグネシウムは豆腐を凝固させる「にがり」として古くから利用されている。

（1）　**食品成分の酸化を促進する金属イオン**

　　食品成分の酸化反応は，酵素による反応と非酵素的に行われる反応に大別されるが，いずれの場合も重金属イオン，特に普遍的に微量ではあるが含まれている鉄，銅イオンなどにより著しく促進されやすい。酵素的な酸化反応の際に，酵素によっては Cu または Fe を触媒量必要とするものが多い。たとえば，ポリフェノールオキシダーゼ(p. 142参照)は，銅イオンを構成要素として含み，キサンチンオキシダーゼは鉄イオンを必要とする。

　　一方，非酵素的な酸化反応の際，Fe^{3+}，Cu^{2+} は基質となる化合物(アスコルビン酸を例にとれば，アスコルビン酸)から電子を奪い酸化を行い，酸化を起こしやすくし(酸素の一電子還元をしてスーパーオキシドアニオンをつくって，より酸化的な作用の強い活性酸素種をつくり出すこともある。p. 98参照)，単に酸素だけで酸化するよりもはるかに大きい速度で酸化反応を進行する。この場合に必要とされる重金属イオンは極微量の触媒量で十分である。したがって，このような食品系では重金属イオンをできる限り反応系から除くことが望ましい。

　　また，鉄はヘム化合物として複合体をつくり哺乳動物の筋肉中のミオグロビン，血液中のヘモグロビンとして存在する。これらのヘムタンパク質の加熱により生成されるヘミン化合物は，単なる鉄イオンより脂質の酸化を触媒する作用が強いことが知られている。このように食肉，魚肉中で脂質の自動酸化反応にはヘム色素が関与する度合が高いと考えられている。

（2）　**重金属イオンとキレートし，酸化を阻害するミネラル**

　　上のように重金属は，アスコルビン酸や脂質などの酸化反応を非常に促進するが，このような金属とキレートする化合物があれば，反応系から除外され，酸化反応に関与しなくなる。このような化合物には，クエン酸などの有機酸とリン酸，ポリリン酸などの無機リン酸化合物がある。いずれも解離性の二塩基性酸，三塩基性酸あるいはそれ以上の解離をする酸であり，重金属とキレートしやすい。

（3）　**食品の物性に関与する金属イオン**

　　金属イオンの中で 2 価のカルシウムイオンは，多糖のゲル化に関与することが多い。このゲル化については後述するのでここでは触れないが，2 価イオンの特性をいかして，多糖の分子間の架橋に関与する。なお，タンパク質の沈殿性については，(p. 53)ですで

に述べたとおりである。

（4）　ミネラルの生理作用

　　カルシウムやマグネシウムはリン酸塩の形で歯や骨などの硬組織に存在する。カルシウムは筋肉の収縮，免疫反応，血液の凝固，神経細胞の興奮などに関与している。また，マグネシウムはホスファターゼなどの酵素の活性化に関与して，エネルギー産生や代謝に重要な役割を果たしている。

SECTION 2 | 天然色素

　食品成分として，天然に存在する色素（pigment）は多岐にわたるが，その主要なものはクロロフィル，カロテノイドの脂溶性色素，水溶性成分としてのフラボノイド，これらの関連化合物および肉色素に代表される色素タンパク質である*。

（1）　クロロフィル

　クロロフィル（chlorophyll）は植物の葉緑体の重要構成成分で，生体内ではタンパク質と結合して存在する。高等植物にはクロロフィル a，b が存在する。褐藻や紅藻などの藻類ではクロロフィル a は共通成分として存在するが b は存在せず，その他のクロロフィルとして c, d などの，光合成に関与するクロロフィル a, b と同様な機能をもつ化合物が存在する。

　クロロフィルはポルフィリン化合物の一つで図2-5に示すように環全体が共鳴構造をとれるようになっており，中央の窒素原子4個のところに水素原子2個がついていて，金属イオンと交換してキレートできるようになっている。クロロフィルでは中心金属に Mg^{2+} が入りキレートされている。

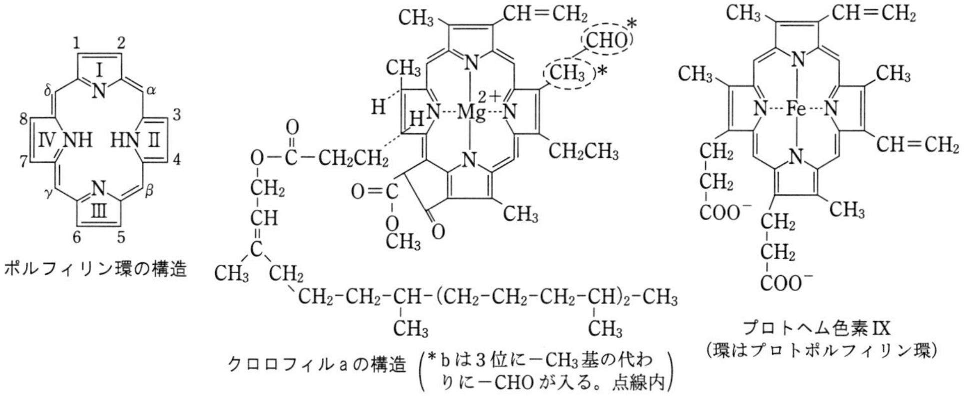

ポルフィリン環の構造

クロロフィル a の構造 （*b は3位に-CH_3 基の代わりに-CHO が入る。点線内）

プロトヘム色素 IX
（環はプロトポルフィリン環）

図2-5　クロロフィル，ヘム色素の構造

　高等植物のクロロフィルは a が2/3程度を占め，b は少なく1/3程度を占めるにすぎない。この両者の吸収スペクトルは図2-6に示す通りで，a の方が赤色部の吸収も強い。色調は a が青緑色で，b は黄緑色を呈する。したがって，緑色野菜の緑色の場合には a の方が色調に関与する割合が強いといえる。このクロロフィルによる色調は，加工・貯蔵，調理中に退色しやすいことが知られている。これはクロロフィル分子内にキレートされている Mg^{2+} が，酸性下において H^+ と交換されやすいことに起因する。この反応は加熱により促進される。クロロフィル a と b とで，退色のしやすさを比較すると，a の方が退色しやすく，b の方が安定である。この加熱によるクロロフィル a の退色は，pH6.0付近でも起こり，pH が低いほど促進される。このようにクロロフィル a, b から Mg^{2+} が脱離

---

*ここでは食品の加工・貯蔵中に起こる褐変反応についてはふれない（p.117参照）。

してできた化合物をフェオフィチン（pheophytin）という。フェオフィチンはさらにフィトール（phytol $C_{20}H_{40}O$, 7位の側鎖）がはずれるとフェオフォルバイド（pheophorbide）を生じる。フェオフォルバイドは光過敏症（皮膚障害）の原因物質とされ、食品中の含有量が規制されている。

このフェオフォルバイドは植物体内に存在する酵素クロロフィラーゼ（chlorophyllase）がクロロフィルに作用して生じたクロロフィライドから Mg^{2+} が脱離しても生成される。さて、クロロフィルa、bより生成されたフェオフィチンやフェオフォルバイドはいずれも Mg^{2+} を失っているため、もはや緑色を呈さず、フェオフィチンaは褐色、フェオフィチンbは緑色を帯びた褐色を呈する。これらの色調の変化はいずれも、クロロフィルがもつ赤色部の吸収が非常に低下し、青色部の吸収も短波長側に移行したためである（図2-6, 7）。

このようにして生じたフェオフィチンは中心の金属イオンを失っているので、他の金属イオンとキレートできる

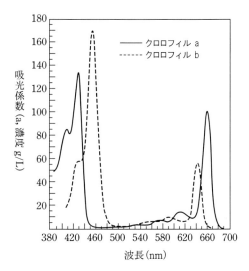

図2-6　クロロフィルa, bの吸収スペクトル

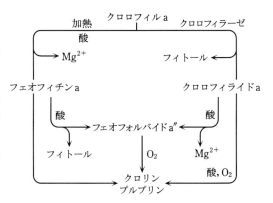

図2-7　クロロフィルaの変化
（bも同様に変化する）

性質をもつ。たとえば、鉄イオン（Fe^{2+} や Fe^{3+}）がキレートすると褐色を呈することが知られている。銅イオンはきわめて安定なキレートを生成し、この銅イオンは酸性化においても脱離されない。この銅とのキレート化合物は安定な青緑色を呈するので、クロロフィルをアルカリでケン化して得られたクロロフィリンに銅をキレートさせた銅クロロフィリン誘導体は無害で、安定な着色料として各種の食品に利用されている。

なお、海苔などを加熱すると、きれいな緑色を呈するのは、含まれている紅藻素、ラン藻素が加熱分解し、ほとんど分解されないクロロフィルが、共存するカロテノイドと一緒になって緑色を呈するためと考えられている。

（2）　ヘムタンパク質

動物、植物を問わず、細胞内には色素タンパク質（chromoprotein）が存在する。その代表的なタンパク質は、ヘム色素を補欠分子族としてもつヘムタンパク質である。ヘムタンパク質のうち、食品成分として重要なものは、畜肉や魚肉に含まれるミオグロビンと

ヘモグロビンであり，その他，チトクローム類がすべての食品に微量に存在する。

　ミオグロビンとヘモグロビンの構成成分であるヘム色素（heme pigment）は，図2-8に示したクロロフィルと類似のポルフィリン化合物である。このほか動植物には若干構造の違ったヘム色素もヘムタンパク質として存在する。いずれのヘム色素も中央に鉄イオンをキレートしており，その鉄イオンはヘモグロビンとミオグロビンのように2価鉄（Fe^{2+}）に固定されている場合と，チトクロームのように鉄イオンが酸化還元（$Fe^{2+} \longleftrightarrow Fe^{3+}$）を受ける場合がある。

　ミオグロビン（myoglobin）は筋肉に存在して，酵素の運搬と貯蔵を行っている。食品成分としては，食肉中のヘムタンパク質の主成分であって，動物の種，年齢に左右されるが0.3～1.0％程度含まれる。ミオグロビンは分子量17,800ぐらいでグロビンタンパク質とヘム色素からなり両者が1：1の割合で存在し図2-8のようにグロビンのヒスチジン残基にヘム色素が結合している。このヘムの中央の鉄は配位を1～6までもち，1～4はポルフィリンのNで，6位はグロビンタンパク質のヒスチジン残基で占められ，5位にはH_2O，Cl^-，炭酸などが弱い結合（イオン結合に相当する）で配位できる。O_2，CO，CN^-，NOなどとは共有結合に近

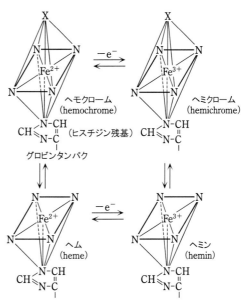

X: H_2O, Cl^-, HCO_3^-, O_2, CO, CN^-, NOなど

図2-8　ミオグロビンのヘム部位の構造

い結合をするため，弱い配位子（H_2O，Cl^-，炭酸）は強い配位子（O_2，CO，CN^-，NO）に交換されてしまう。O_2，CO，CN^-，NOのうち，酸素は割合に不安定な結合であるため，pH変化や酸素の需要に応じて放出され使われる。しかし，CO，NOなどは強固に結合するため，もはやO_2などとは交換できなくなってしまう。

　ミオグロビンとヘモグロビンでは鉄は2価のまま配位しているが，チトクロームなどでは可逆的に3価に酸化，あるいは2価に還元される。鉄が2価のヘム色素をヘム（heme），3価のものをヘミン（hemin）とよび，ヘム色素に含まれる鉄が2価のときはヘモクローム，3価のときはヘミクロームという。

　ミオグロビンにO_2分子が結合したものをオキシミオグロビン（oxymyoglobin），ミオグロビンのヘム色素の2価鉄が3価鉄に酸化されたヘミクローム状態のものをメトミオグロビン（methemyoglobin，metmyoglobin）という。ヘモグロビンの場合，ヘミグロビンがメトミオグロビンに相当する。ミオグロビンがNO_2^-と結合するとニトロソミオグロビン（nitrosomyoglobin，ニトロシルミオグロビン，またはNO⁻ミオグロビンともいう）を生成する。

　ミオグロビンは暗赤色で新鮮な筋肉の色調を呈するが，酸化されてメトミオグロビン

になると褐色化する。筋肉中では分子状の酸素と結合し、鮮赤色のオキシミオグロビンとして存在する。ミオグロビンとオキシミオグロビンはともに加熱によりグロビンタンパク質が変性し褐色を呈する。

このような肉色の変化を防ぐため、ハムやソーセージなどの肉製品では安定な化合物であるニトロソミオグロビンを生成させる。鮮赤色のニトロソミオグロビンは、加熱によってグロビンタンパク質が変性してもポルフィリン環が安定化されているために分解されにくく、ニトロシルヘモクロームのままで鮮赤色が保たれる。このため肉製品の加工には硝酸塩や亜硝酸塩を添加して肉質の固定化が行われる。

なお、魚肉などではポルフィリン環に酸化が起きやすく、オキシミオグロビンから緑色から灰色の分解物を生じ、魚肉の色調悪化の原因の一つと考えられている。この間の変化をまとめて示したのが図2-9である。

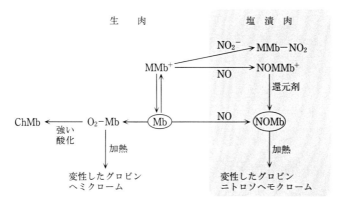

図2-9 ミオグロビンの変化

この図でコールミオグロビンとは、緑色の化合物で、ポルフィリン環が酸化したミオグロビンのことである。また、硝酸や亜硝酸による肉食の固定時に用いられるアスコルビン酸は還元剤として作用し、亜硝酸の結合したニトロソメトミオグロビンを還元して発色の安定なニトロソミオグロビンに変化させるとともに、ヘム色素の Fe^{2+} が Fe^{3+} へ酸化されるのを防ぐようにも作用する。

消化管からの吸収性のよいミオグロビンやヘモグロビンから調製されるヘム鉄は、鉄欠乏性貧血におだやかな改善効果があるとされる。鉄の吸収性は、ヘム鉄の場合、非ヘム鉄の2〜6倍に高いとの報告がある。また、ミオグロビンは主に心筋や骨格筋に存在するが、筋細胞が崩壊すると血中に流入し、尿中に排泄される。したがって、血中や尿中のミオグロビンの測定は心筋梗塞などの筋障害の判定に利用されている。

（3） カロテノイド色素

カロテノイド(carotenoid)色素は、植物起源の脂溶性色素で光合成を行う葉緑体に存

在し，このほか，にんじんの根，かぼちゃ，果実などにも含まれる。動物での存在は，卵黄，鮭の肉，牛乳，バター，えび，かに，魚卵などであり，これらはいずれもエサや飼料から移行したもので，一部のカロテノイドは動物体内で若干の構造変化を受ける。また，カビなどの微生物からもカロテノイドが見いだされており，これまでに600種類以上が確認されている。このうち，日常的に摂取される食品に含まれるカロテノイドは40〜50種類である。

　カロテノイドはイソプレノイド(isoprenoid)の一つで，イソプレンが重合した形をとっている。極性基(主に水酸基)の有無により，カロテン類(carotenes，極性基をまったく含まない炭化水素)とキサントフィル類(xanthophyls，酸素を含む極性基をもつ。カロテンから変化してできたものと考えてよい)に分けられる。ほとんどのカロテノイドは，イソプレンが8個重合した形をとり，しかも両端は，イソプレノイドの一つであるヨノン環になっていることが多い。また，多数の共役した二重結合をもつので，黄橙色から赤橙色の色調を示す。

イソプレン　　　　α-ヨノン(α-ionone)　　　　β-ヨノン(β-ionone)

　表2-2に食品に存在する主なカロテノイドの構造と分布を示す。この表からもわかるようにカロテノイドは全トランス型の共役二重結合をもつ。β-カロテンはレチノール(ビタミンA)が2分子重合したような構造をもち，β-カロテンが中央で切れ，アルコールを生成するとレチノールが2分子生成されることになる。したがって，β-カロテンにはプロビタミンA作用がある。同様に，α-カロテン，γ-カロテン，クリプトキサンチンにもプロビタミンA作用がある。

　カロテノイド色素のうち，β-カロテン，β-アポ-8′-カロテナール(β-apo-8′-carotenal)は食品の着色剤として合成品が使用されている。カンタキサンチンやアスタキサンチン(astaxanthin)は飼料添加剤，たとえば，家禽産業では鶏卵着色剤として，養殖産業では鮭やマスの魚肉着色剤として使用されている。

　動物体に含まれるアスタキサンチンは，えび，かに，さけ，ます，おきあみなどに存在する。おきあみのアスタキサンチンは通常は無色であるが，光が照射されると赤色に変化することが知られている。なお，えび，かにを加熱すると鮮紅色を呈するのは，タンパク質と結合して存在しているアスタキサンチン(このときは青藍色)が加熱によって酸化され鮮紅色のアスタシン(astacin)を生成するためといわれる。

アスタキサンチン　　　　　　　　　　　　アスタシン

表 2-2　食品に含まれる主なカロテノイド色素の構造と分布

名　　称	色　調	吸収極大 (nm)	構　造	主　な　分　布
α-カロテン (α-carotene)	黄橙色	475, 445*, 420	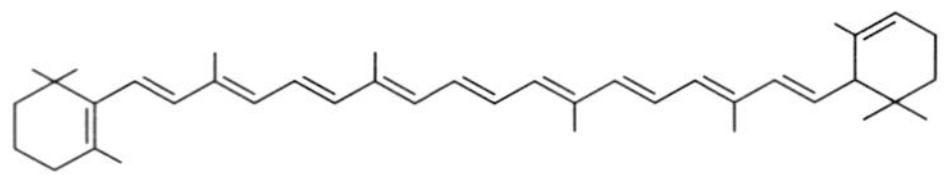	にんじん、オレンジ
β-カロテン (β-carotene)	黄橙色	482, 451, 425	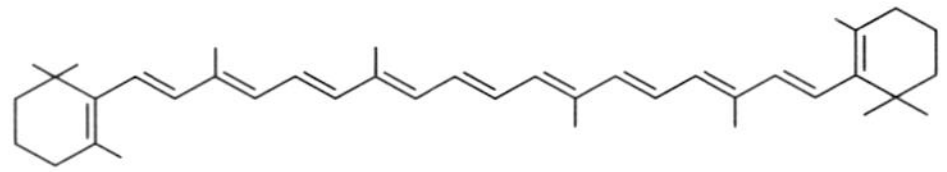	にんじん、さつまいも、かぼちゃ、オレンジ、緑黄色野菜
γ-カロテン (γ-carotene)	黄橙色	495, 462, 431	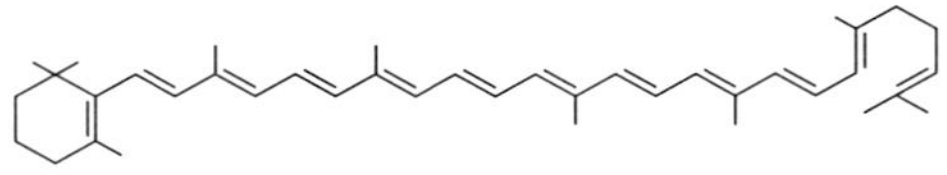	あんず
リコペン (lycopene)	赤　色	506, 474, 446	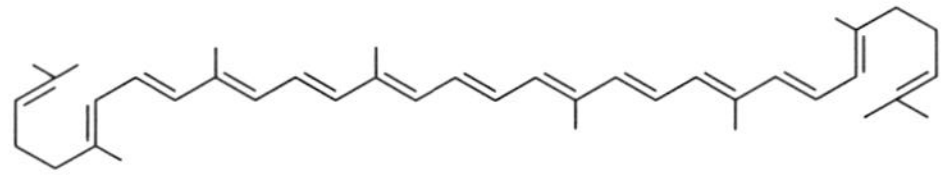	トマト、すいか
ルテイン (lutein)	黄橙色	477, 447, 420	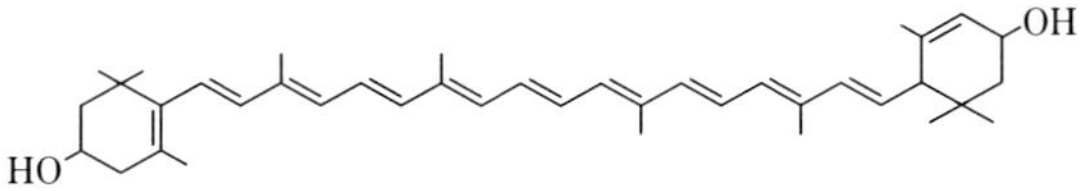	オレンジ、かぼちゃ、緑黄色野菜
クリプトキサンチン (cryptoxanthin)	黄橙色	475, 446, 421	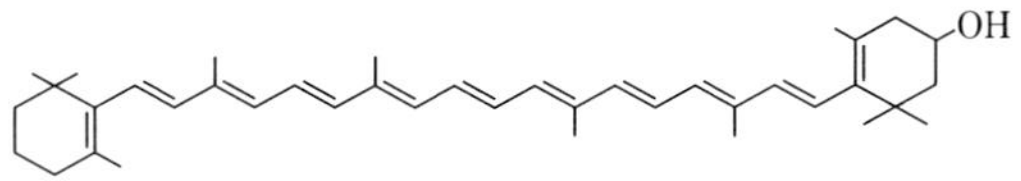	かき、とうもろこし、オレンジ
ゼアキサンチン (zeaxanthin)	黄橙色	483, 451, 423	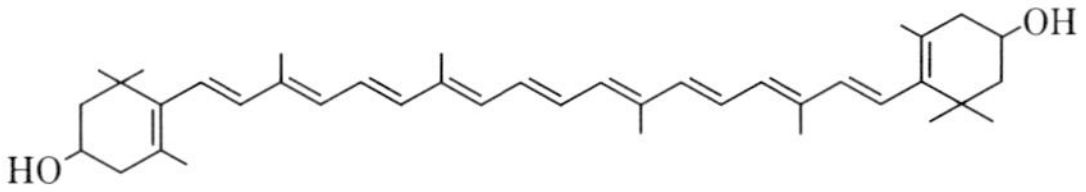	とうもろこし、オレンジ
アスタキサンチン (astaxanthin)	赤　色	513, 493, 476	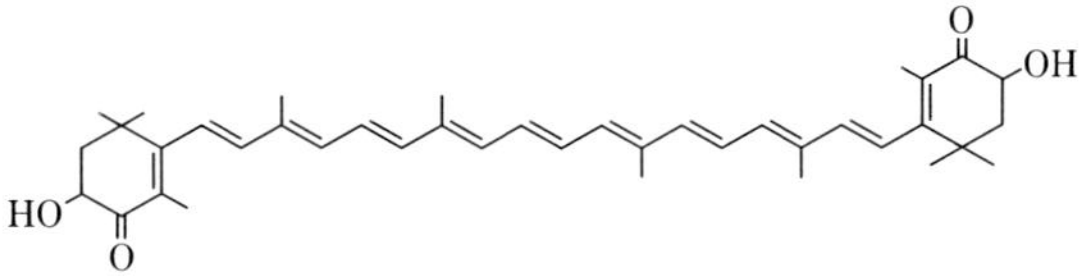	かに、えび、さけ、ます、おきあみ

（ルテイン～アスタキサンチンは「キサントフィル」に分類される）

*太字は最大吸収波長

カロテノイドの酸化分解　　カロテノイドは全トランス型の共役二重結合を多数もつが，その特色として，①二重結合の異性化を起こしやすいこと，すなわち一部の二重結合がシス型に変化する，②酸化されエポキシドなどを経て酸化分解を受けることが知られている。酸化分解を受けると，無色化するか，退色することになる。

　β-カロテンが光照射下で酸化分解されると乾燥ニンジンのオフフレーバー*として知られるβ-ヨノンやジヒドロアクチニジオリド（dihydroactinidiolide）を生成する。β-ヨノンは通常の酸素により，ジヒドロアクチニジオリドは光増感剤が存在するときの酸化分解物（すなわち，一重項酸素による酸化分解，p.112 参照）として知られている（図2-10）。同様な酸化反応は，光のない状態でもゆっくりではあるが進行するといわれる。

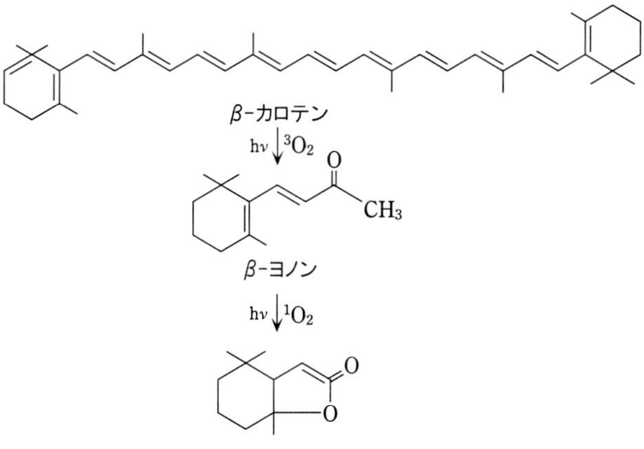

β-カロテン

$h\nu \downarrow {}^3O_2$

β-ヨノン

$h\nu \downarrow {}^1O_2$

ジヒドロアクチニジオライド

図2-10　β-カロテンの光酸化分解

　上述のような化学的反応とともに，カロテノイドは一重項酸素の物理的消去剤でもある。表2-3に示すように，物理的消去の速度定数（k_q）は，アスタキサンチンやカンタキサンチンなどのキサントフィル類やリコペンの方がβ-カロテンより大きい。こうしたカロテノイドの一重項酸素消去作用が知られるようになり，近年ヒトの血中や臓器中に存在するカロテノイドは，体内で抗酸化成分として機能していると考えられている。すなわち，酸化ストレスと動脈硬化やがん，痴呆症などの老化性疾病との関係が明らかにされつつあることから，カロテノイドの食品からの補給により，体内のカロテノイド濃度を高めることで酸化ストレスを低減させ，老化性疾病の予防に貢献できるのでないかとする研究が行われている。また，カロテ

表2-3　カロテノイドの一重項酸素消去能

	$k_q(10^6M^{-1}s^{-1})$*
α-カロテン	19000
β-カロテン	14000
γ-カロテン	25000
リコペン	31000
ルテイン	8000
クリプトキサンチン	6000
ゼアキサンチン	10000
アスタキサンチン	24000
カンタキサンチン	21000
（α-トコフェロール）	280

*k_q：物理的一重項酸素消去定数

$$Q + {}^1O_2 \xrightarrow{k_q} Q + {}^3O_2$$

---

*オフフレーバー（offflavor）とは元来その食品がもっていない好ましくないフレーバーが，貯蔵中に生じるとき，その好ましくないフレーバーをいう。異臭という訳語が使われるときがある。

ノイドの中で，ルテインは目（黄斑部，水晶）に特徴的に分布することから，白内障など
の眼病予防作用が期待されている。抗酸化以外の新たな機能として，フコキサンチンや
アスタキサンチンなどのキサントフィル類のがん細胞アポトーシス誘発作用が示され，
抗腫瘍効果が期待されている。

（4） フラボノイド化合物

　　食品には，水溶性の成分としてフラボノイドとよばれるフェノール誘導体が存在する。
フラボノイドには，黄淡色を呈するフラボノール色素，青〜赤色のアントシアニン色素
などがある。これらの化合物は，植物体に含まれる成分で，ほとんどが配糖体として存
在する。いずれも $C_6-C_3-C_6$ の構造をとり，両端の C_6 はともにベンゼン環で，中間の
C_3 が2つのベンゼン環を結びつけている。図2-11に示すように広義のフラボノイドに
は，かなり多数の化合物が含まれるが，いずれもフラボンから誘導された形をとってい
る。このうち，4位がケト基で，左側のベンゼンのA環と C_3 で 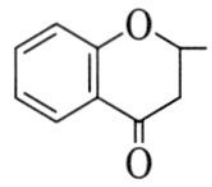　　　　　　　の形をしてい
るものを狭義のフラボノイドとよぶ。また，A環とB環の間にある複素環をC環とよび，
C環が二重結合をもち，すべての二重結合が共役すると呈色する。したがって，イソフ
ラボン，フラボン，フラボノールは黄淡色，アントシアニジン（アントシアニンのアグリ
コン）は赤から青色に発色することになる（その他は無色である）。
　　フラボノイドはA環，B環のベンゼン核にフェノール性の水酸基をもつ。その位置は
A環では5，7位で，B環では3′，4′，5′または3′，4′位または4′位である。これらの

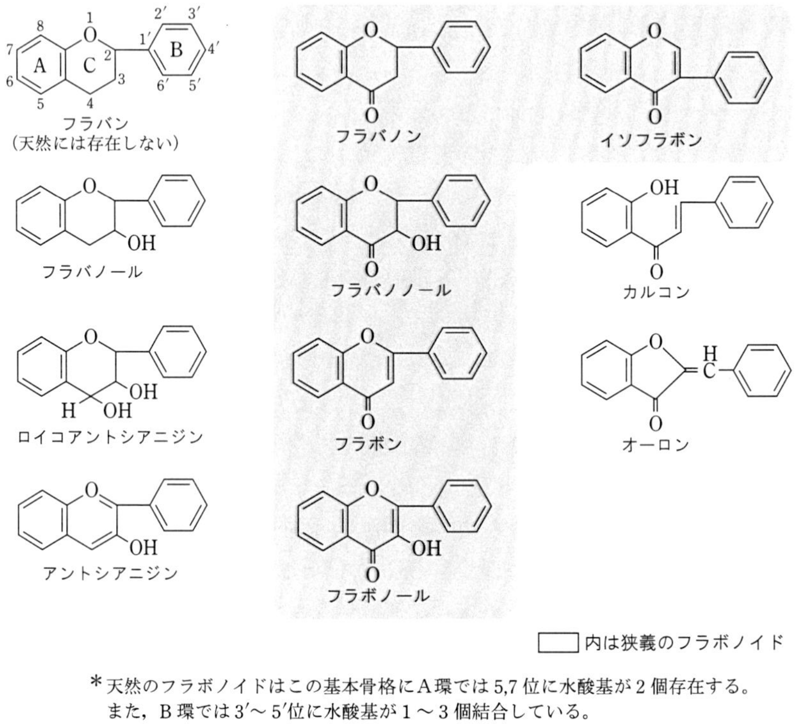

フラバン
（天然には存在しない）

フラバノン

イソフラボン

フラバノール

フラバノノール

カルコン

ロイコアントシアニジン

フラボン

オーロン

アントシアニジン

フラボノール

☐内は狭義のフラボノイド

＊天然のフラボノイドはこの基本骨格にA環では5,7位に水酸基が2個存在する。
　また，B環では3′〜5′位に水酸基が1〜3個結合している。

図2-11　フラボノイドの基本骨格

フラボノイドは，糖と結合して配糖体*となり，通常は3位または7位に糖がグリコシド結合して存在する。

(1) 狭義のフラボノイド

狭義のフラボノイドとは前述のごとく，型の構造をもつが，このうち，黄淡色を示すフラボノール誘導体は重要な食品フラボノイドの一つである。フラボノールは3位に水酸基，4位にケト機をもち，この両者がAl，Fe などの重金属イオンとキレートをつくり変色を起こしやすい。野菜の缶詰の製造中に起こる玉ねぎ，アスパラガスの暗色化はその例である。その原因物質の一つにケルセチンの配糖体があり，ルチン

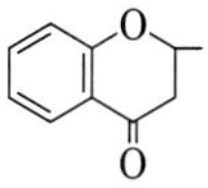

表2-4 食品中に存在する主なフラボノイド（アントシアニンを除く）*

アグリコン	構造（B環のみ）	主な配糖体と所在
1）フラボン誘導体 アピゲニン (apigenin)	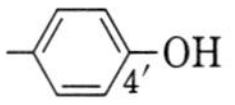 4′-OH	アピイン (apiin)：7-apiosylglucoside（パセリ，セロリ）
2）フラボノール誘導体 ケルセチン (quercetin)	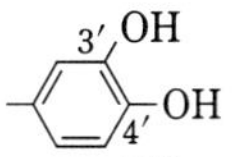 3′-OH, 4′-OH	ルチン（rutin）：3-β-rutinoside（そばなど）
ミリセチン (myricetin)	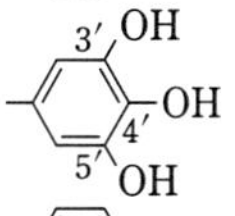 3′-OH, 4′-OH, 5′-OH	
カンフェロール (kaempferol)	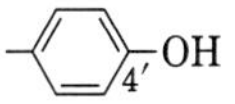 4′-OH	アストラガリン（astragalin）：3-glucoside （イチゴ）
3）フラバノン誘導体 ナリンゲニン (naringenin)	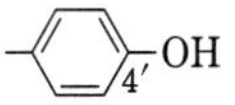 4′-OH	ナリンジン（naringin）： 7-β-rhamnoglucoside（柑橘の果実）
ヘスペレチン (hesperetin)	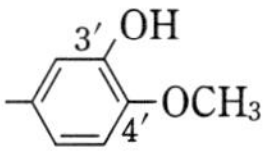 3′-OH, 4′-OCH₃	ヘスペリジン（hesperidin）：7-β-rutinoside （グレープフルーツ，柑橘の果実）

*ここに示したフラボノイドはいずれもA環については下のように5，7位に水酸基が2つ置換されている。

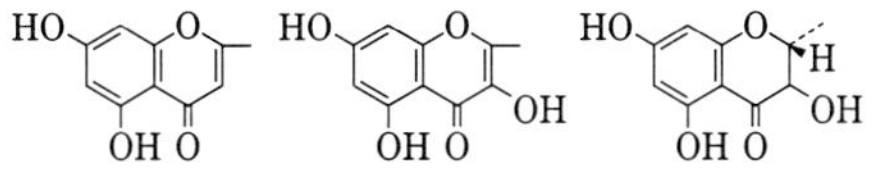

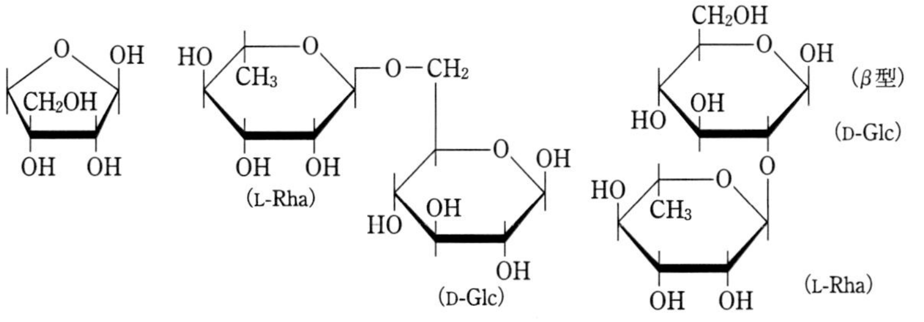

β-D-apiose型 β-rutinose（ルチン，ヘスペリジンの糖部分） β-rhamnosyl-(1→2)-D-glucose（ナリンジンの糖部分）

図2-12 主なフラボノイド配糖体*に結合している糖部分の構造

---

*配糖体とは，糖と非糖成分がグリコシド結合で結合している化合物をいう名称で，非糖成分をアグリコン（aglycone）という。フラボノイド配糖体では，非糖成分であるフラボノイドがアグリコンである。

(rutin)はアスパラガスの暗色化の原因物質とされている。表2-4に主要なフラボノイドとその配糖体を示す。なお，いくつかの配糖体に見られる糖部分の構造を図2-12に示した。

　フラボノイドの中には無色であっても，食品の加工工程で好ましくない現象を起こすものがある。たとえば，ナリンゲニン(naringenin)の配糖体であるナリンジン(naringin)は柑橘の果皮に存在し苦みを与え，ヘスペレチン(hesperetin)の配糖体であるヘスペリジン(hesperigin)は温州みかん缶詰の白濁の原因物質である。

(2)　アントシアニン色素

　アントシアニジンをアグリコンとしている配糖体は赤から青色に呈色し，アントシアニン(anthocyanin)色素とよばれる。

　アントシアニンは花弁の色の主成分であるが，蔬菜，果実の特徴的な色調に関与するものが多い。この例としてなすの紫色を発色させているナスニン，紅じその葉のシソニン，黒豆の皮のクリサンテミン，いちごの赤色のカリステフィンなどがある。主なアントシアニンを表2-5に示す。

表2-5　主なアントシアニン色素の構造と分布

アグリコン	構　造	主な配糖体と所在
ペラルゴニジン (pelargonidin)		カリステフィン(callistephin)： 　3-glucoside(イチゴ) ペラルゴニン(pelargonin)： 　3,5-diglucoside(ザクロ)
シアニジン (cyanidin)		クリサンテミン(chrysanthemin)： 　3-glucoside(クロマメの皮，チェリー，ノイチゴ) シアニン(cyanin)：3,5-diglucoside 　(shisonin Aともいわれる)(紫シソ) イデイン(ideein)：3-galactoside(クランベリー) カラシアニン(karacyanin)：3-rhamno-glucoside(チェリーの果皮)
デルフイニジン (delphinidin)		ナスニン(nasunin)：3-diglucoside. グルコースには*p*-クマール酸がエステル結合している。(ナス) エニン(oenin)：3-glucoside, 3′, 5′位の水酸基が−OCH₃にエーテル化されている。(紫黒色のブドウの果皮)

　アントシアニンのアグリコンであるアントシアニジンは，1位の酸素が3価で＋に荷電しているが，両性イオンであるアミノ酸の荷電が周囲のpHによって変化するように，アントシアニジンの荷電状態もpHにより変化する。たとえば，シアニンは図2-13に示すように変化する。このような荷電の変化により酸性では赤色，中性では紫色，アルカリ性で青色を呈する。酸性での構造はオキソニウム構造(oxonium form)である。これを中和していくと＋の荷電を失ってキノノイド構造(quinonoid structure)をとり，着色塩基

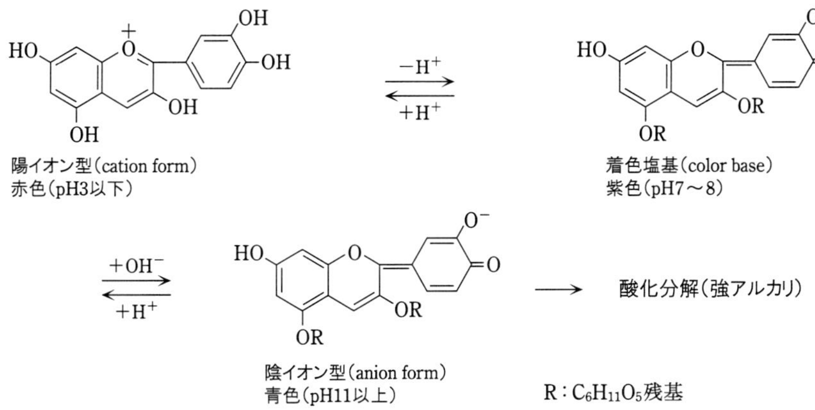

図2-13　シアニンのpHによる色調と荷電の変化
（共鳴型なので，一つの形を示してある）

といわれるものになる。さらにアルカリ性にすると，着色塩基が解離して青色の陰イオンとなる。

　アントシアニジンは3種あり，ペラルゴニジン，シアニジン，デルフィニジンとよばれる。この三者の違いは，B環の水酸基の数の違いである。B環の水酸基がメトキシ化（－OCH$_3$）されているもの（ペオニジン，マルビジン，ペチュニジンなど）もある。

　配糖体であるアントシアニンは通常，3位または5位または両者に糖が結合していることが多い。

　このようにアグリコンであるアントシアニジンの種類が少ないにもかかわらず，天然にあるアントシアニンの色調が豊富であるのは，B環にある3′，4′，5′位の水酸基と金属イオンがキレートをつくる効果があることと，他の有機化合物（例：クマール酸）が結合する場合があるためである。アントシアニンの機能性については，視力改善や抗酸化などの作用に関する研究が行われており，ヒト試験による効能の検証が望まれている。アントシアニンは食品から摂取されたのち，肝臓でメチル化反応を受け，その大部分は胆汁とともに糞中に排出されるので，血中にはほとんど検出されない。

（3）　カテキン類

　カテキン（catechin）は一種のタンニンで，フラボノイドの一つであるフラバノールの誘導体である。狭義のフラボノイドと同様にA環とB環に水酸基をもち，ジヒドロピラン環（C環）上の2位と3位の炭素が不斉炭素原子であるために光学活性となる。天然に存在するカテキン類は無色であるが，ポリフェノールであるため，酵素的な酸化を受けて構造と色調が変化しやすいことが知られている。その代表的な例が，茶葉に含まれるエピカテキン（epicatechin）とエピガロカテキン（epigallocatechin）が紅茶発酵中にポリフェノールオキシダーゼにより酸化されてテアフラビン類などの赤色色素を生ずる酸化反応である。

　また，カテキンはタンニンの構成成分の一つとして，渋味成分にも含まれる。主要なカテキンの構造を図2-14に示す。カテキンは，野菜や果実などの植物性食品に普遍的に含まれるが，緑茶葉にはエピガロカテキンガレート（epigallocatechin gallate，緑茶カテキンの50～60％を占める）などのカテキンが特に多く含まれ，乾燥重量の10～20％に

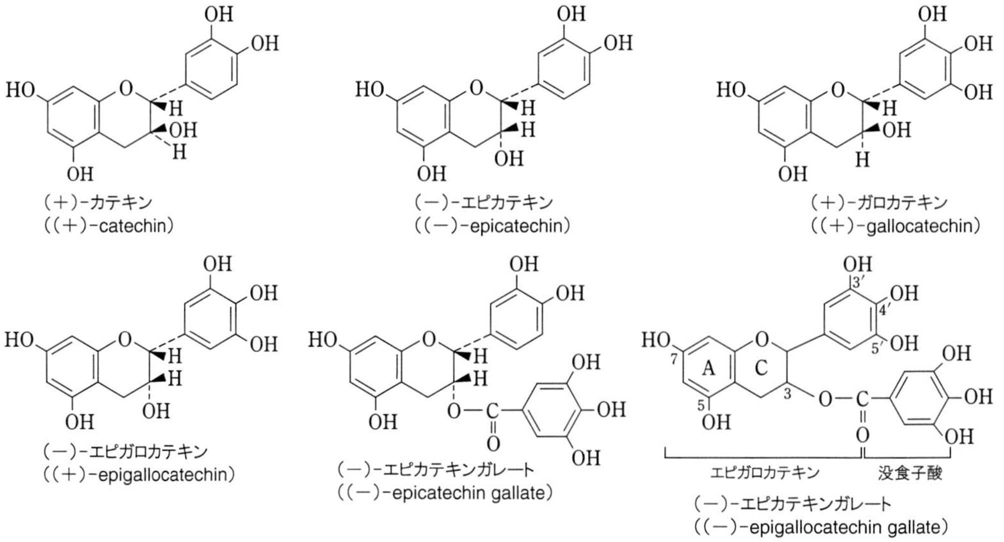

図2-14　カテキン類の構造

およぶ（産地や収穫期によって変動する）。カテキンの茶葉から煎茶への溶出量は湯の温度が高いほど多い。したがって，低めの温度の湯で茶をいれると，カテキンが溶出量されにくく，渋みが抑えられる。

　緑茶カテキンは，油脂に添加されて酸敗を防ぎ，食品加工中の酸化を防止するなど，食品添加物として利用されているほか，抗がん，血圧上昇抑制，コレステロール上昇抑制，抗肥満，抗菌など，さまざまな生理機能が注目され研究されている。わが国では，緑茶カテキンの生理作用に基づく特定保健用食品や機能性表示食品がいくつか認可・販売されている。

（4）　イソフラボン類

　イソフラボン（isoflavone）は大豆に含まれていて，他のフラボノイドと異なり，C環の3位にB環が結合した構造をもつ。主なものは，配糖体であるダイジン（daidzin）とゲニスチン（genistin）であり，それぞれの糖がとれたアグリコンをダイゼイン（daidzein）とゲニステイン（genistein）という。

　ダイゼインやゲニステインは，エストロゲン（女性ホルモン様物質）活性を示すことから植物エストロゲン（phytoestrogen）とよばれる。エストロゲン様の活性を示すことから，乳がんや子宮体がんなどのリスクを増すとも，あるいは減らすともいわれている。また，大豆イソフラボンは，更年期障害や糖尿病の改善といった生理作用が注目されている。骨粗鬆症に対しては，特定保健用食品として認可されたものがある。

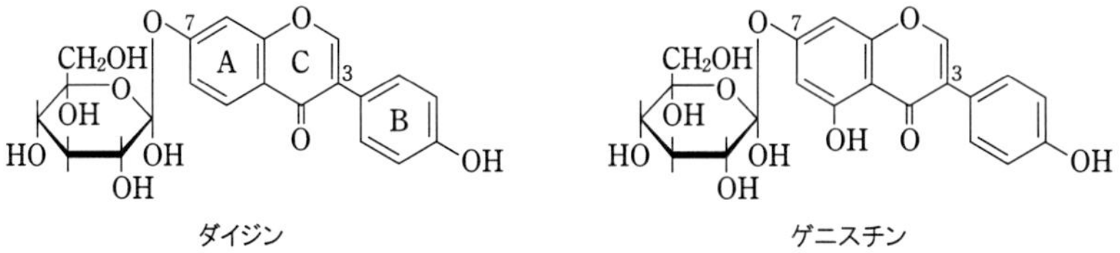

ダイジン
（daidzin;daidzein-7-glucoside）

ゲニスチン
（genistin;genistin-7-glucoside）

また，骨の成分維持に役立つとして，機能性表示食品が販売されている。

（5）　フェノール関連化合物

　植物体にはフラボノイド以外にも各種の低分子のフェノール性化合物が含まれている。これらの化合物は，前述のカテキンと同様に酵素的な酸化を受けやすく，植物性食品の加工・貯蔵中の着色の原因物質となるものが多い。

　代表的な化合物に没食子酸（gallic acid），フェルラ酸（ferulic acid），カフェ酸（caffeic acid），p-クマル酸（p-coumaric acid）などがある。コーヒー豆に含まれるクロロゲン酸はカフェ酸とキナ酸（quinic acid）とのエステルである。米糠に含まれるγ-オリザノール（γ-oryzanol）はフェルラ酸とシクロアルテノール（cycloartenol）などの植物ステロール類とのエステルである。ウコン（ターメリック，カレー粉）の鮮やかな橙黄食はクルクミン（curcumin）によるものである。クルクミンは脂肪酸のβ-酸化を亢進して抗脂肪肝作用を示すことが動物実験で明らかにされている。

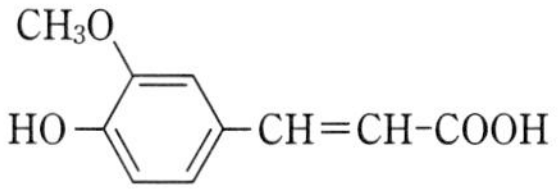

フェルラ酸 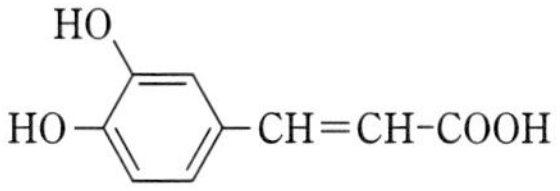　　カフェ酸 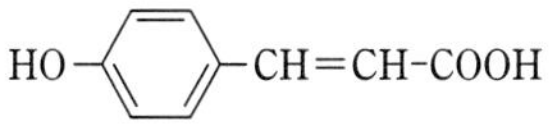　　p-クマル酸

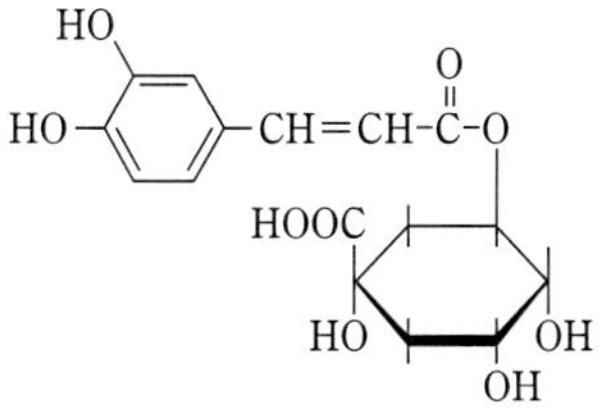

クロロゲン酸　　　γ-オリザノール

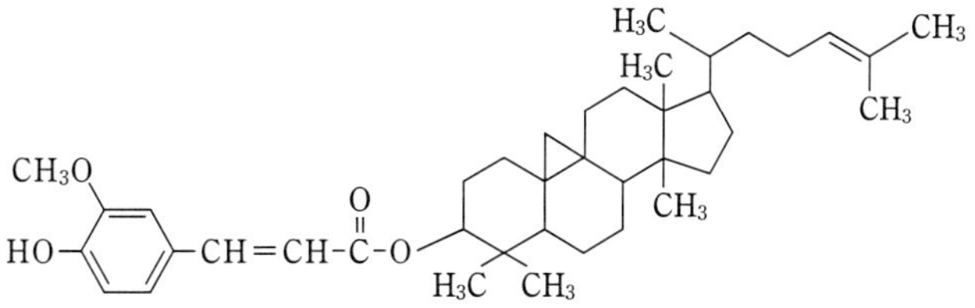

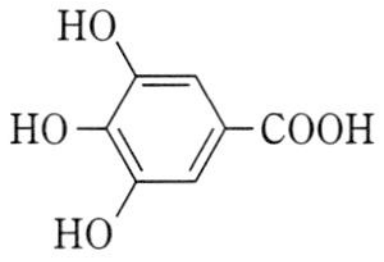

没食子酸 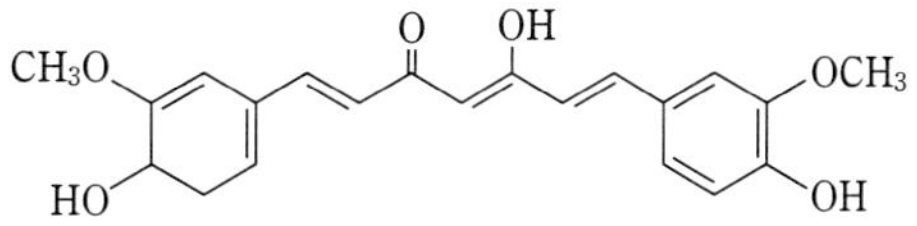　　　クルクミン

　このようなフェノール性化合物は単一で存在する場合と，結合して存在する場合がある。結合して存在する場合には，前述のカテキンと同様に，タンニンに分類されることが多い。タンニンは一種のフェノールの複合体で単一の化合物を指さない。たとえば，茶葉のタンニンの主成分は，エピガロカテキンガレートで58％を占め，ついでエピカテキンガレート18％，エピガロカテキン12％の順となり，その他のカテキン類，フェノール類が残りを占める。

　フェノール関連化合物の機能性としては，抗酸化，血清コレステロール上昇抑制，血圧調節，体脂肪蓄積抑制などの生理作用に関する研究が行われている。

呈味化合物と香気物質

食品の品質を左右する要因として味と香りは非常に重要かつ大きな分野である。色と同様に，天然に存在する呈味成分，香気成分のほかに，とくに香気物質については，加工・貯蔵中に起こる変化，新たな香気成分の生成などが重要視される。これらの貯蔵・加工中の変化については大部分を3章にゆずることにし，ここでは主に天然の呈味化合物，香気物質について述べることにする。

（1） 呈味化合物

食品の味は，古くから甘味(sweet)，塩味(salty)，苦味(bitter)，酸味(sour)の4つの基本味に分類されてきた。日本ではこれらに，うま味(palatable taste)を加えて五味とすることが一般的であったが，長い間欧米では認められていなかった。日本人による精力的な研究成果などから，現在では，うま味も基本味として世界的に認知されている。加えて，これらの基本味に入らない補助味として，渋味(astringency)，辛味(hot taste)などがある。

人間が感じる味覚は，主に舌の表面にある乳頭に分布する味蕾という組織を通して認識され，味蕾を構成している味細胞に発現している味覚受容体が呈味物質によって刺激されることにより知覚される。味覚受容体に関する研究は急速に進展しており，甘味，苦味，うま味はGTP結合タンパク質(Gタンパク質)と共役しているGタンパク質共役型受容体(GPCR)*で受容されることが明らかにされている。また，塩味は塩の陽イオンが味受容膜のイオンチャネルを通過することにより，酸味はプロトンがイオンチャネルを通過することにより認識される。一方，基本味と区別される辛味は，舌表面や口腔内の痛覚が刺激されて知覚する物理的な刺激により，渋味は主に口腔内粘膜の収斂作用によって引き起こされる**。

（1） 味の相乗作用，阻害作用

相乗作用(enhancement)とは，2種の作用物質を同時に用いると各々を単独で用いたときの和以上に強い作用を示す場合をいう。たとえば，うま味化合物として知られるグルタミン酸モノナトリウム塩(MSG)と，イノシン酸およびグアニル酸を，ある一定の割合で混合して使用した場合に最もうま味が強くなり，これは各々を単独に溶解した溶液のうま味を加えた効果よりずっと強い。

特定の化合物を前もって味わうと，短時間(1～2時間程度)ある味をまったく感じないことがあるが，このような作用を阻害作用という。この例として，ジンネミン酸

---

* Gタンパク質共役型受容体(GPCR)とは，GTP結合タンパク質(Gタンパク質)と共役した7回膜貫通型の受容体である。ヒトゲノムの解読により，約950種類存在するといわれている(*FEBS Lett.* 520, 97, 2002)。未だ100種類以上のオーファン受容体(リガンドが未知な受容体)が存在する(*Br. J. Pharmacol.* 153, S339, 2008)。

** 甘味，うま味，塩味はいずれも栄養物のシグナルと考えられる。ところが，重要な栄養物の一つである"脂肪"には味がないとされる。それでは，トロや霜降り肉，生クリームなどの脂肪の多く含む食物がおいしいのはなぜであろうか？古典的な食品学では，食品の口どけや舌ざわりなどの物性に寄与するためと考えられてきた。最近の神経科学的，分子生物学的な研究から，脂肪の口腔内刺激は脳に伝わっていることが判明しており，脂肪酸を受容する受容体(CD36やGPR120)が味蕾細胞に発現していることもわかってきている。

(gymnemic acid)をなめた後，1〜2時間は甘味をまったく感じなくなるといわれる。この物質の作用は，味蕾にある甘味受容体がちょうど酵素が拮抗阻害物質と結合するように，この酸と結合し，1〜2時間は複合体が解離しないためと推定される。

(2) 甘 味 （sweet taste）

　甘味を呈する化合物の代表的なものは糖類であり，特にスクロースは甘味の標準物質として重要視される。一般に甘味を感ずる能力には動物差，個体差があり，測定温度，濃度，共存物質にも影響を受ける。糖類以外では糖アルコール，グリセリンも甘味を呈し，アルデヒド，アミド，エステル，アミノ酸などにも甘味を呈するものがある。さらに天然や人工の甘味物質が食品添加物（甘味料）として認められている。これらの甘味度についてスクロースを100として示すと表2-7のようになる。なお，甘味度はいき値（threshold value）から計算する場合と常用濃度で比較する場合で差が出るときがある。たとえば，ステビオシドは，いき値からはスクロースの300倍の甘味度といわれるが，常用濃度では100倍程度といわれる。

　スクロースは非還元糖なので，水溶液中でも一種しか存在しないが，グルコースやフルクトースなどの還元糖は，α型とβ型の両型が存在し，各々で甘味度が異なる場合が多い。このような還元糖の水溶液では平衡に達するまで，両型の変化が起こる。この平衡関係は高温ほど速かに到達すること，温度により平衡が異なる場合があることなどにより，温度が甘味度に影響を与えることが多い。表2-6からわかるようにグルコースでは，α型の方がβ型より甘く，フルクトースではβ型の方がα型より甘い。この両者とも水溶液中ではピラノース型をとるが，いずれも還元基とそのとなりの炭素の水酸基（グルコースではC-1とC-2，フルクトースではC-2とC-3位）が，シス

表2-6　いろいろな甘味物質の甘味度

スクロース	100
β-D-フルクトース	180
α-D-フルクトース	60
α-D-グルコース	74
β-D-グルコース	50
α-D-ガラクトース	32
β-D-ガラクトース	21
α-D-マンノース	32
β-D-マンノース	苦味
β-D-ラクトース	32
α-D-ラクトース	16
ラフィノース	1
ステビオシド	30,000
アスパルテーム*	18,000
グリチルリチン	5,000〜10,000
サッカリン*	50,000
スクラロース*	60,000
アセスルファムK*	20,000

*人工甘味料

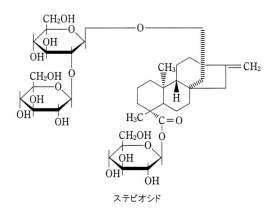

ステビオシド

アスパルテーム
（α-L-aspartyl-L-phenylalanine methyl ester）

型の方が甘い。これは，甘味受容体と複合体を形成する際，シス型*の方が低濃度で複合体をつくりやすいためと考えられる。一般に市販されている結晶ブドウ糖は α 型であり，結晶フルクトースも β 型である。したがって，これらの化合物は，低温で溶解すれば，より甘味の少ない β-グルコース，α-フルクトースを生じにくく，より甘いことになる。

　糖以外の甘味化合物として，アミノ酸のうちのあるもの（グリシン，アラニンなど），甘茶のフィロダルシン（phyllodulcin），甘草のグリチルリチン（glycylrrhizin），ステビアのステビオシド（stevioside）などが知られている。このうち南米の植物ステビア（*Stevia rebaudiana* Bertoni）の葉から抽出されたステビオシドは，最も使用されている天然甘味料の一つであり，甘味がスクロースの100倍程度（常用濃度）といわれる。グリチルリチンは南欧から中央アジアにかけて栽培される甘草（*Glycyrhriza glabra L.*）の根に合まれている甘味物質である。そのアンモニウム塩は水に可溶で，天然甘味料として，みそ，しょう油に使われている。

　人工甘味料は，天然化合物の誘導体を含めて多数のものが知られており，日本で使用が許可されているものとしては，サッカリン，アスパルテーム，スクラロース，アセスルファムカリウム（アセスルファム K）などがある。

　サッカリン（saccharin）はスクロースの約500倍の甘さをもつが，加熱すると分解され苦味物質を生じるため，単独で使用されることはなく，ショ糖，マルトースなどと併用して用いられる。日本では現在あまり用いられてはいないが，世界的には多く使用されている。

サッカリン　　　　gauche 型　　　　staggered 型

　アスパルテーム（aspartame）は L-アスパラギン酸と L-フェニルアラニンからなるジペプチドのメチルエステル体であり，スクロースの200倍程度の甘味度をもつ。スクロースに似た味質で飲料などに用いられるが，熱に不安定なため，加熱食品には使用できない。また，1999年以降に食品添加物として我が国で認められた甘味物質として，スクラロース（sucralose）とアセスルファム K（acesulfame potassium）がある。スクラロースは，スクロースのヒドロキシ基のうち3つを選択的に塩素で置換したものであり，スクロースの約600倍の甘味度をもつ。アセスルファム K は，スクロースの約200倍の甘味度をもつ。両者とも熱安定性に優れており，加熱食品にも使用されている。これらの甘味料は，組合せて使用することでスクロースに似た甘味が得られるため，併用されることが多い。糖質の使用を抑えた低カロリーの食品や飲料，非う蝕性（虫歯の原因とならない）を目的としたガムなどに用いられている。

---

*正確には，いす型の立体配置なのでアノマー炭素と，そのとなりの炭素についている水酸基が gauche または staggered 型のときに甘くなる。

(3) 酸　味　(sour taste)

　酸味は，酸味物質が水に溶解して解離する水素イオンH$^+$(実際にはH$_3$O$^+$イオン)による が，水素イオン濃度だけでなく，酸の本体であるアニオンによっても影響を受ける。また，味覚的にもアニオンの種類により好ましさが異なる。代表的なものに酢酸(acetic acid，食酢の主成分)，クエン酸(citric acid，柑橘果汁の酸味の主成分)，乳酸(乳酸飲料や漬物の酸味の主成分)，リン酸(清涼飲料の酸味，いわゆるキックと称される味を出すのに不可欠)などがある。

(4) 塩　味　(salty taste)

　塩味の主成分は，食塩(塩化ナトリウム)である。食塩の呈味には他の無機塩の存在が微妙に影響するといわれる。塩化カリウムは塩化ナトリウムに最もよく似た塩味を呈するが，カリウムイオンに起因する苦味を呈する。有機塩であるリンゴ酸ナトリウム，グルコン酸ナトリウム，グルコン酸カリウムなどは，苦味や渋味も少ないため低塩化の目的で使用される。

(5) 苦　味　(bitter taste)

　苦味成分にはアルカロイドが多く，キニーネ(quinine)が官能検査の標準物質として使われる。食品中の苦味成分は一般に好ましい味とされないが，適度な苦味は味覚的特徴となる。ビール中のフムロン(humulon)はさわやかな苦味を与える重要成分である。このほかココア，茶のテオブロミン(theobromine，アルカロイドの一つ)，カフェイン(caffeine)も苦味成分の一つである。なお，柑橘に存在するフラボノイドの一つであるナリンジン(naringin)は，果皮に多く含まれる苦味成分である。タンパク質の酵素水解で苦味ペプチドが生成することも明らかにされている。

(6) うま味　(umami taste)

　グルタミン酸ナトリウムが別名を英語で"Chinese seasoning"といわれるように，香辛料を料理に多量に用いる欧米人にはうま味に相当する表現はない。古くから日本では基本味とされてきたが，欧米では長い間基本味としては認められていなかった。現在では味蕾にうま味を感知するグルタミン酸受容体も見出されており，うま味は世界的に認知されている。天然のうま味化合物としては，アミノ酸，ペプチド，ヌクレオチド，有機酸などがあるが，工業的には，主に次の3つの化合物が生産されている。

① グルタミン酸ナトリウム　(monosodium L‐glutamate；MSG)

　こんぶのうま味成分として見いだされ，日本において，最初に工業的に生産されたうま味化合物である。L‐型で5位のカルボキシ基にNa$^+$がついた化合物のみが強い呈味を示す。この化合物の安定pH領域はpH6～8付近で，それ以外では，その他のイオン形が増大するので呈味が弱くなる。現在は発酵法で生産されている。

② イノシン酸ナトリウム　(sodium 5′‐inosinate, 5′‐IMP)，
　グアニル酸ナトリウム　(sodium 5′‐guanylate, 5′‐GMP)

　いずれも核酸関連化合物で，ヌクレオチドの一種である。5′‐IMPはかつおぶしの主なうま味成分，5′‐GMPはしいたけの主なうま味成分として見いだされた。しかし，この両者の呈味には，ほとんど差がなく，5′‐GMPの方が2～3倍呈味効果が強いだけであり，実際のかつおぶしの味としいたけの味がかなり異なることから，この両者が主成

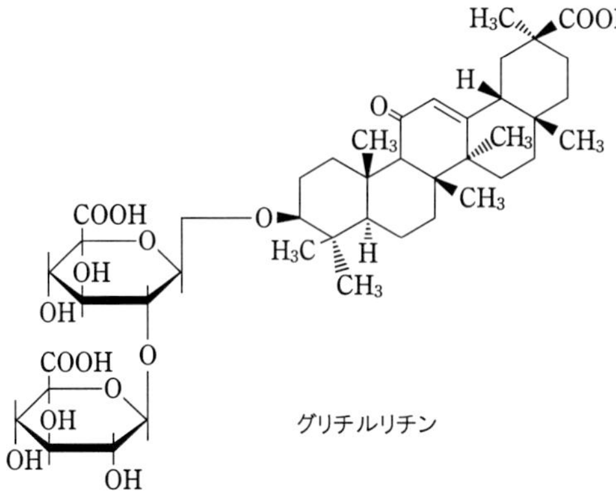

H_3C COOH グリチルリチン

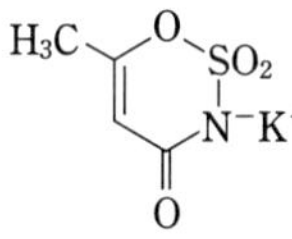

アセスルファムK

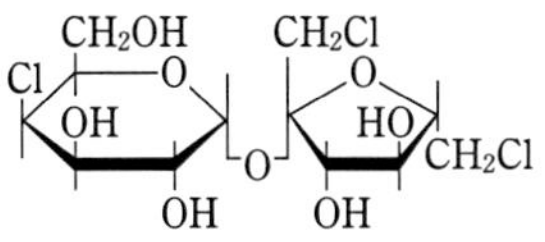

スクラロース 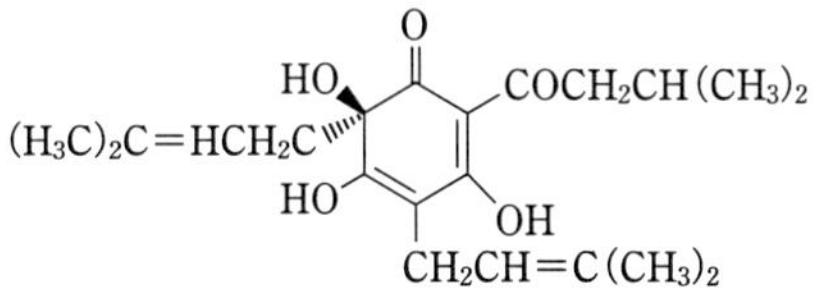　フムロン

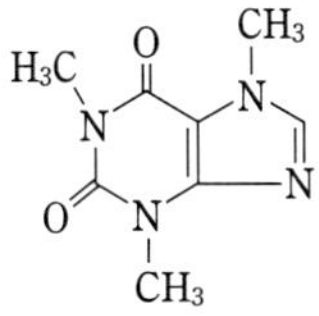

カフェイン 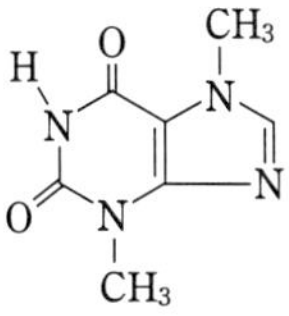　テオブロミン

分であっても実際のかつおぶし，しいたけの味には他の呈味成分が大きく影響していることがわかる。5′-IMP と 5′-GMP のほぼ等量混合物が，酵母の核酸中の RNA から工業的に製造されている。

③　5′-IMP，5′-GMP と MSG の相乗効果

　MSG と 5′-IMP，5′-GMP とを混合して使用すると，各々を単独で使用するよりもはるかに強いうま味が得られる。たとえば，MSG だけの場合の呈味性を 100 とした場合，5′-IMP と MSG とを混合する際，5′-IMP を 1，3，5 ％混合すると，290，430，600 となり，相乗効果は 2.9，4.3，6.0 倍になる。この効果は 5 ～ 10 ％の混合時に最大であるため，多くの市販品は，5′-IMP，5′-GMP を 8 ％程度混合している。

その他のうま味化合物

　きのこの一種であるはえとりしめじ，いぼてんぐだけから類似した構造をもつうま味化合物が分離されている。これらは L-トリコロミン酸(tricholomic acid)，L-イボテン酸(ibotenic acid)で，一種の α-アミノ酸の誘導体である。

　その他，タンパク質の酵素分解物であるペプチド酸にもうま味を呈するものがある。

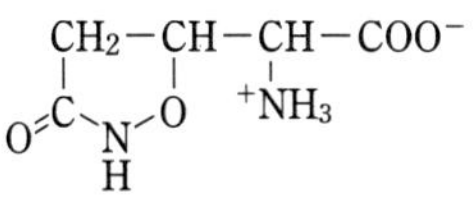

トリコロミン酸 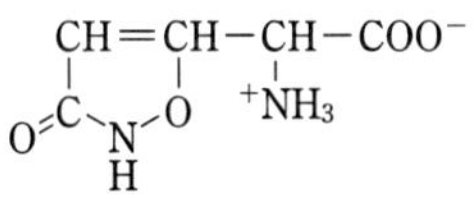　イボテン酸

(7) 辛　味

　　辛味でも，こしょうととうがらしでは，まったく味覚的に異なる。一般的に香辛料（spices）に分類されるものには，特徴的な辛味をもつものが多い。これらは単に辛味を与えるだけでなく独特の香味を食品に付与する。

　　辛味成分を構造的に分類すると，アミド類，イソチオシアネート類，スルフィド類，バニリルケトン類，セスキテルペン類の5つに大別される。アミド類の代表がトウガラシのカプサイシン，こしょうのシャビシン，さんしょのサンショオール，イソチオシアネート類ではくろからし，だいこんのアリルイソチオシアネート，スルフィド類ではねぎ，にんにくのジアリルジスルフィド，バニリルケトン類ではしょうがのジンゲロン，セスキテルペン類では，やなぎたでのタデオナールなどである*。

$$CH_2=CHCH_2N=C=S$$
アリルイソチオシアネート（allyl isothiocyanate）

$$CH_2=CHCH_2SSCH_2CH=CH_2$$
ジアリルジスルフィド（diallyl disulfide）

$$CH_3(CH=CH)_3-CH_2-CH_2CH=CHCONHCH_2-CH\begin{smallmatrix}CH_3\\CH_3\end{smallmatrix}$$
サンショオール（sanshool）

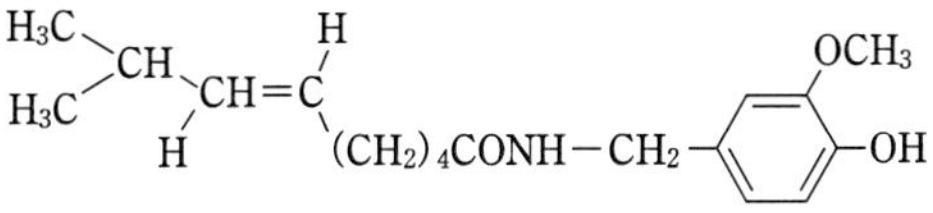

カプサイシン（capsaicin）

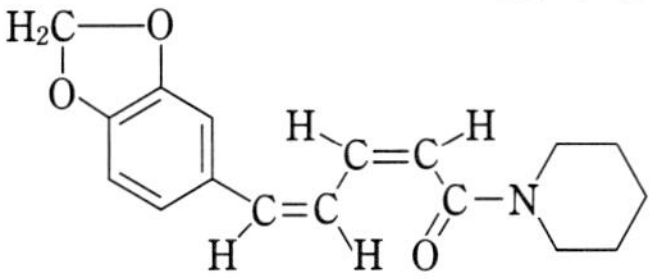

シャビシン（chavicin）

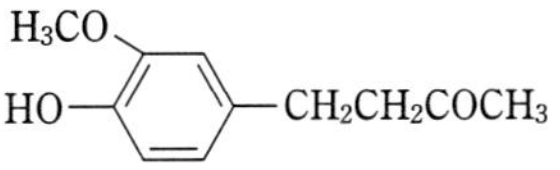

ジンゲロン（zingerone）

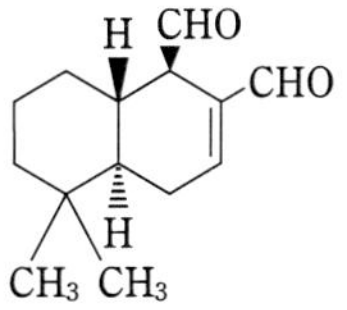

タデオナール（tadeonal） 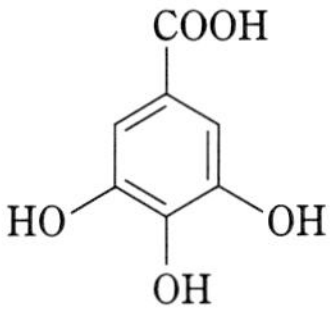　　没食子酸 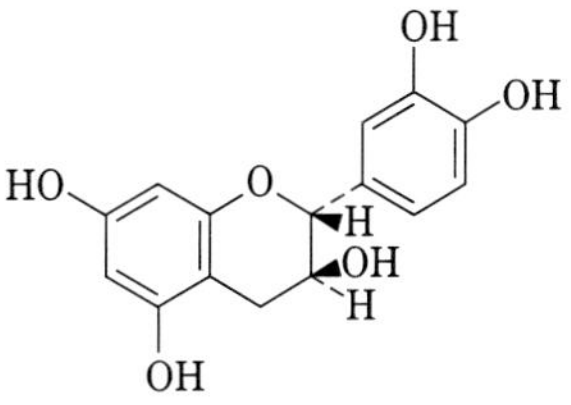　　カテキン

(8) 渋　味

　　一般に，苦味と同様に好ましい味とされないが，適度な渋味は一部の食品にとって不可欠のものである。茶のカテキンに代表されるタンニン（tannin）が代表的な渋味化合物である。タンニンは植物の樹皮，果実に含まれるポリフェノールと糖との化合物で単一

---

*辛味成分には，抗酸化性や抗菌性などさまざまな機能性をもつものが多い。イソチオシアネート類やスルフィド類などの含硫化合物（分子内に硫黄を含む化合物）は活性酸素を消去することによる発がん抑制作用が示されている。また，カプサイシンは，体熱産生の増大によって脂質代謝を亢進させるため肥満の解消につながると考えられているが，これは交感神経を経て，副腎よりアドレナリンの分泌を促進することによるものであることが明らかにされている。

の化合物ではない。ポリフェノールとしてカテキン，没食子酸(gallic acid)などを含む。

（2） 香気物質

香りは一般的に空気中に分散する揮発性物質によって，鼻腔粘膜の上皮(嗅上皮)にある嗅細胞が刺激されて生じる。嗅細胞に発現している嗅覚受容体(olfactory receptor)もまた，味覚受容体と同様にGタンパク質共役型受容体(GPCR)である*。食品における香りは，食物を選択する上で重要であり，好ましい香りは食欲を増進させる。

日本語においては，味と香りは明確に区別されているが，欧米では，これらを明確に区別しないで使われる場合がある。味というのは"taste"という表現と一致し，"smell"，"odor"，"aroma"，"scent"，"fragrance"などが匂，臭，香，馨などの表現に対応して用いられるものと考えられる。

このほかに匂，香，味，舌ざわりを包含した表現にフレーバー(flavor)という言葉がある。これに相当する日本語はないので音訳が使われるが，このフレーバーの意味するところは口腔内に食べ物を含んだときのにおい，香り(鼻で嗅ぐにおいだけではない)を中心とした味，舌ざわりなどの総合された情報のことである。この違いは日本と欧米の食生活の差に由来するもので，欧米では，香辛料を大量に使うため，食品材料本来の味を引きたたせるのを目的とする日本料理と異なり，香辛料によって料理の味をつくりあげるからである。

ここではフレーバーに関与する物質から呈味成分を除いた成分も，香気物質に含めることにする。香気物質には果実に代表されるように，生鮮食品，食品材料に元来含まれるフレーバー(生鮮香気といわれる)と，食品の加熱処理過程中に生成されるフレーバー(加熱香気)とがある。このほか食品の貯蔵中の悪変により生ずるオフフレーバー(off-flavor，異臭ともいう)**も存在する。加熱香気については別項にゆずり，生鮮香気を中心として簡単に述べることにする。

（1） テルペン

果実，野菜，香辛料，花などの精油には，いろいろな香気成分が含まれるが，その主要成分はテルペン(terpene)とその誘導体の含酸素化合物であるテルペノイド(terpenoid)である。テルペンはイソプレノイド(isoprenoid)***の一つで，単位となるイソプレンの数によって

モノテルペン	C_{10}	2イソプレン
セスキテルペン	C_{15}	3イソプレン
ジテルペン	C_{20}	4イソプレン
セスタテルペン	C_{25}	5イソプレン
トリテルペン	C_{30}	6イソプレン

---

*嗅覚受容体の発見とそれに伴う嗅覚系の仕組みの解明によって，Richard AxelとLinda Buckが2004年にノーベル生理学・医学賞を受賞している。嗅覚受容体はヒトで約400種類，マウスでは1,000種類以上が存在し，一つの嗅細胞は1種類の嗅覚受容体のみを発現していることが示されている。

**オフフレーバーとは元来食品には合まれない臭が食品の貯蔵中に生成される場合に，その臭に対して用いられる表現である。

***カロテンもテルペンの一つで，カロテノイドはテルペノイドに分類される。

に分けられる。これに従えば，レチノールはジテルペノイドで，カロテンはテトラテルペンに入る。このテルペノイドでイソプレンは，通常頭と尾で結合しており（トリテルペンでは2つのセスキテルペンが尾一尾結合している），開環または閉環（1環と多環とがある）していることが多い。

（a） モノテルペンおよびモノテルペノイド

主要なモノテルペンにオレンジ油の90％以上を占めるd-リモネン（d-limonene），レモン油のγ-テルピネン（γ-terpinene），α-フェランドレン（α-phellandrene）などがあり，含酸素化合物では，メントール（menthol，ハッカ油），カルボーン（carvone，キャラウェイ），α-リナロール（α-linalool，オレンジ油），d-シトロネロール（d-citronellol，レモン油），α-シトラール（α-citral）などがある。

いずれも常圧で170～200℃の沸点をもち，室温で香気を発する。

（b） セスキテルペン

通常，常圧で250～280°前後の沸点をもち，モノテルペンに比べ香りは弱い。

代表例にγ-ビサボレン（bisabolene）がある。ベルガモット油に合まれる。変わった構造のものに，セロリー油のβ-セリネン（β-selinene），グレープフルーツのヌートカトン（nootkatone）がある。

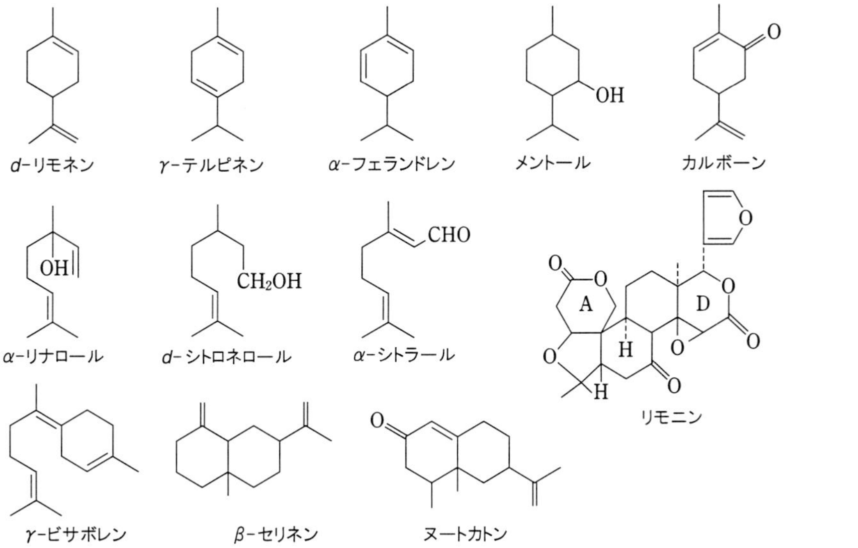

d-リモネン　　γ-テルピネン　　α-フェランドレン　　メントール　　カルボーン

α-リナロール　　d-シトロネロール　　α-シトラール　　リモニン

γ-ビサボレン　　β-セリネン　　ヌートカトン

（c） 高級テルペノイド

ジテルペン，セスタテルペンなどはいわゆるレジン酸とよばれる植物樹脂の構成成分であることが多く，香気成分としては重要ではない。重要なジテルペンに植物ホルモンであるジベレリンとクロロフィル，トコフェロールの構成成分であるフィトールが含まれる。

柑橘の種子には，リモノイド（limonoid）とよばれる苦味物質が含まれることがある。この苦味物質は，オレンジ果汁の抽出時には苦味を呈さない

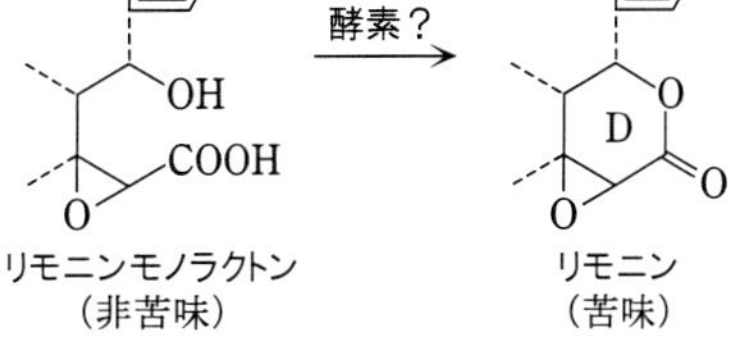

リモニンモノラクトン　　　　　　　リモニン
（非苦味）　　　　　　　　　　　　（苦味）

図2-15　リモニンの苦味化の機構

が，パルプと長時間接触するかあるいは加熱殺菌中に苦味となることが知られている。この苦味物質はリモニン（limonin）といわれ，A，Dの2つのラクトン環をもつ。このリモニンは，オレンジ種子中では図2-15に示すように，リモニン酸モノラクトンの形で存在し，パルプ中の酵素の作用によって急速にラクトン化されて苦味を呈するものと考えられている。

（2）　含硫化合物

含硫化合物はその独特な匂いのために，野菜，海藻などの特徴的な香りの主成分となることが多い。含硫香気成分の一部のものは，酵素反応で生成され，あるいは加熱反応により生成される。

食品のフレーバーに関係する含硫化合物には，

メルカプタン　　（mercaptan，$-SH$ をもつもの，チオールともいわれる）

スルフィド　　　（sulfide，$-CH_2-S-CH_2-$型の化合物，チオエーテルともいう）

ジスルフィド　　（disulfide，$-CH_2-S-S-CH_2-$型の化合物）

トリスルフィド（trisulfide，$-CH_2-S-S-S-CH_2-$型の化合物）

スルフェン酸　　（sulphenic acid，$-CH_2-\overset{\overset{O}{\uparrow}}{S}H$ 型の化合物）

スルフィン酸　　（sulfinate，$\underset{O\leftarrow S-S}{-H_2C \quad CH_2-}$ 型の化合物）

チアゾール　　　（thiazole）

チオフェン　　　（thiophene）

などがある。このうち，ジスルフィドはにんにくなどのねぎ類の香気成分にしめる役割が大きい。主な含硫香気成分を次に示す*。

① メルカプタン

メチルメルカプタン　　　　　　　CH_3SH （だいこん）

プロピルメルカプタン　　　　　　$CH_3CH_2CH_2SH$ （ねぎ類）

アリルメルカプタン　　　　　　　$CH_2=CHCH_2SH$ （にんにく）

② モノスルフィド

アリルスルフィド　　　　　　　　$(CH_2=CHCH_2)_2S$ （にんにく）

③ ジスルフィド

アリルジスルフィド　　　　　　　$CH_2=CHCH_2S-SCH_2CH=CH_2$ （にんにく）

n-プロピルジスルフィド　　　　　$CH_3CH_2CH_2S-SCH_2CH_2CH_3$ （たまねぎ）

ジメチルジスルフィド　　　　　　CH_3S-SCH_3 （キャベツ）

アリル-n-プロピルジスルフィド　$CH_2=CHCH_2S-SCH_2CH_2CH_3$ （らっきょう）

---

*前述のように（p. 91脚注参照），イソチオシアネート類やスルフィド類などの含硫化合物の多くに発がん抑制作用が報告されている。なかでも，ブロッコリーに微量含まれているスルフォラファン（sulforaphane）は，イソチオシアネートの一種であるが，がん予防に効果があることが見いだされており，解毒作用，抗酸化作用，抗菌作用などが報告されていることから注目されている。

④　その他の含硫フレーバー成分

レンチオニン（lenthionine）

$$CH_2-S-S-CH_2 \text{（しいたけ）}$$
$$S{-}{-}{-}S{-}{-}{-}S$$

プロペニルスルフェン酸　　　　　$CH_3-CH=CH-S-H$　（たまねぎの催涙性因子）

（上記 S に ↑O が付く）

アリルイソチオシアネート　　　　$CH_2=CHCH_2N=C=S$　（からしの辛味成分）

sec-ブチルイソチオシアネート

$$\begin{array}{c}CH_3-CH_2\\CH_3\end{array}\Big\rangle CH-N=C=S$$

（わらびの辛味成分）

β-メチルチオプロピオン酸メチル　$CH_3-S-CH_2CH_2COOCH_3$

（缶詰パインアップル）

（3）　その他の香気成分

　その他の香気成分はその種類が多く，数をあげることは不可能である。一例を挙げると，果実の甘い香を発する有機酸エステル類，各種の野菜や果実に存在するアルコール，アルデヒド（例：キュウリのキュウリアルコール，$\Delta^{2,6}$ ノナジエノール

$CH_3CH_2CH=CHCH_2CH_2CH=CH-CH_2OH$，そのアルデヒドであるキンヨウアルデヒド），乳製品に含まれる有機酸類，アルデヒド，ケトン類，魚臭に関係するトリメチルアミン（trimethylamine），ピペリジン（piperidine），δ-アミノバレラール（δ-aminovaleral）などがある。

　このうち魚臭のトリメチルアミンは，新鮮な魚に含まれるトリメチルアミンオキシド（trimethylamine oxide）から，ピペリジンなどはアミノ酸の一つであるリジンの分解で生成される（図2-16）。

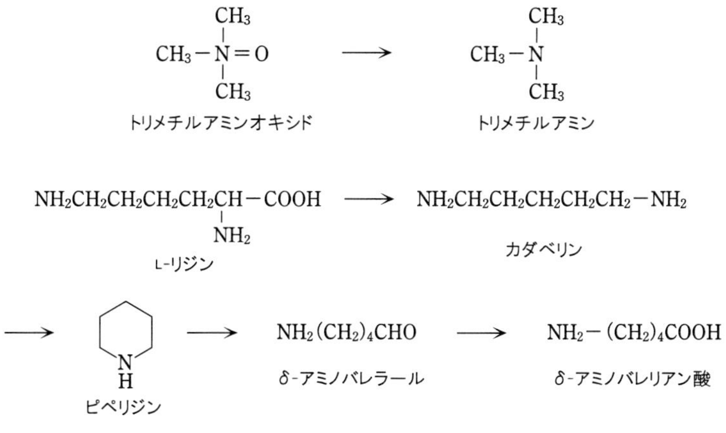

図2-16　魚臭のトリメチルアミン，ピペリジン等の生成機構

3章　食品の加工貯蔵における成分変化

　食品の加工貯蔵中に起こる食品成分の変化は，品質の劣化，栄養価の低下を引き起こし，場合によっては健康に悪影響を与える物質が生成されることもある。この反応で重要なのは，油脂・脂質の自動酸化，アミノ・カルボニル反応による着色，香気の生成，酵素による食品成分の変化であろう。本章ではこれらに重点をおいて述べる。

SECTION 1 ｜ 脂質の酸化

　脂質の構成脂肪酸として含まれる不飽和脂肪酸は，1章 SECTION 3 で述べたように，一部の特殊なものを除くと，非共役のシス型-二重結合をもっている。このような化合物は，空気中の酸素で酸化されやすい。たとえば，リノレン酸(18:3n-3)に富むあまに油を薄膜状に塗布し，空気中に放置すると，酸素を吸収して酸化被膜を形成し乾状になる*。

　通常，食用油脂を空気中に放置すると，空気中の酸素と接触し，あるいは油に溶けている酸素により，徐々に変化していく。このような変化は，油脂の匂，色に現れる場合が多く，酸化された油脂の蓄積，分解といった現象が進行していく。このように油脂が変化していく現象を油脂の変敗(deterioration)とよぶ。この油脂の変敗現象では，遊離の脂肪酸が生成される場合が多い(分解により生じた酸も含める)ため，油脂の変敗を酸敗(rancidity)とよぶこともある。

　油脂の変敗は，食用油脂のみならず，だいず，らっかせい，凍り豆腐などの，脂質含量の高い食品でも起こり，両者は機構的に同じであるとされている。一方，生鮮食料品，原材料のなかには，酵素(酸素添加酵素)が活性を保持しているものもあり，酵素により酸化反応が進行する場合もある。やし油，バターなどでは微生物の汚染，乳化系に含まれる水分による加水分解などにより，脂肪酸が遊離され，酸敗現象を起こすこともある。

　このような油脂，脂質の変敗，変質を起こす原因のうち，最も重要な反応は，空気中の酸素による酸化反応である。この酸化反応は，分子状の酸素との反応で進行するが，酵素的に進行する場合と，非酵素的に進行する場合がある。

（1）　酸素の化学

　酸素は生物が生きていくために必須のもので，空気中に約20％含まれている。近年，

---

*このような油を乾性油とよぶ。これに対し，オリーブ油のように容易に酸化されず，酸化被膜を形成しないものを不乾性油といい，この中間の性質の油を半乾性油という。乾性油は食用にあまり供されず，ペイントなど塗料用として工業的用途に用いられる。

酸素分子の構造解析の進歩とともに，いくつかの活性酸素が食品や生体中で生成することが明らかにされた。活性酸素は，われわれが通常呼吸している酸素と比較すると反応性が高く，さまざまな食品や生体成分(油脂，生体膜脂質，核酸，タンパク質など)と反応し，酸化的障害を引き起こす。このような活性酸素種は食品の加工過程や，光化学反応などにより生成され，食品の劣化，酸化変性に大きく関与する。

(1) 酸素分子の構造

われわれが呼吸している酸素分子は三重項酸素である*。酸素原子は図3-1に示すようにK殻(1s軌道)に2個，L殻(2s軌道に2個，2p軌道に4個)に6個の計8個の電子をもっている。1s，2s軌道の電子はエネルギー的に安定であるため反応性に関与しない。2p軌道(p_x，p_y，p_zの3つがあり，おのおの2個まで電子が入れる)にある4つの電子は，p_xに2個，p_y，p_zに1個ずつ入り(p_x，p_y，p_zは同等であるので，どこに2個入ってもよい)，2p軌道を飽和するためには2電子不足している。このため，酸素原子は反応性が高く，電子を誘引しやすい性質をもつ。一方，酸素分子は酸素原子が2個結合したもので，たとえば，図3-1のようにz方向で結合したとすると，2つの酸素原子の$2p_z$の軌道が一つになり，新しい電子軌道をつくり出す。したがって，p_z上に一つずつあった2つの電子は新しい軌道上を動くことになる。こうしてできた酸素分子の2p軌道上の電子配置をみると，π_x^*，π_y^*，π_x，π_yの4つの軌道に図3-1のように，6個の電子が分布していることになる。↑印は電子スピンの方向を示し，↑↓ でスピンが逆平行状態をとっていることを示す。

酸素分子の場合π_x^*，π_y^*の軌道には電子が一つずつしか入っておらず，このように通

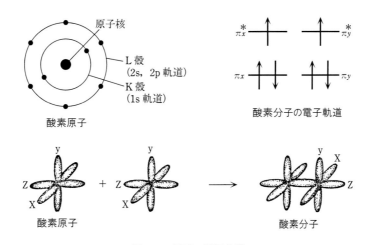

図3-1 酸素の電子軌道

---

*原子核，電子・分子系で，不対電子をもたない状態が一重項状態，不対電子を一つもつ状態(ラジカル)を二重項状態，不対電子を二つもつ状態(ビラジカル)を三重項状態という。一般に電子は$ms = \pm 1/2$の二つの値のスピン量子数をもつ。不対電子をもたない場合スピン量子数は(0)の一つの状態のみとり，不対電子を一つもつとスピン量子数は($+1/2$と$-1/2$)の二つの状態を，不対電子が二つあるとスピン量子数は($+1$，0，-1)の三つの状態をとり，それぞれ，一重項，二重項，三重項状態という。われわれが呼吸している酸素は，ビラジカル(二つの不対電子をもつ)なので，三重項状態である。

常2個まで電子が入れる軌道に一つしか入っていない状態の電子を不対電子(unpaired electron)といい，反応性が高くなる。不対電子をもつ原子や分子をラジカル(radical)といい，酸素分子は$\pi_x{}^*$と$\pi_y{}^*$の軌道にそれぞれ一つずつ，合計二つの不対電子をもつのでビラジカルである。

（2）　一重項酸素とスーパーオキシドアニオン

　われわれが呼吸している酸素は，エネルギー的に安定な三重項状態であり$^3O_2$と表記される。これに対し，エネルギー的に励起され，$\pi_x{}^*$，$\pi_y{}^*$軌道にある二つの電子のうち，一つの電子スピンの向きが逆になったものが一重項酸素(singlet oxygen)であり，$^1O_2$と記される。一重項酸素はその電子の入る軌道の違いにより，二つのタイプに分類される。その一つは，$\pi_x{}^*$，$\pi_y{}^*$軌道に一つずつ入っていた電子が，いずれかの軌道に電子が移り逆平行状態をとり，もう一方の軌道が空いてしまったもので，$^1\Delta_g$と記される。もう一つのタイプは，電子の軌道間の移動はなく，$\pi_x{}^*$，$\pi_y{}^*$軌道のどちらか一つの電子のスピンが反対方向になったもので，$^1\Sigma_g{}^+$と記される(図3-2)(a)。これら2種の一重項酸素のうち，$^1\Sigma_g{}^+$は非常に不安定で速やかに$^1\Delta_g$に遷移するため，主に他の物質との反応に関わるのは$^1\Delta_g$であると考えられている。そのため，通常$^1O_2$と書かれた場合は，$^1\Delta_g$を意味する。$^1\Delta_g$は不対電子をもたないためラジカルではないが，$\pi_y{}^*$(もしくは$\pi_x{}^*$)の軌道が空であるため，相手化合物の電子密度が高いところに付加する性質が非常に強い。いいかえると，相手化合物を酸化する性質が非常に強いことになる。たとえば，通常の$^3O_2$と$^1\Delta_g$とでリノール酸の酸化速度を比較すると，1,500〜2,000倍$^1\Delta_g$の方が大きいといわれている。

　一方，通常の三重項酸素はビラジカルであるため，その性質から(電子親和力が0.43eV)電子を受けとりやすい。一個の電子を受けとった酸素分子をスーパーオキシドアニオンといい，$\cdot O_2{}^-$と記される。スーパーオキシドアニオンの電子軌道は図3-2(b)のようであり，$\pi_y{}^*$(もしくは$\pi_x{}^*$)の軌道に不対電子があるため，モノラジカルである。$\cdot O_2{}^-$は$^3O_2$の一電子還元により生成されるため，比較的生成しやすい活性種であり，生体内でもさまざまな系で産生される。生体内での活性酸素種の生成系を表3-1に示すが，ミクロソーム，ミトコンドリアの電子伝達系からの電子の漏出，キサンチンオキシダーゼをはじめとする酸化酵素類により$\cdot O_2{}^-$が生成される。このようにして生成された$\cdot O_2{}^-$から，より反応性の高い$^1O_2$や$\cdot OH$が生成され，生体内の脂質，タンパク質，核酸などの一部は酸化修飾を受ける。

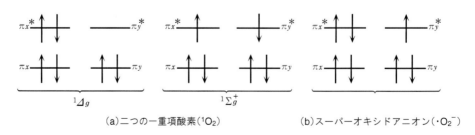

（a）二つの一重項酸素（$^1O_2$）　　　　（b）スーパーオキシドアニオン（$\cdot O_2{}^-$）

図3-2　一重項酸素とスーパーオキシドアニオンの電子軌道

表 3-1　生体内での活性酸素種の生成

ミトコンドリア電子伝達系

NADHデヒドロゲナーゼによりNADHからフラビンタンパク質への電子移動の際と，ユビキノールシトクロムcレダクターゼによるユビキノールからシトクロムへの電子移動の際にそれぞれ$\cdot O_2^-$を生成する。

ミクロソーム電子伝達系

NADPHシトクロムP450レタクダーゼによるNADPHからシトクロムP450への電子移動の際，シトクロムP450へ電子がスムーズに流れず$ADP-Fe^{3+}$などのキレート鉄に渡されると，還元されたキレート鉄が酸素分子を活性化する。

オキシダーゼ類

キサンチンオキシダーゼ(肝臓，小腸粘膜，乳中)

ヒポキサンチン$+ O_2 + H_2O \longrightarrow$ キサンチン$+ 2H^+ + \cdot O_2^-$

キサンチン$+ O_2 + H_2O \longrightarrow$ 尿酸$+ 2H^+ + \cdot O_2^-$

NADPHオキシダーゼ(白血球，マクロファージ)

$NADPH + 2O_2 \longrightarrow NADP^+ + H^+ + 2 \cdot O_2^-$

アルデヒドオキシダーゼ(肝臓，赤血球)

$R-CHO + O_2 + H_2O \longrightarrow R-COOH + H_2O_2$

アミンオキシダーゼ(血漿，腎臓，小腸，肝臓，肺)

$R-CH_2NH_2 + O_2 + H_2O \longrightarrow R-CHO + NH_3 + H_2O_2$

アミノ酸オキシダーゼ(肝臓，脳，腎臓，白血球)

$RCHNH_2COOH + O_2 + H_2O \longrightarrow RCOCOOH + NH_3 + H_2O_2$

尿酸オキシダーゼ(肝臓，腎臓，脾蔵)

尿酸$+ O_2 + 2H_2O \longrightarrow$ アラントイン$+ CO_2 + H_2O_2$

ミエロペルオキシダーゼ(多核白血球)

$Cl^- + H_2O_2 \longrightarrow OCl^- + H_2O$

$OCl^- + H_2O_2 \longrightarrow Cl^- + H_2O + {}^1O_2$

鉄含有タンパク質ー酸素化錯体

$A-Fe^{2+} + O_2 \longrightarrow A-Fe^{2+}O_2$

$A-Fe^{2+}O_2 \longrightarrow A-Fe^{3+} + \cdot O_2^-$

A：フェレドキシン，シトクロムb_5，c，ヘモグロビン，ミオグロビンなど。

（3）　活性酸素

上記の一重項酸素(${}^1O_2$)やスーパーオキシドアニオン($\cdot O_2^-$)は酸素原子のみでできており，これらとともに，三重項酸素が2電子還元された過酸化水素(H_2O_2)，3電子還元されたヒドロキシルラジカル($\cdot OH$)は，酸素の還元により生成される反応性の高い化学種であるため，活性酸素種(reactive oxygen species)とよばれている。一般に${}^1O_2$，$\cdot O_2^-$，H_2O_2，$\cdot OH$を狭義の活性酸素種といい，一酸化窒素，脂質の酸化物など酸素を含む反応性の高い化合物は広義の活性酸素に含まれる。活性酸素種と脂質との反応性を表3-2に示すが，${}^1O_2$は脂質に直接付加し酸化するのに対して，$\cdot O_2^-$は脂質との反応性は低い。しかし，$\cdot O_2^-$からはより反応性の高い活性酸素種($\cdot OH$や$\cdot OOH$)が生成されるので，脂質の酸化劣化に関与している可能性を否定することはできない。食品中での活性酸素の産生系としては，光化学反応(photooxidation)と，食品中に微量に含まれるFeなどの重金属類の触媒作用などが知られている。近年，食品製造技術の向上により，油脂製品の品質は格段に向上している。そのため，油脂の酸化劣化を引き起こす要因としては外的な要因，すなわち，流通過程における光酸化反応(${}^1O_2$による酸化)の関与が大きいと考

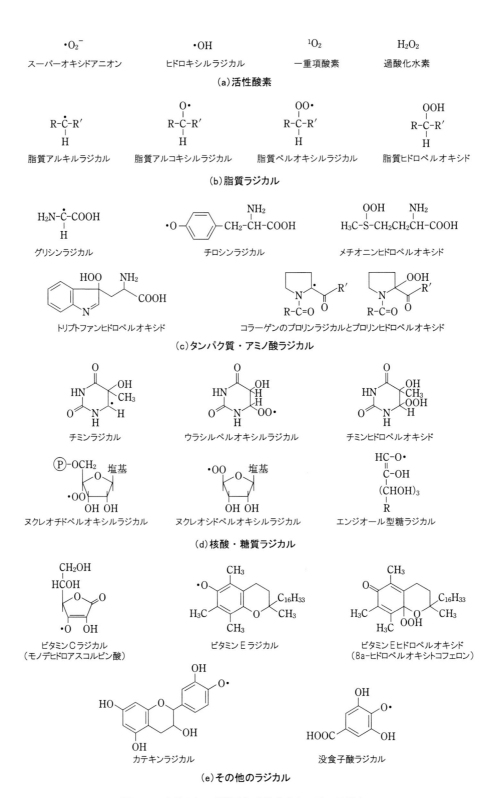

（a）活性酸素

（b）脂質ラジカル

（c）タンパク質・アミノ酸ラジカル

（d）核酸・糖質ラジカル

（e）その他のラジカル

図3-3　食品の加工保蔵中に生じる主なフリーラジカル

表 3-2　活性酸素種と脂質との反応性

名　称	構造	反応速度定数 k, $\mathrm{M^{-1}s^{-1}}$	
		(二重アリル水素)*	(二重結合)**
スーパーオキシドアニオン	$\cdot O_2^-$	0	0
過酸化水素	H_2O_2	0	slow
ヒドロキシルラジカル	$\cdot OH$	10^8	10^9
ヒドロペルオキシルラジカル	$\cdot OOH$	10^2	10
一重項酸素	$^1O_2$	0	10^5
鉄-酸素錯体	$Fe\text{-}O_2$	?	?
脂質ヒドロペルオキシド	LOOH	0	slow
脂質ペルオキシルラジカル	LOO$\cdot$	10^2	10
脂質アルコキシルラジカル	LO$\cdot$	10^6	10^6

* 二重結合にはさまれた重アリル水素の引き抜き反応

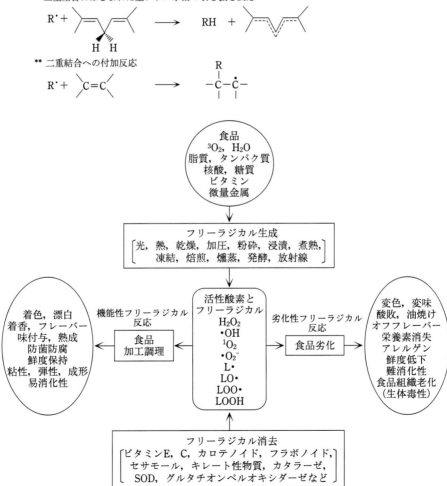

** 二重結合への付加反応

図3-4　食品中でのフリーラジカル生成と作用

えられている。食品や油脂に含まれる各種の色素は光を吸収する際，そのエネルギーによって励起状態（三重項状態）に励起される。このような励起状態にある色素はエネルギーを$^3O_2$に移し，活性酸素の一種である$^1O_2$を生成する。この反応に関与するポルフィリンなどの色素を光増感剤（photosensitizer）という。

　脂質，タンパク質，核酸などの食品成分はこれらの活性酸素種と反応すると，図3-3に示すさまざまなフリーラジカル（free radical）を生成し，食品にとって好ましくない酸化反応，ラジカル反応が進行することになる。一方で，フリーラジカル反応は，食品に特有の機能性を与える加工過程に利用されることもある（図3-4）。

（2）　脂質の自動酸化

　油脂の酸化は，ラジカル反応（radical reaction）によって進行する。酸素の化学（1）で述べたように通常の空気中に存在し，われわれが呼吸している三重項酸素は2つの不対電子をもつビラジカルであり，スーパーオキシドアニオンはモノラジカルである。ラジカルは他の分子を攻撃して新たにラジカルを生成し，連鎖反応を引き起こす。

　たとえば

$$Cl_2 \xrightarrow{hv} 2Cl\cdot \qquad\qquad \cdots\cdots\cdots\cdots\cdots\cdots\cdots\cdots\cdots\cdots\cdots\cdots\cdots① $$
$$Cl\cdot + RH \longrightarrow R\cdot + HCl \qquad \cdots\cdots\cdots\cdots\cdots\cdots\cdots\cdots\cdots\cdots\cdots② $$
$$R\cdot + Cl_2 \longrightarrow R\text{-}Cl + Cl\cdot \cdots\cdots\cdots\cdots\cdots\cdots\cdots\cdots\cdots\cdots\cdots③ $$

のように，塩素が十分量存在する条件下で，Cl・ラジカルが微量でも生成されると（①〜③）の反応が順次進行し，最終的に大量のR-Clが集積される。このように反応が繰り返し進行し，引き金となる最初のラジカルが反応中に再生される反応を連鎖反応（chain reaction）という。ラジカル反応は，初期反応（initiation），連鎖反応（chain reaction あるいは propagation），終結反応（termination）の3つの段階に分けられる。

　油脂の酸化反応もほぼ同様にこの3期の反応で進行し，酸化物が蓄積する。油脂を100℃以下で空気中に放置するか，通気して酸素と接触させると，過酸化物（peroxide）と称される脂肪酸の酸化物が蓄積してくる。このように空気中の酸素と接触させるだけで反応が進行するので，この酸化を脂質の自動酸化（lipid autoxidation）という。

　自動酸化は油脂，脂質の構成成分である不飽和脂肪酸，すなわちリノレン酸，リノール酸あるいは，さらに不飽和度の高い脂肪酸（例：アラキドン酸，エイコサペンタエン酸，ドコサヘキサエン酸など）の酸化により進行する。これらの脂肪酸は，非共役のシス型-二重結合をもち，共役型の二重結合に比べ酸化されやすい。また，この酸化反応はラジカル反応で進行するので，前述の初期，連鎖，終結の3段階に分けられる。

　まず，モデル化した自動酸化の反応機構を示し，ついで主な脂肪酸について実例を述べることにする。

（1）　自動酸化の反応機構

　不飽和脂肪酸をRHとすると，自動酸化反応は以下のように進行する。

初期反応

$$RH \longrightarrow R\cdot + H\cdot \qquad\qquad \cdots\cdots\cdots\cdots\cdots\cdots\cdots\cdots\cdots\cdots\cdots④ $$
$$RH + O_2 \longrightarrow R\cdot + \cdot OOH \quad \cdots\cdots\cdots\cdots\cdots\cdots\cdots\cdots\cdots\cdots⑤ $$

連鎖反応（増殖反応）

$$R\cdot + O_2 \longrightarrow ROO\cdot \qquad\qquad\qquad\qquad\qquad\qquad ⑥$$

$$ROO\cdot + RH \longrightarrow ROOH + R\cdot \qquad\qquad\qquad\qquad ⑦$$

終結反応

$$2R\cdot \longrightarrow RR \qquad\qquad\qquad\qquad\qquad\qquad\qquad\qquad ⑧$$

$$ROO\cdot + R\cdot \longrightarrow ROOR \qquad\qquad\qquad\qquad\qquad\qquad ⑨$$

$$2ROO\cdot \longrightarrow ROOR + O_2 \qquad\qquad\qquad\qquad\qquad ⑩$$

$$2ROO\cdot \longrightarrow 2RO\cdot + O_2 \qquad\qquad\qquad\qquad\qquad ⑪$$

$$2RO\cdot \longrightarrow ROOR \qquad\qquad\qquad\qquad\qquad\qquad\qquad ⑫$$

　脂質の自動酸化を考える場合，どのようなきっかけで反応が開始されるのかが重要である。つまり，不飽和脂肪酸と酸素がどのようにして反応するのか，酸素がどのようにして活性化されるのか，あるいは不飽和脂肪酸からいかにしてラジカルがつくられるのかなどが問題となる。従来の考え方は，宇宙線によるとか（宇宙線は高エネルギーのγ線であるから，酸素の活性化が容易に行えるとの説である），通常の酸素が攻撃するとか，ごく微量に含まれる含酸素化合物が分解してラジカルを発生するなど，さまざまな原因によると考えられていたが，いずれにしてもはっきりとした結論は得られていなかった。近年，注目を集めているのが，3章 SECTION 1 (1) においても述べたが，反応性の高い活性酸素種，とりわけ一重項酸素（$^1O_2$）による開始反応である。$^1O_2$ は，通常の三重項酸素に光増感物質（色素が相当する）の存在下で光を照射すると生成される。

$$^1\text{sens} \xrightarrow{hv} {}^3\text{sens}^* \qquad\qquad\qquad\qquad\qquad\qquad\qquad ⑬$$

$$^3O_2 + {}^3\text{sens}^* \longrightarrow {}^1O_2{}^* + {}^1\text{sens} \qquad\qquad\qquad\qquad ⑭$$

　　（*印は活性化された状態の分子を示す。sens は光増感物質）

　一重項酸素は電子密度の高いところに結合する性質が強いので，リノール酸と反応した場合は，二重結合に直接付加して，次のような4種（A〜D）のヒドロペルオキシド（hydroperoxide）が生成される。

$$CH_3-(CH_2)_3CH_2-\overset{13}{CH}=\overset{12}{C}HCH_2-\overset{10}{CH}=\overset{9}{C}HCH_2-(CH_2)_6COOH$$

$$\downarrow O_2$$

$$CH_3-(CH_2)_3-\overset{13}{CH_2}CH=\overset{12}{CH}-\overset{11}{CH}=\overset{10}{CH}-\underset{\underset{OOH}{|}}{\overset{9}{CH}}-CH_2-(CH_2)_6COOH$$

　　（9-OOH, 10-11, 12-13に二重結合）

$$CH_3-(CH_2)_3-CH_2-\overset{13}{CH}=\overset{12}{CH}-\overset{11}{CH_2}-\underset{\underset{OOH}{|}}{\overset{10}{CH}}-\overset{9}{CH}=\overset{8}{CH}-(CH_2)_6COOH$$

　　（10-OOH, 8-9, 12-13に二重結合）

$$CH_3-(CH_2)_3-\overset{14}{CH}=\overset{13}{CH}-\underset{\underset{OOH}{|}}{\overset{12}{CH}}-\overset{11}{CH_2}-\overset{10}{CH}=\overset{9}{CH}-CH_2-(CH_2)_6COOH$$

　　（12-OOH, 9-10, 13-14に二重結合）

$$\text{CH}_3-(\text{CH}_2)_3-\underset{14}{\text{CH}}-\underset{\underset{\text{OOH}}{|}}{\underset{13}{\text{CH}}}-\underset{12}{\text{CH}}=\underset{11}{\text{CH}}-\underset{10}{\text{CH}}=\underset{9}{\text{CH}}-\text{CH}_2-(\text{CH}_2)_6\text{COOH}$$

(13-OOH, 9-10, 11-12に二重結合)

　これらのヒドロペルオキシドの生成比はほぼ等量であり，あとに述べるラジカル反応と異なり，二重結合上の－CH＝CH－基に直接付加する点に特徴がある。このヒドロペルオキシドは，容易に分解して次のようにラジカルを生成する。たとえば，9-ヒドロペルオキシドからは

$$\text{CH}_3-(\text{CH}_2)_3-\text{CH}_2-\text{CH}=\text{CH}-\text{CH}=\text{CH}-\underset{\underset{\text{OOH}}{|}}{\text{CH}}-(\text{CH}_2)_7\text{COOH}$$

$$\downarrow$$

$$\text{CH}_3-(\text{CH}_2)_3-\text{CH}_2-\text{CH}=\text{CH}-\text{CH}=\text{CH}-\underset{\underset{\text{O}\cdot}{|}}{\text{CH}}-(\text{CH}_2)_7\text{COOH}$$
$$+$$
$$\text{HO}\cdot$$

または

$$\text{CH}_3-(\text{CH}_2)_3-\text{CH}_2-\text{CH}=\text{CH}-\text{CH}=\text{CH}-\underset{\underset{\text{OO}\cdot}{|}}{\text{CH}}-(\text{CH}_2)_7\text{COOH}$$
$$+$$
$$\text{H}\cdot$$

のいずれかの反応が起こる。最初に微量のラジカルが生成されると，連鎖反応により，つぎつぎとラジカルが生成してヒドロペルオキシドが集積されることになる。つまり，反応のきっかけとしては光酸化反応であるが，ひとたびラジカルが生成されると自動酸化反応と同じ機構で連鎖的に進行していく。

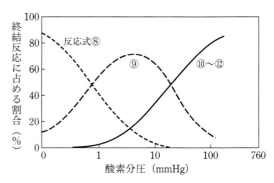

図3-5　自動酸化の終結反応

　このラジカル反応の終結は⑧～⑫のいずれかで終結される。これらの反応のどれが優先するかは，周囲の酸素分圧に支配される。酸素分圧が低いときは⑧の反応が，中間のときは⑨が，高いときは⑩～⑫の反応で終結する(図3-5)。

(2)　オレイン酸，リノール酸，リノレン酸の自動酸化生成物

　オレイン酸，リノール酸，リノレン酸の自動酸化の機構は，図3-6に示す通りである。この三者を比べると，二重結合にはさまれたメチレン基(－CH₂－)をもつのはリノール酸(11位の炭素)とリノレン酸(11位，14位の炭素の2か所)で，リノレン酸には2か所存在する。この二重結合にはさまれたメチレン基*は，リノール酸，リノレン酸の他の炭

---

*二重結合にはさまれたメチレン基を活性メチレン基といい，下図のような構造をペンタジエン構造という。脂質のラジカル連鎖反応で，他のラジカルにより引き抜かれる水素は通常この活性メチレン基の水素であり，自身は脂質ラジカル(R・)となる⑦。　　－CH＝CH－**CH₂**－CH＝CH－

↑
活性メチレン

素に比べて，エネルギー的に水素原子をはなしやすく，他のラジカルに水素を引き抜かれてラジカル化しやすい性質をもつ。そのため，他のラジカルに攻撃されると，この部位から水素がはずれて容易にラジカル化する（⑦のR・ラジカル）。リノール酸で示すと，このラジカルは直ちに9，10および12，13の2か所の二重結合と共鳴現象を起こし，9～13の間に全体としてラジカルが存在するようになる。この状態では，共鳴している両端の−CH−のいずれかに⑥の反応でO$_2$が付加される。したがって，リノール酸からは9-ヒドロペルオキシドおよび13-ヒドロペルオキシドの2種類のヒドロペルオキシドが図3-6のように生成される。リノレン酸のときも同様にして11位もしくは14位の炭素から水素が引き抜かれてラジカル化が起こるため，9-，および13-ヒドロペルオキシドが11位ラジカルから，12-，および16-ヒドロペルオキシドが14位ラジカルから生成される。オレイン酸の場合は，二重結合ではさまれたメチレンがないため，8位，または11位の炭素がラジカル化され，8-，9-，10-，および11-ヒドロペルオキシドの4つがつくられる。表3-3にオレイン酸，リノール酸，リノレン酸を自動酸化した際の各ヒドロペルオキシドの収量を示す。

図3-6のように，不飽和脂肪酸の自動酸化時には，二重結合の共役化が起こると同時に異性化が起こる。たとえば，リノール酸の9-ヒドロペルオキシドは，（10-11），（12-

$$CH_3(CH_2)_3CH_2 \overset{13}{C}H = \overset{12}{C}HCH_2 \overset{11}{C}H = \overset{10}{C}HCH_2 \overset{9}{(CH_2)}_6COOH$$
リノール酸

↓

$$CH_3(CH_2)_3CH_2CH = CH\overset{\bullet}{C}HCH = CHCH_2(CH_2)_6COOH$$
リノール酸ラジカル

↓

$$CH_3(CH_2)_3CH_2\overline{CHCHCHCHCH}CH_2(CH_2)_6COOH$$
リノール酸ラジカルの共鳴構造

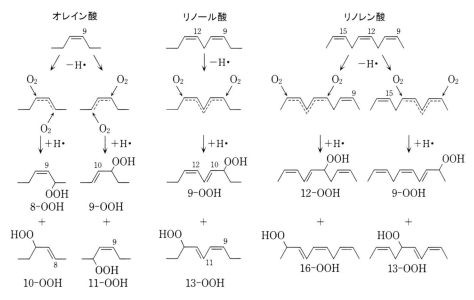

図3-6　オレイン酸，リノール酸，リノレン酸の自動酸化

13)に共役した二重結合をもち，同時にシス型からトランス型への変換が起こり，多くの場合片方だけがトランス化する。したがって，リノール酸から生成される共役ジエンの場合，トランス-シスまたはシス-トランス型となる。

表3-3 オレイン酸，リノール酸，リノレン酸の自動酸化で生成される
主なヒドロペルオキシド*の構造と収量**

ヒドロペルオキシドの位置		二重結合の位置	収　量(%)
オレイン酸	8-OOH	9，10	26〜28
	9-OOH	10，11	22〜24
	10-OOH	8，9	22〜24
	11-OOH	9，10	26〜28
リノール酸	9-OOH	10，11；12，13	47〜53
	13-OOH	9，10；11，12	47〜53
リノレン酸	9-OOH	10，11；12，13；15，16	27〜35
	12-OOH	9，10；13，14；15，16	8〜13
	13-OOH	9，10；11，12；15，16	10〜13
	16-OOH	9，10；12，13；14，15	41〜50

* このほかジペルオキシドも生成される。
**この三者を1：1：1に混合し自動酸化するとPOVによってリノール酸，リノレン酸の酸化の度合は異なるが，オレイン酸は常に9%程度が酸化される。リノレン酸はリノール酸の1.5〜2倍程度がヒドロペルオキシドに変わる。

（3）　自動酸化におけるエンドペルオキシドの生成

　　リノール酸の自動酸化の場合には，9-および13-ヒドロペルオキシドしか生成されず，これらはいずれも表3-3に示した，β-不飽和のヒドロペルオキシドである。一方，リノレン酸の場合は，12-ヒドロペルオキシド，13-ヒドロペルオキシドという2つのβ, γ-不飽和ヒドロペルオキシドが生成される。これらのβ, γ-不飽和のヒドロペルオキシドの産生過程でβ, γ-不飽和のペルオキシルラジカルが生成され，ついでエンドペルオキシドが図3-7のようにして生成される。

　　このようにして生成したエンドペルオキシドは，食品中の脂質過酸化物含量の一つの

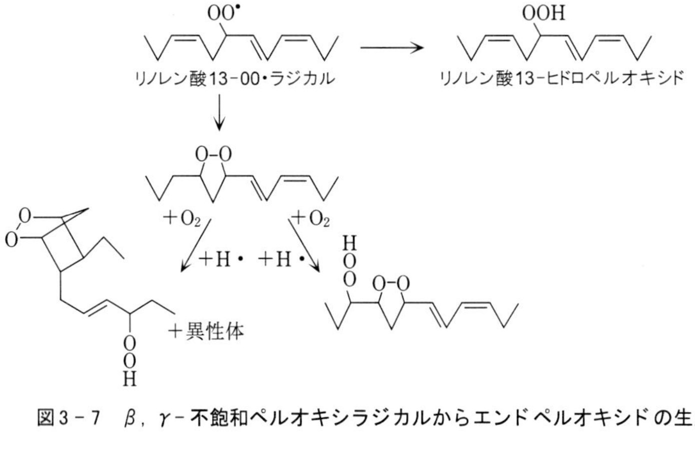

図3-7　β, γ-不飽和ペルオキシラジカルからエンドペルオキシドの生成機構

指標とされる TBA 反応*の赤色を呈する反応性物質とされている。

（4）　大豆油の自動酸化で生成されるヒドロペルオキシド

不飽和脂肪酸のそれぞれが自動酸化されることにより，さまざまなヒドロペルオキシドが生成される。しかし，実際の食用油中で，どのように反応が進行しているのか，構成している不飽和脂肪酸がどのように酸化されるのかは，単一の脂肪酸の自動酸化についての説明だけでは不十分である。そこで，食用油の代表として大豆油を例にして，各構成脂肪酸の自動酸化のされやすさについて述べる。

FrankelとNeff（1979）によると，大豆油の自動酸化で生成されるヒドロペルオキシドは，温度，過酸化物価（POV）に関係なく，9‐OOHと13‐OOHがそれぞれ約40％程度を占めるとしている。9‐OOHは，オレイン酸，リノール酸，リノレン酸から，13‐OOHはリノール酸，リノレン酸から生成される。ついで多く生成されるのはリノレン酸の自動酸化により生成される12‐OOHである。この12‐OOHは，温度の上昇，自動酸化が進行するほど，生成量が減少する。リノレン酸単独の場合では，9，12，13，16‐OOHの生成比が過酸化物価，温度の影響を受けないことと考え合わせると，混合系でのリノレン酸の自動酸化は，温度，自動酸化の進行度合いにより，他の成分，特にリノール酸の影響を受けている可能性が考えられる。なお，リノレン酸由来の16‐OOHの量も，温度，自動酸化の程度の影響を受ける。しかし，オレイン酸由来の8，9，10，11‐OOHの生成量は，温度，自動酸化の程度の影響をほとんど受けない。

そこで，30℃で，大豆油を自動酸化したときのPOVと生成されるヒドロペルオキシドの起源（脂肪酸の種類）を示したのが，図3‐8である。POVが高くなるほど（すなわち自動酸化が進むほど），リノレン酸より，リノール酸の方が酸化を受けていることがわかる。これは大豆油の脂肪酸組成から考え，リノール酸が圧倒的に多く含まれている（7.5倍程度）ことが大きく影響していると想われる。一方，オレイン酸は自動酸化の程度により，まったく酸化の進み具合が影響されない。

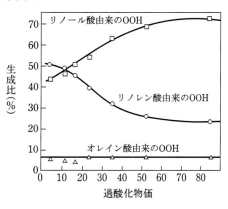

図3‐8　大豆油の自動酸化中に生成されるヒドロペルオキシドの生成比

---

* TBA反応とは，脂質の過酸化物を酸性下で加熱して生成されるマロンジアルデヒド（MDA）と2‐チオバルビツール酸（TBA）2分子とが，下の図のように反応して赤色色素を生じる反応である。このMDAが，エンドペルオキシドより酸性下で加熱することにより生成されると考えられている。

（5）　自動酸化におけるヘム色素および金属イオンの触媒作用

　　脂質の自動酸化においては，各種の化合物が触媒として働き，自動酸化を促進させる。食用油のような油脂においては，混在する鉄，銅などの微量金属が触媒として作用し，食肉，魚肉などの食品中では筋肉に含まれるヘム化合物の酸化物であるヘマチン化合物が脂質の自動酸化に対し触媒作用を示す。

（a）　金属イオン

　　食品中，あるいは食用油に微量に含まれる金属イオンは，脂質の自動酸化を促進することが知られている。この活性が強いのが，Fe，Cuなどであって，二種またはそれ以上の荷電(Fe^{2+}，Fe^{3+}など)をもち得る遷移金属イオンが自動酸化の際の触媒として関与する。

　　遷移金属イオンは，次のように不飽和脂肪酸のヒドロペルオキシドと反応する。

$$M^{n+} + ROOH \longrightarrow M^{(n+1)+} + OH^- + RO\cdot \quad\cdots\cdots\cdots\cdots\cdots\cdots ⑮$$
$$M^{(n+1)+} + ROOH \longrightarrow M^{n+} + ROO\cdot + H^+ \quad\cdots\cdots\cdots\cdots\cdots\cdots ⑯$$

そして自動酸化，$^1O_2$などにより生成されたヒドロペルオキシドが分解されると，ラジカルを形成し連鎖反応が引き起こされる。一般に，荷電数の少ない金属イオンの方が触媒活性が高いとされ，事実，Fe^{2+}はFe^{3+}より触媒活性が強く，Fe^{3+}とともに微量のアスコルビン酸を反応系に加える(アスコルビン酸はFe^{3+} Fe^{2+}に還元する)と，自動酸化をより促進する。

　　このような金属イオンの自動酸化触媒活性は

$$Cu^+ > Cu^{2+} > Fe^{2+} > Fe^{3+} > Ni^{2+}$$

の順である。

（b）　ヘマチン化合物

　　ヘモグロビン，ミオグロビンなどのヘムタンパク質はヘム色素を含んでいるが，この2価鉄が酸化されて3価になったものをヘマチン化合物(色素部分のみ)という。このヘマチン化合物は，図3-9に示すよう，脂肪酸のヒドロペルオキシドを分解し，RO・ラジカルをつくるとともに，新たに別の不飽和脂肪酸に作用してR・ラジカルを生成する。すなわち，1分子のヒドロペルオキシドから2分子のラジカルが生成されることになる。

このヘマチン化合物の触媒サイクルでは，ヘマチンの第5の配位にヒドロペルオキシドが配位され，活性化化合物(b)を生成し，これが分解して，RO・，R・ラジカルを生成していく。

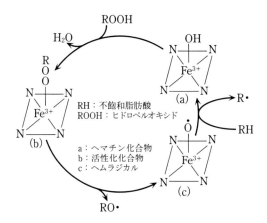

図3-9　ヘマチン化合物の触媒による不飽和脂肪酸からのラジカル生成機構

また，ヘマチンが⑰のように不飽和脂肪酸を直接攻撃してラジカルを生成する系も知られており，この際にはヘマチンの Fe^{3+} は Fe^{2+} に還元される。

$$RH ＋ ヘマチン\text{-}Fe^{3+} \longrightarrow R・＋ヘム\text{-}Fe^{2+}＋H^+ \quad \cdots\cdots\cdots\cdots\cdots⑰$$

いずれにしても，ヘマチン化合物は食肉，魚肉などに含まれている脂質の自動酸化において重要な役割を演じている。

また，肉製品の加工の過程で肉色を安定化するために亜硝酸を作用させる場合がある。これは肉色素であるミオグロビンと亜硝酸を反応させ，安定なニトロソミオグロビンを形成させるものであり，この状態のヘム色素は固定化されているために脂質の自動酸化に対しての触媒活性はない。

（6）脂質ヒドロペルオキシドの分解による二次生成物

ヒドロペルオキシドは100℃以上に加熱すると容易に分解されるが，常温でも一部は徐々に分解する。

油脂，または食品中の脂質の自動酸化が進行すると，特有の酸化臭が発生するが，これは自動酸化で生成したヒドロペルオキシドが分解して揮発性化合物が生成するためである。この酸化臭は，自動酸化のきわめて初期の段階でも起こり，これを油脂のもどり臭（reversion flavor），食肉のウォームドオーバーフレーバー（warmed over flavor, WOF）*などという（匂いのいき値（threshold value）は非常に小さいため，微量でも検出できる）。

さらに自動酸化が進行して匂いが強くなると，酸敗臭，自動酸化に伴う強いオフフレー

ヒドロペルオキシドの分解機構

$$R_1 - \underset{\underset{OOH}{|}}{\overset{\overset{H}{|}}{C}} - R_2 \longrightarrow R_1 - \underset{\underset{O・}{|}}{\overset{\overset{H}{|}}{C}} - R_2 ＋ ・OH \quad \cdots\cdots\cdots\cdots\cdots⑱$$

アルコキシルラジカル　ヒドロキシルラジカル

$$R_1 - \underset{\underset{O・}{|}}{\overset{\overset{H}{|}}{C}} - R_2 \longrightarrow \begin{array}{c} R_1 - CHO ＋ R_2・ \\ または \\ R_2 - CHO ＋ R_1・ \end{array} \quad \cdots\cdots\cdots\cdots\cdots⑲$$

$$R_1 - \underset{\underset{O・}{|}}{\overset{\overset{H}{|}}{C}} - R_2 ＋ R_3H \longrightarrow R_1 - \underset{\underset{OH}{|}}{\overset{\overset{H}{|}}{C}} - R_2 ＋ R_3・ \quad \cdots\cdots\cdots\cdots\cdots⑳$$

$$R_1 - \underset{\underset{O・}{|}}{\overset{\overset{H}{|}}{C}} - R_2 ＋ R_3・ \longrightarrow R_1 - \underset{\underset{O}{\|}}{C} - R_2 ＋ R_3H \quad \cdots\cdots\cdots\cdots\cdots㉑$$

$$R_1 - \underset{\underset{O・}{|}}{\overset{\overset{H}{|}}{C}} - R_2 ＋ R_3O・ \longrightarrow R_1 - \underset{\underset{O}{\|}}{C} - R_2 ＋ R_3OH \quad \cdots\cdots\cdots\cdots\cdots㉒$$

* WOFとはTime and Wattsが命名したフレーバーで，調理した肉を冷蔵したとき4℃，48時間程度で急速に増大する酸化臭をいう。これは肉に含まれている脂質の自動酸化によって生じるものと考えられ，比較的低い温度で加熱調理した肉に起こりやすく，加熱しすぎた肉，NO_2^- やアスコルビン酸処理した塩漬肉では起こりにくいといわれている。

バーなどが生成される。これらのフレーバーの原因は主に，自動酸化で生じたヒドロペルオキシドの二次的分解により生じたもので，アルデヒド，ケトンなどのカルボニル化合物，およびアルコール，酸である。また，フレーバーではないが重合によって二量体なども生成される。

最も重要な反応と考えられているのは，ヒドロペルオキシドが開裂して2つのラジカルを生成する反応⑱で，ここでできたアルコキシルラジカル（alkoxy radical）が二次的に他の脂肪酸，ラジカルと反応していく。⑲ではアルデヒドが，⑳と㉒ではアルコールが，㉑と㉒ではケトンが生成される。また，ヒドロペルオキシドが二重結合と反応してエポキシド（epoxide）ができる反応もある。事実，自動酸化油には少量のエポキシドが存在する。この反応はペルオキシルラジカルによっても進行する㉓。

$$ROOH + -\underset{\underset{H}{|}}{C}=\underset{\underset{H}{|}}{C}- \longrightarrow -\underset{\underset{H}{|}}{\overset{\overset{H}{|}}{C}}\underset{\diagdown \,O\,\diagup}{}\underset{\underset{H}{|}}{\overset{\overset{H}{|}}{C}}- + ROH \cdots\cdots\cdots㉓$$

このほかエーテル，炭化水素なども生成することが知られている。

このような二次生成物のうち，2,4-ジエナール類（2,4-dienal），2-エナール類（2-enal）などは，その匂いのいき値が非常に低いので，微量でも悪臭が感じられる。主なものは2-decanal，2-undecanal，nonanal，hexanal，2,4-decadienal，2-pentenal，2,4-heptadienal，3-hexenalなど多数に上る。表3-4に主な脂肪酸のヒドロペルオキシドより生成されるアルデヒド化合物を示す。

表3-4 不飽和脂肪酸のヒドロペルオキシドから反応（⑲）で
生成されるアルデヒド類*

	ヒドロペルオキシド	生成されるアルデヒド*
オレイン酸	11-OOH-9-エン	オクタナール（C_8）
	9-OOH-10-エン	2-デセナール（C_{10}）
	8-OOH-9-エン	2-ウンデセナール（C_{11}）
	10-OOH-8-エン	ノナナール（C_9）
リノール酸	13-OOH-9,11-ジエン	ヘキサナール（C_6）
	9-OOH-10,12-ジエン	2,4-デカジエナール（C_{10}）
リノレン酸	16-OOH-9,12,14-トリエン	プロパナール（C_3）
	12-OOH-9,13,15-トリエン	2,4-ヘプタジエナール（C_7）
	13-OOH-9,11,15-トリエン	3-ヘキセナール（C_6）
	9-OOH-10,12,15-トリエン	2,4,7-デカトリエナール（C_{10}）

*これ以外にも微量のアルデヒト類が，別のルートまたは三次的分解，三次的反応で生成される。

また，脂肪酸と脂肪酸のヒドロペルオキシドが反応し，あるいは二次的に生成した脂質ペルオキシルラジカルなどの脂質ラジカル類が油脂中の二重結合に付加すれば，重合することになる。この機構もいろいろなものが提案されているが，たとえば

$$-\underset{\underset{H}{|}}{C}=\underset{\underset{H}{|}}{C}- + HOOR \longrightarrow -\underset{\underset{H}{|}}{\overset{\overset{H}{|}}{C}}\underset{\underset{H}{|}}{\overset{\overset{H}{|}}{C}}-O^+ -OR \longrightarrow -\underset{\underset{OR}{|}}{\overset{\overset{H}{|}}{C}}\underset{\underset{H}{|}}{\overset{\overset{OH}{|}}{C}}- \cdots\cdots\cdots㉔$$

といった反応がある。

（3）　酸化防止剤

　脂質の酸化反応の機構を考えた場合，初期反応をブロックすることは非常に大切である。3章 SECTION 1 (1) に示したように，脂質酸化反応の初期反応への $^1O_2$ の関与が考えられるので，これを阻止するための $^1O_2$ のクエンチャー（消去剤）が重要である。また，それに続くラジカル反応を阻止するためには，ラジカル捕捉剤（radical scavenger）が必要となる。このように油脂の自動酸化を防ぐ化合物を酸化防止剤（antioxidant）という。

（1）　酸化防止剤の種類

　油脂および脂質を高含量に含む食品に普遍的に含まれる天然の酸化防止剤は，トコフェロール類であるが，動物性食品にはほとんど含まれず*，植物性食品にのみ広く分布している。このほか，ごまのセサモール（sesamol）などのように油脂の種類によっては特徴的な酸化防止剤が含まれていることがあり，ごま油はトコフェロール含量が比較的低いにもかかわらず，高い酸化安定性を有している。

　天然の酸化防止剤の中で，$^1O_2$ のクエンチング作用の大きなものは，α-トコフェロールと β-カロテンである。この両者は，いずれも $^1O_2$ を物理的にクエンチングし，よりエネルギーレベルが低く反応性の小さい $^3O_2$ に変化させる作用がある**。しかし，ラジカル捕捉剤として自動酸化の過程で生成される各種のラジカルを除去する力は比較的小さい。これらに対し，γ- および δ-トコフェロールは，$^1O_2$ のクエンチング作用は弱いが，ラジカル捕捉剤としての作用は強い。このため自動酸化の初期反応の抑制には α-トコフェロールの方がより効果的であるが，連鎖反応以降では γ-，δ-トコフェロールの方がより効果的である。

NDGA

没食子酸プロピル　　　　BHT　　　　BHA
　　　　　　　　　　　　　　　　　　　（C(CH$_3$)$_3$は2位または3位）

　天然酸化防止剤のほかに，合成酸化防止剤もいくつか知られている。代表的な化合物にジブチルヒドロキシトルエン（butylated hydroxy toluene; BHT），ブチルヒドロキシアニソール（butylated hydroxy anisole, BHA, 2-ブチルと3-ブチルの混合物）がある。このほか油脂，バターにのみ使用が認められている酸化防止剤に，没食子酸プロピル（propyl gallate）がある。さらに，アミノ・カルボニル反応で生成される褐変色素などにも脂質に対し抗酸化作用があることが見いだされ食品加工に応用されている。

---

*植物性の天然トコフェロールを酸化防止剤として添加した食品もかなりある。
**トコフェロール（p. 66）および酸素の項（p. 97）

(2) 酸化防止剤の作用機構

（a）一重項酸素のクエンチング

　高度に精製された食用油脂の場合，自動酸化の引き金となる初期反応は，光エネルギーを利用した一重項酸素の生成によるとの考えが有力である。一重項酸素は，光増感反応で生成されるが，これを低エネルギーレベルの三重項酸素にもどせば酸化反応を阻止できることになる。天然の化合物でこの作用が知られているのはα-トコフェロールとβ-カロテンなどがあり，その作用は次の通りである。

$$^1O_2 + Q \longrightarrow {}^3O_2 + Q \quad \text{（物理的クエンチング）} \quad \cdots\cdots\cdots ㉕$$

$$^1O_2 + Q \longrightarrow QO_2 \quad \text{（化学的クエンチング）} \quad \cdots\cdots\cdots ㉖$$

$$Q：クエンチャー$$

　㉕は物理的クエンチングといわれα-トコフェロールの場合，約100分子の$^1O_2$を1分子のトコフェロールが物理的にクエンチングできる。そしてその後，化学的クエンチング㉖によりトコフェロール1分子が酸化される。つまり，100分子の$^1O_2$を1分子のα-トコフェロールがクエンチングできることになる。この種の酸化防止剤は，㉕の反応性の強いものが望ましい。$^1O_2$のクエンチャーはラジカル捕捉剤としての作用は比較的小さいので，自動酸化が開始されると抗酸化作用は弱くなる。

（b）ラジカル捕捉剤の作用

　自動酸化の際，連鎖反応で生成されるラジカルは⑥，⑦によるROO・とR・ラジカルである。したがって連鎖反応を断ち切るためには，この両ラジカルを除去するか捕捉すれ

ばよい。一方，ラジカル捕捉タイプの酸化防止剤の構造をみると，フェノール性水酸基をもつものが多く，酸化還元反応で水素供与体，あるいは電子供与体として作用する。

　酸化防止剤の作用機構は2つあり，その第1は，ROO・などのラジカルに対して水素供与体として作用する機構で，第2はラジカルと複合体を形成する機構である。すなわち，酸化防止剤をAH_2とすると

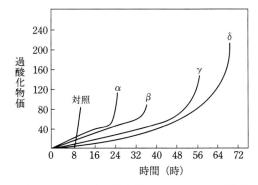

図3-10　ラードに対するトコフェロール同族体の抗酸化力(0.1%添加)

（八木，秋谷：食品の酸化とその防止）

$$ROO・ + AH_2 \longrightarrow ROOH + AH・ \quad \cdots\cdots\cdots ㉗$$

$$AH・ + AH・ \longrightarrow AH_2 + A \quad \cdots\cdots\cdots ㉘$$

$$ROO・ + AH・ \longrightarrow ROOH + A \quad \cdots\cdots\cdots ㉙$$

の機構が第1の場合であり

$$ROO・ + AH_2 \longrightarrow [AH_2 - ROO]・ \quad \cdots\cdots\cdots ㉚$$

$$ラジカル複合体$$

$$[AH_2 - ROO]・ + ROO・ \longrightarrow 不活性物質 + ROOH \quad \cdots\cdots\cdots ㉛$$

が後者の複合体形成に相当する。

実際に酸化防止剤が作用を発揮する場合，上記の両機構が働いているが，いずれにしても活性なROO・ラジカルをROOHの形にし，酸化防止剤自身は次第に酸化されていくことになる。図3-10に示したように脂質に酸化防止剤を添加した場合，抗酸化能の強い化合物ほど脂質の過酸化物価の上昇が遅くなる。過酸化物価はある期間を境に急激に上昇するが，上昇するまでの期間を誘導期（induction period）といい，抗酸化力の大きい化合物ほど長くなる。

（3）　シネルギスト

シネルギスト（共力剤，相乗剤　synergist）とは，それ自身は抗酸化力をもたないか，あるいはもっていてもそれほど強くない化合物で，酸化防止剤と併用すると，その酸化防止剤の作用を著しく増強する化合物をいう。また，2つの酸化防止剤を併用したとき，その効果が相乗的に増大することがあるが，これを相乗効果（synergism）という。

この種のシネルギストには，水溶性の酸化防止剤であるアスコルビン酸，エリソルビン酸のほか，金属キレート剤であるリン酸，クエン酸，酒石酸，そしてヘムタンパク質の不活性化剤である亜硝酸塩などが含まれる。

アスコルビン酸，エリソルビン酸の作用機構は，㉗で生じた酸化防止剤のラジカル$AH・$にシネルギスト（BH_2）が働いて，酸化防止剤を活性型のAH_2に還元する作用と考えてよい。

すなわち

$$ROO・+ AH_2 \longrightarrow ROOH + AH・ \qquad \cdots\cdots\cdots\cdots\cdots\cdots\cdots\cdots ㉗$$
$$AH・+ BH_2 \longrightarrow AH_2 + BH・ \qquad \cdots\cdots\cdots\cdots\cdots\cdots\cdots\cdots ㉜$$

となり，ここで生成された$BH・$ラジカルは分解されるなどして反応系外に放出される。しかし，ある種のシネルギストは単独で使用した場合，条件によっては油脂の酸化を促進する作用のあることが知られている。たとえば，アスコルビン酸，エリソルビン酸は油への溶解性が低いこと，Fe^{3+}イオンを還元してより酸化促進作用の強いFe^{2+}にかえる作用があることなどから，油脂に対しては単独では使用されていない。

アミノ基をもつリン脂質は，トコフェロールと抗酸化的なシネルギストとして働くことが知られている。第1級アミノ基をもつホスファチジルエタノールアミン（PE），第2級アミノ基をもつホスファチジル-N-モノメチルエタノールアミン（PMME），第3級アミノ基をもつホスファチジル-N,N-ジメチルエタノールアミン（PDME），第4級アンモニウム塩をもつホスファチジルコリン（PC）を比較すると，相乗効果はPE ＞ PMME ＞ PDME ＞ PCの順に強い。つまり，アミノ基の級数の低いリン脂質ほどトコフェロールとの相乗効果は強い。

クエン酸，酒石酸，リン酸などは，多塩基性の酸であって，自動酸化を触媒する重金属をキレートする作用をもつ。金属イオンは，⑮，⑯のように，脂肪酸のヒドロペルオキシドを分解し，ラジカルを形成させ，連鎖反応を促進させる。これらの重金属は，食用油脂にも微量ではあるが存在するため，これらをキレートして触媒活性を不活性化することは意義がある。

一方，食肉・肉加工品，魚肉・魚肉製品には，ミオグロビンを主とするヘムタンパク質が存在する。ヘムタンパク質は，酸化されてFe^{3+}を含むヘミタンパク質となって脂質

の自動酸化を触媒する（図3-9参照）。このヘミタンパク質は，中央のFe^{3+}がFe^{2+}に還元されると触媒活性が低下し，また，ニトロソミオグロビンのように安定な肉色素をつくると触媒活性がまったくなくなる。したがって，亜硝酸による肉色素の固定は同時に肉に含まれる脂質の自動酸化を抑制することになる。

このほか，トリメチルアミンオキシド（trimethylamine oxide，新鮮な魚肉に含まれる）のように，ROO・ラジカルからつくられるRO・ラジカルを相当するケトンにかえる働きをもつシネルギストもある。

（4）　油脂のもどり臭と色もどり

食用油脂は脱色，脱臭工程を経て製品化されるため，製品化された直後は淡色で無臭であるが，空気中に放置すると徐々に酸化され，もどり臭（reversion flavor），色もどり（color reversion）を生じることがある。この変化は，わが国で最も消費量の多い大豆油で起こりやすく，製品の商品価値を低下させる。大豆油の特色は，リノレン酸を6〜8％と比較的多く含む点にあり，リノール酸も50〜54％程度含まれる。この両者とも色，臭もどりに関係するが，特にリノレン酸の関与が大きいと考えられている。その理由としては，リノレン酸をまったく含まない，もしくは非常に含量が低い油では，もどり現象が起こりにくいことが挙げられる。

（1）　もどり臭

軽度にもどり臭をもった大豆油から多数の化合物が分離されたが，そのうち最も重要と考えられている化合物の一つに2-ペンチルフラン（2-pentylfu-

2-ペンチルフラン

ran）がある。この化合物はリノール酸またはリノレン酸の自動酸化で生成され，元来単独ではもどり臭はないが，新鮮な大豆油，綿実油に5〜10 ppm程度加えると，もどり臭を呈するようになる。もどり臭はこの化合物の他に2, 4-heptadienal, hexanalをはじめとする100種にも上る自動酸化中に生成される揮発性化合物に由来すると考えられている。

（2）　色もどり

大豆油を室温に保存すると徐々に色調が濃くなる現象が知られており，これを色もどりという。この現象は，大豆油以外でも，とうもろこし油，綿実油でも知られているが，大豆油で特に著しい。この色もどりの原因物質に大豆油に著量に含まれるγ-トコフェロール（600 μg/g程度含ま

トコレッド

γ-トコフェロールの二量体

れる）と原料に用いた大豆の水分が関係することが示された。

原料大豆の水分が15％を超えると，抽出された油の色もどりは激しくなり，同時にγ-トコフェロールの減少も著しくなる。このような水分含量の高い大豆粒中ではγ-トコフェロールはo-キノン（トコレッド，tocored）を経て二量体（5-γ-tocophoryloxy-γ-tocopherol）に酸化されて存在しているといわれる。トコレッドは名前のごとく，赤色の色

素であるが，この二量体は無色である。この二量体を含む大豆油を室温に放置すると，通常のγ-トコフェロールより早くトコレッドを生成し，あるいは，不飽和脂肪酸の自動酸化で生成されるラジカルと重合して，色もどりを起こすものと考えられている。

（5） 油脂の熱酸化による分解と重合

　油脂を高温で加熱すると熱酸化(thermal oxidation)が起こり，徐々に油脂の重合，分解が進行し，油の泡立ち，粘性の増加といった現象がみられるようになる。この熱酸化の酸化速度は非常に速く，生成物もきわめて多様なので，自動酸化と区別している。

　熱酸化は，天ぷら，フライ，炒め物などで起こり，油脂の加熱温度が，$120 \sim 200 \, ^\circ\mathrm{C}$という高温であるため，ヒドロペルオキシドは集積することなく直ちに分解あるいは，重合していくことになる。したがって，加熱時間の増大に伴い，酸素の吸収，二重結合の減少，平均分子量の増大，粘性の増加，揮発性化合物の生成といった現象が起こる。この熱酸化は，反応系が複雑であるため，あまり反応機構などは解明されていない。

　現在のところ，各種の酸，アルコール，アルデヒド，二量体，三量体の形成，環状化合物の生成，アクロレイン(胸焼けを起こさせる成分)の生成などが知られている。

（6） リポキシゲナーゼによる酵素的酸化

　リポキシゲナーゼ(lipoxygenase)は動植物に広く存在する酸素添加酵素であり，多価不飽和脂肪酸(リノール酸，α-リノレン酸，アラキドン酸など)の$1, 4$-cis, cis-ペンタジエン構造に分子状酸素をヒドロペルオキシ基($-\mathrm{OOH}$)として導入し，1-ヒドロペルオキシ-$2, 4$-$trans, cis$-ペンタジエン構造にする。

　この酵素は植物では，まめ科の種子，じゃがいも，だいこん，アアスパラガス，小麦に多く含まれている。とくに大豆種子では全タンパク質の約1％をリポキシゲナーゼが占める。大豆リポキシゲナーゼにはL-1，L-2，L-3の3つの種類があり，基質特異性(遊離脂肪酸かトリアシリグリセロールか)，反応生成物，至適pHに違いがある。大豆特有の不快臭の主成分であるヘキサナールの生成には，主にL-2とL-3が関与している。また，リポキシゲナーゼは比較的熱に安定なので，加熱加工した豆に含まれる脂質の貯蔵中の酸化に関与している場合がある。

　本酵素の作用により生成する中間体であるペルオキシラジカル($\mathrm{ROO} \cdot$)がβ-カロテンをはじめとするカロテノイド色素の酸化を行い，食品の色調を褪色化させることが知られている。この現象は，小麦粉の自然漂白に利用されている。

　動物に存在するリポキシゲナーゼは，主にアラキドン酸に酸素を導入する。これは生体反応に必須のロイコトリエン(leukotrien)を産生するアラキドン酸カスケードの出発反応である。アラキドン酸への酸素添加部位の違いによって，5-リポキシゲナーゼ，8-リポキシゲナーゼ，12-リポキシゲナーゼ，15-リポキシゲナーゼなどの種類が知られて

いる。アラキドン酸は5-リポキシゲナーゼにより，5-HETE(5-hydroxyeicosatetrae-noic acid)を経て，ロイコトリエンに代謝される。

（7）　過酸化脂質とタンパク質の反応

　脂質は本来疎水性であり，親水性であるタンパク質と反応しにくい。しかし，脂質が酸化されると極性が増し，アミノ酸やタンパク質と反応して褐変を起こすことがある。煮干しや冷凍いわしを貯蔵した際に，腹部が橙黄色ないし褐色に変色したものが見られるが，これを「油焼け」とよんでいる。水産物には多価不飽和脂肪酸が多いため酸化が速く，その結果生じた不飽和アルデヒドが，魚に含まれるアンモニアやトリメチルアミンなどの触媒作用で，アミノ基と反応してアミノ・カルボニル反応を起こし，褐変物を生成したためである。これにより，タンパク質中のリジン，メチオニン，トリプトファンが減少するため栄養価は低下すると考えられる。

　また，古くより脂質過酸化物が酵素タンパク質の変性と不活性化を行うという報告が多数あり，酵素タンパク質の構造変化を起こすことが知られている。また脂質過酸化物は，食品中のタンパク質，たとえば，大豆グロブリンなどの構造変化を起こし，酸性でサブユニットの分解，重合などを行うことなどが明らかにされている。また，ペプチド結合の分解，架橋の形成なども行うといわれている。

　食品の物理的性質に脂質の酸化が関与していることが知られている。製粉直後の小麦粉はべたついて麺にすることはできないが，2〜3週間貯蔵する間に脂質が酸化し，タンパク質とある種の結合が起こり，麺にしたときに粘弾性がでてくる。これを小麦粉の熟成とよんでいる。このように脂質の酸化は具合のよい変化を起こす場合もあるが，通常の場合は，タンパク質と反応して好ましくない変化を与えることが多い。

　　食品を貯蔵または加工している間に，食品が着色してくる現象がある。この現象により生成した色調を巧みに利用しているのが，みそ，しょう油などの日本独特の食品である。この着色は褐色系の色調を呈することから，褐変反応(browning)といわれ，元来，淡色ないし無色の食品に起これば，変色の結果，食品の価値を減ずることになり，みそ，しょう油などのように適度に進行すれば好ましい色調を生成することになる。しかし，この場合でも反応が進みすぎれば，具合の悪い褐色から黒色に変わる現象を起こすことになる。このような褐変反応は，通常，非酵素的に起こるので「非酵素的褐変反応(nonenzymatic browning)」といわれ，食品の加工・貯蔵上具合の悪い現象を引き起こすことが多い。また，この反応の最初の研究者 Maillard にちなみメイラード反応(Maillard reaction)あるいは，アミノ・カルボニル反応ともいわれる。なお，酵素的に褐色化する反応については(p. 141)を参照されたい。

（1）　アミノ・カルボニル反応

　　この反応は名称の通り，アミノ基をもったアミン，アミノ酸，アンモニアなどのアミノ化合物と糖，アルデヒド，ケトンなどのカルボニル化合物とが反応して着色を起こす現象を指す*。

　　アミノ・カルボニル反応(amino‐carbonyl reaction)に関与するカルボニル化合物は，弱酸性〜中性の pH 領域では(通常の食品の pH はこの範囲に入る)，α, β-不飽和のカルボニル化合物あるいは反応中にこの形の化合物を生成する前駆物質の反応活性が強く，生成された褐色色素の色調も強い。一方，飽和のカルボニル化合物は，概して生成される着色度も小さいとされている。食品中に含まれるこのようなカルボニル化合物，あるいはその前駆体には，脂質の自動酸化で生成される不飽和アルデヒド(p. 110参照)，グルコース，フルクトースをはじめとする単糖，還元性二糖が挙げられる。これらの還元糖は，カルボニル基をもったポリアルコールであるため，後述のごとくアミノ化合物と反応して中間体としていくつかの不飽和カルボニル化合物を生成しやすい。一方のアミノ化合物には，アミン，アミノ酸，ペプチド，タンパク質，アンモニアなどが含まれるが，食品の場合には，アミノ酸が関与するケースが最も多い。

（1）　糖とアミノ酸の反応

　　いろいろな食品で起こるアミノ・カルボニル反応による着色の大部分は，糖とアミノ酸との間で起きる反応である。というのは，どの食品素材にも微量〜少量の遊離アミノ酸や遊離糖が存在するし，また，食品によっては製造工程中においてこれらが添加または生成されてくるためである**。

　　ここでは糖の代表として D-グルコースを，アミノ酸の代表としてグリシンを挙げ，こ

---

*アミノ・カルボニル反応では着色のほかに着香，すなわち，加熱香気を生成する反応も知られている(p. 136 参照)。

**コーヒーのように原材料を焙煎する過程を行うものでは，その工程中でアミノ酸，糖が生成され，これらの生成量と種類が，コーヒーの色，味，香りの品質を左右するといわれる。

の両者による反応機構を示すことにする。

（a）　初期段階

　この段階は，いわば活性型の初期生成物をつくるまでの段階といえる。

① 窒素配糖体の生成

　還元糖はアミノ酸などアミノ化合物と反応して窒素配糖体をつくる性質をもっている。これはアミノ化合物の$-NH_2$基と糖の還元基のアノマー性の$-OH$基が脱水縮合して生成される。すなわち，下のように反応して糖とアミノ酸が縮合して窒素配糖体がはじめにつくられる。

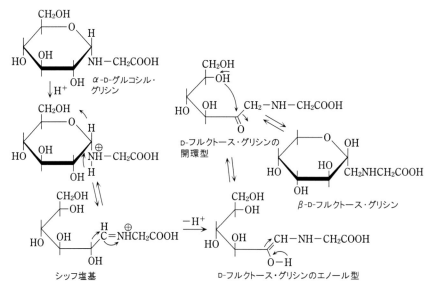

この場合，同じアミノ酸のアミノ基でもα-アミノ基より塩基性アミノ酸であるリシンのε-アミノ基のほうがより高い反応性を示す。また，α-アミノ基でもアミノ酸の側鎖により反応性に若干の差があるといわれる。

② アマドリ転位

　①でつくられた窒素配糖体は，異性化して，2位に還元基をもつ一種のアミノ糖となる。この反応をアマドリ転位（amadori rearrangement）という。つまり，図3-11に示すようにC-1のプロトン化がまず起こり，次にシッフ塩基（shiff base，$-C=N-$）とよばれる不安定な開環化合物（アミノレダクトンの一つ）を経て，アミノ糖の一種であるβ-D-フルクトース・グリシン（β-D-fructose glycine，1-glycino-1-deoxy-β-D-fructopyra-

図3-11　窒素配糖体（α-D-glucopyranosyl glycine）のアマドリ転移の機構

nose）を生成する。

　ここで生成されたアマドリ転位生成物であるフルクトースグリシンは，窒素配糖体と異なり，2位に還元性のアノマー性水酸基をもち，開環型がエノール化してアミノレダクトンを生成するので還元性を示す。このようにグルコースのようなアルドースから出発してアミノ基をもったケトースができるので，このアマドリ転位生成物を一般にケトースアミン（ketose amine）と総称する。このケトースアミンは大部分がβ-型で結晶化されている。

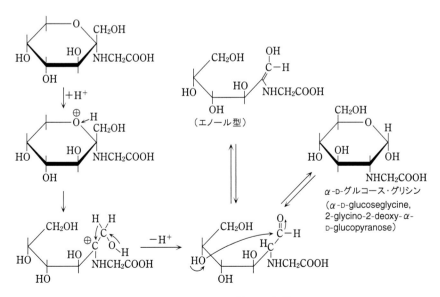

フルクトース　　　　　　　　　　　　　　　　　　　α-D-フルクトシルグリシン

　ところで，出発物質として，フルクトースのようなケトースを用いると，窒素配糖体であるケトシルアミン（ketosyl amine）を経て，アルドースアミン（aldose amine，アミノ糖の一種，エノール化してアマドリ転位生成物と同じくアミノレダクトンを生成するので還元性を示す）が生成される。たとえば，フルクトースとグリシンから出発するとフルクトシルグリシン（D-fructosyl glycine）を経て，ヘインズ転位〔（Heyns rearrangement，アマドリ転位と異なり C-6 位でプロトン化が起こる。ついでアマドリ転位と同様な反応が進行する（図3-12参照）〕によりグルコースグリシンまたはマンノースグリシン（D-glucose glycine，D-mannose glycine，正式には，2-glycino-2-deoxy-D-glucopyranose，または2-glycino-2-deoxy-D-mannopyranose，通常グルコースグリシンの生成量が高いといわれる）を生成することになる。

　このアマドリ転位，ヘインズ転位とも不可逆的であるので，もとの糖とアミノ化合物

図 3-12　ヘインズ転移の機構
（フルクトシルグリシンよりグルコースグリシンの生成機構）

とに分解することはできない。また，酸・アルカリ等で処理するとアマドリ転位生成物は分解され，アミノ酸は放出されるが，糖部分は分解されてしまい，もとの糖は生成されない。なお，ヘインズ転移生成物からは一部もとのフルクトースが再生されるといわれる。

　ここでできたケトースアミン化合物と，アルドースアミン化合物の反応性を比較すると，反応時期により反応活性が異なるので，一概にいえないがケトースアミノ酸のほうが反応活性がやや高く，最終産物である褐色色素の着色度もやや強いといわれている。次に同じケトースアミノ酸のうちで，出発物質に異なる糖の種類による反応活性の強弱を調べると，一般に炭素数5個のペントースより生成されるペンチュロースアミノ酸（pentulose amino‐acid）のほうが，6個のヘキソースから生成されたヘキスロースアミノ酸（hexulose amino‐acid）より反応活性が強く，褐変活性は平均して10倍程度といわれている。また，ペントースの中では，リボース＞アラビノース≧キシロースの順で，ヘキソースでは，ガラクトース＞マンノース＞グルコースの順になっている。フルクトースは前述のようにグルコースよりやや反応活性が低いとみてよい。

　このようにしてできたアミノ糖（ケトースアミン，アルドースアミン）はいずれも無色で着色していない。このアミノ糖はさらに一分子の糖と反応して，D-グルコースであれば，ジ-D-フルクトースグリシン（di‐D‐fructose‐glycine）を生成する。途中の経路はフルクトースグリシンの生成の際のアマドリ転位とまったく同様である（図3‐13）。

　同様にD-フルクトースから出発すれば，ジ-D-グルコースグリシン（ジグルコースの代わりにジマンノースが生成されることもある）が生成される。ここで生成されたジ-D-グルコースグリシンは，モノ-D-グルコースグリシンに比べてはるかに不安定で容易に分解し，糖の分解中間生成物を生成する。図3‐13に示した反応＊に従えば，D-フルクトースグリシンは一種の触媒的作用で連鎖作用を起こし，一回転する間に1分子のグルコースを分解していく働きをもつことになるが，それ自身も不安定で分解していく。

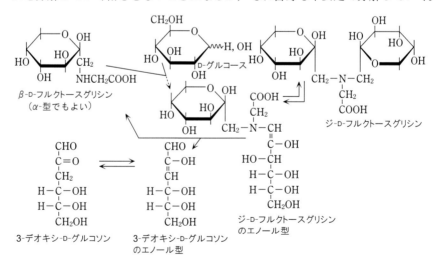

図3‐13　ジフルクトースグリシンの生成と分解機構

＊この反応ではアミノ酸も一種の触媒として作用していることが示唆される（後述）。

（b） 中期段階

① 1,2-エノール化

　中期段階はモノ-およびジ-フルクトースグリシンの分解で開始される。より不安定なジフルクトースグリシンは，水溶液中ではpH5.5で最も速やかに分解され，1,2-エノール化を経てグリシンを放出して，80〜90％は3-デオキシグルコソン（3-deoxy-D-glucosone，正式には，3-deoxy-D-erythro-hexopyranosulose という）に，6％ぐらいはより分解の進んだ不飽和オソン類，一部はさらに分解した化合物になる。この不飽和オソン類は2種類あって，一つは，二重結合がシス型で，もう一つはトランス型で図3-14に示す構造をもち，1位が-CHO，2位が＞C＝O，3位と4位の間に一重結合をもつ。この両者のうち，シス型が主生成物で，pHがさらに低下すると，3-デオキシグルコソンが分解されてシス型不飽和オソンの生成が増大するといわれる。これらの不飽和オソンがさらに分解されれば，ヒドロキシメチルフルフラール（hydroxymethyl furfural; HMF，ペントースから出発すれば，フルフラール）が生成されることになる。また，フルクトースグリシンが酸化されると，D-グルコソンを生成すると考えられている。これらの中間生成物のうち反応活性が高く，さらに分解，重合して強く褐変を起こしやすいのは，不飽和オソン類で，ついで3-デオキシオソン類，オソン類と考えられている。

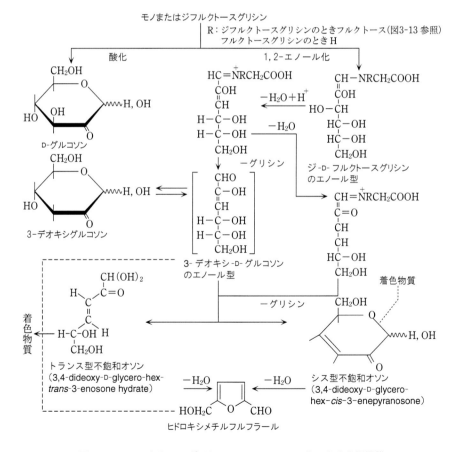

図3-14　フルクトースグリシンの1,2-エノール化による分解機構

② 2,3-エノール化

　①で説明した1,2-エノール化による分解機構を通る褐変反応が食品で起こる主なルートであることが知られているが，一部，2,3-エノール化による分解経路を通る褐変も起こる(焙焼の場合の分解では重要なルートになっているといわれる)。このルートの特色は，生成物に−CH₃基が存在することである。この反応では，中間体としてレダクトンの生成がみられ，炭素鎖の短縮も起こるのが特色である。

　この反応は，図3-15に示すようにして1-デオキシ-3-ケト-フルクトース(1 - deoxy - 3 - keto - D - fructose，正式には1 - deoxy - D - erythro - hex - 2, 3 - diulose)が生成される。この2,3-エノール型は，エンジオール構造をもつので，レダクトンであり，アマドリ転位生成物と同じく容易に脱水され，あるいはアミノ化合物と反応して褐変反応に関与する。

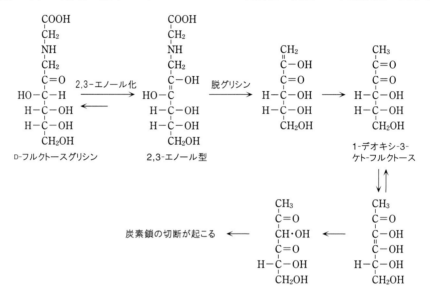

図3 - 15　フルクトースグリシンの2, 3- エノール化による分解反応

（c）　終期段階
①　重合などによる褐変

　終期段階の反応は，いずれにしても(b)の中期段階で生成された各種の反応性に富む中間体が，重合，分解，あるいはほかの化合物，特に含窒素化合物と反応して褐色の色素を生成する反応である。この段階の反応経路の詳細は明らかにされていないが，ここで生成された色素をメラノイジン(melanoidin)といい，特定の構造はもたないが，かなり高分子量の含窒素，含酸素化合物といわれ，いろいろな構成単位が提案されている。その一例として $C_{18}H_{27}O_{12}N$, $C_{19}H_{30}O_{16}N_3$, $C_{17}H_{19}O_9N$ などの構成単位が考えられている。しかし，この褐変色素が単一の単位とは考えられず，ここに示された数字からもわかるように，かなり複雑な構造をもつものと推定されている。なお，図3-16に褐変色素の生成に関係する反応について図示した。

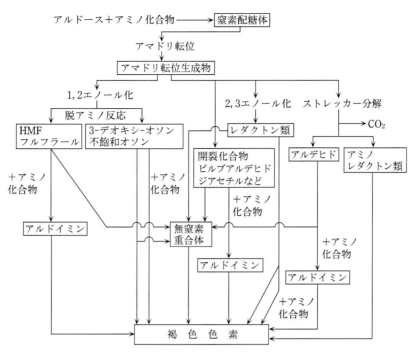

図 3 - 16　褐変色素の生成に関与する反応系
(アルドースとアミノ化合物より開始したものと仮定してある)

② ストレッカー分解

　この褐変反応では，反応中に炭酸ガスの発生がみられることが多い。これはストレッ
カー分解(Strecker degradation)により生成したものと考えられている。ストレッカー分
解は，α-ジカルボニル化合物($-\overset{\text{O}}{\overset{\|}{\text{C}}}-\overset{\text{O}}{\overset{\|}{\text{C}}}-$ 構造をもつもの。代表的なものにデヒドロアス
コルビン酸がある。ニンヒドリンもこの反応を起こす。)と α-アミノ酸が反応して，α-
アミノ酸の酸化的分解が起こり，アミノ酸より炭素数が一つ少ないアルデヒドと炭酸ガ
スを生成する反応である。

$$
\begin{matrix}
\overset{R_1}{\underset{R_2}{\overset{|}{\underset{|}{\overset{\text{C=O}}{\text{C=O}}}}}} & + & \overset{R_3}{\underset{\text{COO}^-}{\overset{|}{\underset{|}{\text{H}-\text{C}-\overset{+}{\text{NH}}_3}}}} & \longrightarrow & R_3\text{CHO} & + & CO_2 & + & \overset{\text{NH}_2\,\text{OH}}{\underset{}{R_1-\overset{|}{C}=\overset{|}{C}-R_2}}
\end{matrix}
$$

アルデヒド

または

$$
\overset{\text{NH}_2\,\text{OH}}{R_2-\overset{|}{C}=\overset{|}{C}-R_2}
$$

ストレッカー分解

(いずれもアミノレダクトン)

　上述の褐変反応の中間生成物である 3-デオキシオソン類，不飽和オソン類は，α-ジカ
ルボニル化合物であるから，このストレッカー分解反応を起こしやすい。この反応で生
成したアミノレダクトン類は反応活性が強いので，褐変反応に組み込まれていく。

　このストレッカー分解は，褐変色素の生成だけでなく，食品の加熱香気の生成により
大きな関与をしていると考えられ，ここで生じたアルデヒド，あるいはレダクトンより
種々の加熱香気が生成していくことが知られている(p. 135 参照)。

（d）　褐変色素の抗酸化性

　（a）〜（c）で述べたようにしてできた褐変色素は，油脂類の自動酸化に対し，抗酸化性を示すことが明らかにされた。事実，大豆に含まれていたリノール酸などの不飽和脂肪酸はよく保持され，自動酸化を受けにくいといわれる。しかし，褐変色素がどのような機構で，抗酸化を行っているかはあまり明らかではない。

（e）　アミノ・カルボニル反応に関係する因子

　糖・アミノ反応に関与する因子には，pH，温度，水分，酸素など各種の環境条件があげられる。

① pH

　pHは反応速度に大きく影響する。一般に酸性〜中性領域では，pHが高い方が，アミノ・カルボニル反応の反応速度が大きくなることが知られている。したがってpH6〜7ぐらいが進行しやすいことがわかる。しかし，これ以上にpHが高くなると糖自身がアルカリによって分解，異性化を起こすようになるので，以上述べてきた反応経路とは異なる反応を起こすことが認められている。通常の食品のpHはほぼ酸性〜微酸性ないし中性領域にあるので，アルカリ側での褐変反応は食品にとってそれほど重要ではない。

② 温度

　反応温度は通常の化学反応とまったく同じで，高いほど速やかに進行する。10℃高くなると約3〜5倍速くなるといわれる。たとえば，100℃，2時間で到達したグリシンとD-グルコースの着色度に65℃では250時間要するといわれる。

③ 水分

　水分も大きく褐変反応に関与する。食品を完全に無水状態に保つと褐変反応がほとんど起こらない。これはアミノ化合物とカルボニル化合物とがまったく移動できなくなるためと考えられる。たとえば，グリシンとD-キシロースを反応させる際，水分を30%ぐらいにすると最も反応が進行する。

④ 酸素

　通常の褐変反応での酸素の関与は，明瞭ではなく，さまざまな結果が得られている。しかし，醤油などの醸造品を開封後室温に放置すると，急速に黒色化が進行する。この現象は酸化褐変（oxidative browning）といわれる。この反応はD-フルクトースアミノ酸のようなアマドリ転移化合物が鉄イオンと酸素の存在下で，アミノ・カルボニル反応とは，まったく別のルートで酸化され黒変していくものと考えられる。

（f）　褐変反応の防止

　褐変反応を防止，または抑制するためには，①褐変の出発物質になる微量ないし少量のカルボニル化合物，特に糖を除く，②褐変反応の促進物質といわれる化合物を除く，③促進因子を調節する，④褐変の阻害剤を使用する，などの方法が考えられる。そのうち最も効果的なのは，阻害剤を使うことと促進因子を除去することである。

① 褐変阻害剤

　最も有力でかつ有効な阻害剤は亜硫酸塩である。亜硫酸は酵素的褐変反応の阻害剤としても用いられるが，非酵素的褐変反応においても有用である。亜硫酸塩以外にチオール化合物，特に，システインの利用も考えられている。元来，亜硫酸はカルボニル化合

物と付加化合物をつくる性質をもつことが知られており，次のように反応する。

$$\begin{matrix} R_1 \\ \diagdown \\ \diagup \\ R_2 \end{matrix} C=O + HSO_3^- \longrightarrow HO-\underset{\underset{R_2}{|}}{\overset{\overset{R_1}{|}}{C}}-SO_3^-$$

　この反応は室温でも進行し，pH4.5でグルコースと反応させると，スルホン酸塩が生成される。

　また，3-デオキシオソン，またはシス型の不飽和オソンに亜硫酸を作用させると，下の4-スルホヘキスオソン（4-slufohexosone, 3, 4-dideoxy-4-sulfo-D-glycero-hexosone）が生成される。

　この4-スルホン酸はいずれも褐変活性が元の3-デオキシオソン，不飽和オソンに比べてはるかに小さく，事実上，褐変反応に関与しなくなる。したがって，褐変反応の強力なこれらの中間体を完全にトラップして褐変反応を阻害するというところに亜硫酸の褐変阻害効果があるものと考えられる。事実，亜硫酸と直接反応しないフルクトースによる褐変反応も亜硫酸により阻害されることが知られており，この機構も同様にこれらの中間体の完全なトラップによるものといえる。なお，グルコースとグリシンの反応系に亜硫酸を加えても同様な化合物が分離される。

$$\begin{matrix} SO_3K \\ HO-C-H \\ H-C-OH \\ HO-CH \\ H-C-OH \\ H-C-OH \\ CH_2OH \end{matrix}$$

グルコーススルホン酸カリウム
（glucose potassium sulfonate）

② その他の方法

　前述のように，温度が高いほど，pHが中性に近いほど褐変反応が促進されるので，低温にしてかつpHを低く保つことが有効になる。また，酸素を除去した方が褐変は抑制

$$\begin{matrix} CHO \\ CO \\ CH_2 \\ CHSO_3H \\ HCOH \\ CH_2OH \end{matrix}$$

4-スルホヘキスオソン

される場合があるともいわれる。褐変は水分30〜50％程度のところで最も反応が進行しやすい。それは水分を低めることは出発物質の濃縮化という意味ももつので，水分含量は可能であれば高めたほうがよい。

（2） 糖とリン脂質との反応

　アミノ基を含むリン脂質であるホスファチジルエタノールアミン（phosphatidylethano-

デオキシフルクトシルPE
[N-(1-deoxy-β-D-fructosyl)-phosphatidylethanolamine]

デオキシラクツロシルPE
[N-(1-deoxy-β-D-lactulosyl)-phosphatidyletanolamine]

R₁, R₂：脂肪酸

lamine；PE)のアミノ基と糖の間でも，アミノ・カルボニル反応が起こる。粉ミルクにグルコースやラクトースとPEとのアマドリ転移生成物(糖化PE)であるデオキシフルクトシルPE[N-(1-deoxy-β-D-fructosyl)-phosphatidylethanolamine]やデオキシラクツロシルPE[N-(1-deoxy-β-D-lactulosyl)-phosphatidylethanolamine]が見いだされる。これらの糖化PEは，母乳からは検出されないので，粉ミルクの加工時に生成したものと考えられる。

(3) 脂質とアミノ化合物との反応による着色反応

食品の脂質が自動酸化されると，比較的初期段階で微量の揮発性カルボニル化合物が生成されることが知られている。これらのカルボニル化合物は，いずれも自動酸化で生成されたヒドロペルオキシドの分解により二次的につくり出されることはすでに述べたとおりである。これらのカルボニル化合物のうち，α, β-不飽和のアルデヒドである2-エナール(2-enal)，2,4-ジエナール(2,4-dienal)などは反応活性が強く，アミン，アミノ酸，ペプチド，タンパク質などのアミノ化合物と反応して褐変を引き起こすことが知られている。したがって，高度不飽和脂肪酸に富み，それが自動酸化を受けやすく，かつアミノ酸，タンパク質に富む食品では，脂質とアミノ化合物との反応による褐変が起きやすい。

このような脂質とアミノ化合物との反応による褐変が起きやすい食品は，水産物，一部の大豆加工品が知られている。

(a) 水産加工品の褐変

水産加工品の加工・貯蔵中に起こる褐変現象*の中心をなす現象は，いわゆる"油焼け"といわれる脂質の自動酸化に基づく褐変である。

油焼けは煮干，干物などにみられ，魚の油が表面に浸み出し，焼けたような外観を呈することから名づけられたもので，魚に含まれる高度不飽和脂肪酸(二重結合を5〜6個含むエイコサペンタエン酸(20：5)やドコサヘキサエン酸(22：6)のような不飽和脂肪酸がかなり含まれている)の自動酸化により引き起こされる。

これらの高度不飽和脂肪酸の自動酸化は魚に含まれるミオグロビン，ヘモグロビンの酸化物であるメトミオグロビン，ヘミグロビンにより，p.102で示したようにして促進される。魚のメトミオグロビンは畜肉のミオグロビンに比べ，Fe^{2+}がより酸化されやすく容易にメトミオグロビンに変化しやすいといわれる。したがって，メトミオグロビンの触媒活性もかなり高いことが推測される。

ところで，魚の脂質の自動酸化によるカルボニル化合物の生成だけでは，褐変いわゆる油焼け現象は起こらず，第二段階のアミノ化合物との反応で褐変が起こる。魚に含まれるアミノ化合物には，アミノ酸，タンパク質も含まれるが，同時に魚に含まれるトリメチルアミンオキシド(trimethlamine oxide)の細菌などによる分解により生ずるトリメチルアミン，アンモニアなどの揮発性塩基がより重要な因子となる。

魚の油焼けで生成した褐変色素は糖-アミノ反応で生じる褐変色素に比べて窒素含有

---

*このほか，糖-アミノ反応に基づくタラなどの褐変，ミオグロビンのメトミオグロビンへの酸化に基づく退色，暗色化などがあり，これらについてはすでに別項でふれたので，ここではふれない。

量が低いといわれる。したがって初期段階では，アルデヒドがアミン，アンモニアなどの塩基性化合物の触媒でアルドール縮合を起こし，ついで，これらの中間体がアミン，アンモニア，タンパク質，アミノ酸などと反応して褐変していくものと考えられている。事実，脂質の酸化物は，タンパク質と反応して不活化させたり変性を引き起こすことが知られている。魚肉の場合，このように変性したタンパク質は，かまぼこなどの水産練製品の加工には適さなくなってしまう。

（ｂ）　大豆製品

　大豆加工品の中で加工・貯蔵中に褐変を起こすのは，凍豆腐だけである。これは大豆油中に6〜8％のリノレン酸が含まれ，このリノレン酸を含む脂質が，大豆から凍豆腐に移行し，褐変を起こす主出発物質となると考えられる。しかし，同じ大豆製品でも，ほぼ同量の脂質を含む湯葉はまったく褐変を起こさない。これは凍豆腐と湯葉におけるタンパク質-脂質複合体がまったく異なっていて，凍豆腐は海綿状であるため，それに含まれる脂質が酸素の攻撃を受けやすいためと考えられる。

　凍豆腐の褐変も，水産加工品の褐変と類似して起こるものと考えられる。1960年代までは，凍豆腐の膨軟性を改善するために最終工程でアンモニア処理が行われた。このアンモニア処理の際に，しばしば褐変現象が発現した。また，アンモニア処理した凍豆腐の貯蔵中に褐変が起きた。この場合アンモニア処理を施さないと褐変はしないか，しにくいことが認められている。したがって，これらの現象を考え合わせると，大豆油の初期に起こる自動酸化でつくられたカルボニル化合物が直接またはアンモニア処理でより活性の高いカルボニル化合物に急激に変化し，アンモニアあるいはタンパク質と反応して急激に褐変を起こしたと考えられる。よって反応機構的に考えると，凍豆腐の褐変も水産加工品の褐変と類似した反応機構で起きると考えてよい。

（2）　アスコルビン酸による着色反応

　ビタミンC，すなわちL-アスコルビン酸はレダクトンの一種で，抗酸化剤，褐変防止剤，肉製品の発色促進剤などとして食品に添加されるが，天然には蔬菜，果実などにかなりの量が含まれる。アスコルビン酸は割合不安定な化合物で，特にアルカリ性では容易に酸化分解されやすい。また，著量が含まれる果汁，果汁製品，乾燥蔬菜などにおいて褐変・着色の原因物質となる場合が多い。アスコルビン酸は容易に酸化されてデヒドロアスコルビン酸を生ずる。アスコルビン酸の分解反応では，このデヒドロアスコルビン酸が分解される酸化的分解と，非酸化的にアスコルビン酸が分解されていく非酸化的分解，およびアミノ酸などとの反応により酸化的に分解されていく経路などが知られている。

（1）　非酸化的分解

　アスコルビン酸は酸性側では比較的安定であるが，強酸性下ではかなり不安定で，酸素を除去した条件下でもpHを2以下にするとアスコルビン酸は非解離型となり，図3-17に示すようにして，フルフラール（furfural）を生じる。このルートは中間体に3-デオキシ-L-ペントオソンを生成する以外は確定されていない。この経路はアスコルビン酸の酸による脱水反応と考えられる。したがって，原理的には糖の濃硫酸による脱水反応

と同様と考えてよい。この非酸化物分解反応のみが実際の食品で起こることは少なく，後述する酸化的なアスコルビン酸の分解と同時に進行し，果汁などpHの低い食品の褐変に関与している。ここで生成されたフルフラールはアスコルビン酸のほかの分解産物（同時に進行する酸化的分解産物を含む）と反応して褐変色素を生成していく。

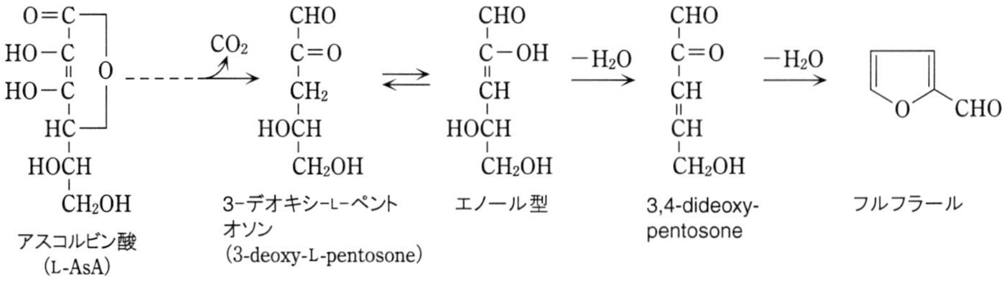

図3-17　アスコルビン酸の非酸化的分解

（2）　酸化的分解

アスコルビン酸が酸化されるとモノデヒドロアスコルビン酸（monodehydroascorbic acid）を経てデヒドロアスコルビン酸（DHA）が生成することはよく知られている。したがって，アスコルビン酸の酸化分解では，このデヒドロアスコルビン酸が出発物質になると考えてさしつかえない。デヒドロアスコルビン酸の分解経路は，デヒドロアスコルビン酸が単独で分解する経路とα-アミノ酸と反応して分解していく経路と2つあって各々の反応はまったく異なる。

（a）　デヒドロアスコルビン酸単独での分解経路

デヒドロアスコルビン酸は水溶液中では容易にラクトン環を開き，不可逆的に2,3-ジケトグロン酸（2,3-diketo-L-gulonic acid; DKG）になる。このDKGの分解経路は2つあっ

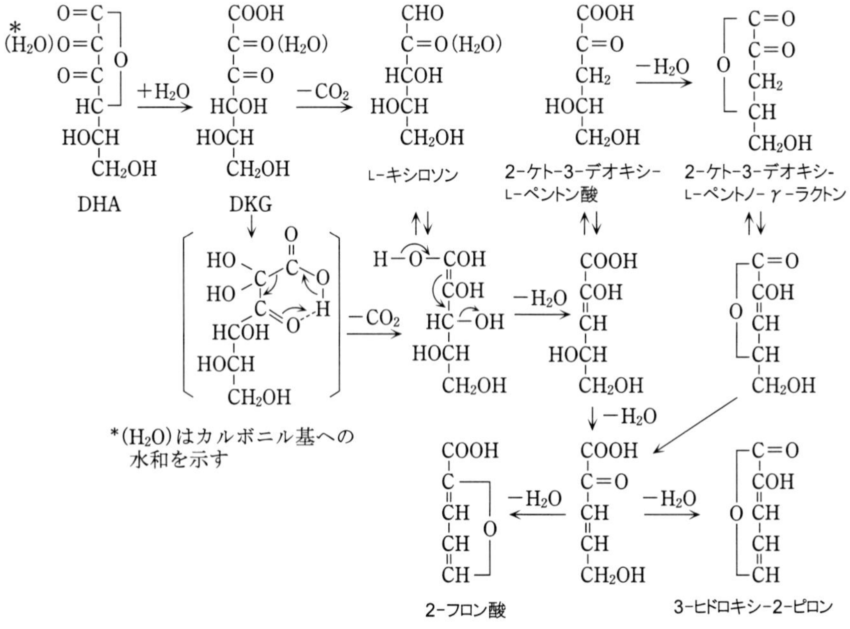

図3-18　デヒドロアスコルビン酸より2-フロン酸，3-ヒドロキシ-2-ピロンの生成経路

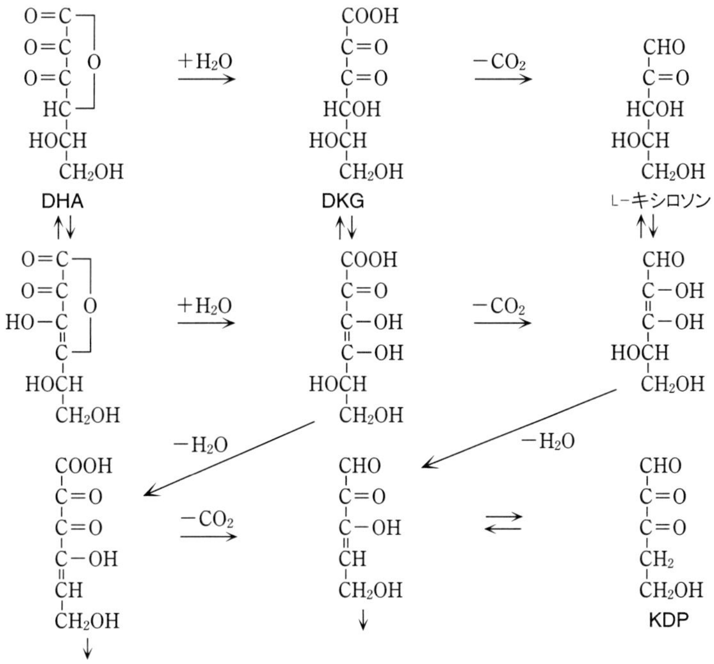
+H2O
−CO2
DHA
DKG
L-キシロソン
−H2O
KDP

図3－19　デヒドロアスコルビン酸（DHA）より3-ケト-4-デオキシ-ペント-オソン（KDP）の生成経路

て，2-フロン酸（2-furoic acid）および3-ヒドロキシ-2-ピロン（3-hydroxy-2-pyrone）を生成する経路と，3-ケト-4-デオキシ-ペント-オソン（3-keto-4-deoxy-pentosone; KDP）を主中間体として生成していく経路がある。前者を図3-18に後者を図3-19に示す。

これらの主要中間生成物のうち，3-ヒドロキシ-2-ピロンは昇華性の無色結晶で，特徴的な芳香をもち，デヒドロアスコルビン酸の分解で生成する主要香気成分の一つである。また，これらの反応の中間生成物に反応性の強いレダクトン，オソンなどが生成される。これら中間体は褐変反応活性も強く，二次的に反応して褐変色素をつくっていくと考えられる。

（b） デヒドロアスコルビン酸とα-アミノ酸との反応

果実，蔬菜の乾燥品を加工・貯蔵する際に紅変する現象は以前より知られていた。

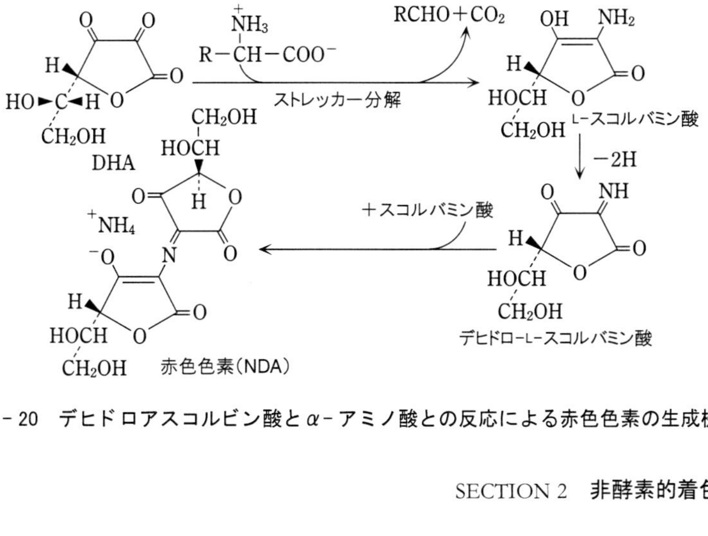
RCHO+CO2
ストレッカー分解
DHA
L-スコルバミン酸
−2H
+スコルバミン酸
デヒドロ-L-スコルバミン酸
赤色色素（NDA）

図3－20　デヒドロアスコルビン酸とα-アミノ酸との反応による赤色色素の生成機構

この紅変色素は，アスコルビン酸が酸化的にα-アミノ酸と反応して生成される中間生成物の一つで，この紅変した蔬菜をもっと貯蔵しておくと，さらに褐変していくことが明らかにされた。この色素は，デヒドロアスコルビン酸とα-アミノ酸がストレッカー分解を起こし，L-スコルバミン酸(L-scorbamic acid)となり，さらに酸化されて，もう一分子のスコルバミン酸と縮合して生成される。この反応経路を図3-20に示す。

この赤色色素は，2,2′-ニトリロ-ジ-2(2′)-デオキシ-L-アスコルビン酸モノアンモニウム塩(2,2′-nitrilo-di-2(2′)-deoxy-L-ascorbic acid monoammonium salt; NDA)である。この赤色色素も一種の中間体で乾燥状態では割合安定であるが，水溶液中では不安定で酸の存在下では容易に分解される。

この赤色色素であるNDAの生成反応の際，ラジカルが生成されることが認められている。このラジカルはNDAとほぼ同じ構造で，NDAが還元された構造をもつ。

(3) アスコルビン酸の反応に基づく褐変の防止法

アスコルビン酸の分解もアミノ・カルボニル反応の場合と同じような化合物を中間体として生成し，褐変していくので，アミノ・カルボニル反応のところで述べたことがほぼあてはまる。事実，亜硫酸と反応してスルホン酸の結合した中間体が得られている。

SECTION 3 | 食品タンパク質の加工・貯蔵における化学的変化

タンパク質の高次構造を支えている水素結合，疎水結合などは，加熱，加工などの処理で切断が起こり，1章SECTION 4に示した変性を起こすことが知られている。このような変性が生じると，タンパク質分子の内部に埋め込まれていたアミノ酸残基の側鎖も表面に露出されることになり，また，球状タンパク質の表面にまとまって分布していたリジンのε-アミノ基をはじめとする，いろいろな極性基も散在することになって，他の官能基，他成分などとの反応性が高まると考えられている。

ただ，タンパク質のペプチド結合は，強い結合であるため容易には切断されない。たとえば，完全な水解のためには，6 NHClで110℃，24時間といった加熱条件が必要である。したがって，通常の加熱処理条件では，ペプチド結合の分解はほとんど起こらないと考えてよい。しかし，一次構造に含まれるS−S結合は，適当な還元剤の存在下で，−SH結合に還元され分解されるし，タンパク質の種類によっては酸化剤の存在下で，S−S結合の再構成が行われる。この代表的な例としては，1章SECTION 4で述べたグルテンの形成の各種酸化剤によるS−S結合の相互変換，新たなS−S結合の形成などである。このような現象は，多かれ，少なかれ，タンパク質の変性過程で起こるものと考えられる。

（1） アミノ・カルボニル反応に伴うアミノ酸残基の分解

タンパク質中に存在するアミノ酸残基の中で，側鎖に遊離のアミノ基やグアニジウム基などの塩基性の官能基をもつのは，リジン，アルギニン，ヒスチジンの3つである。このうちヒトにとって必須とされるアミノ酸はリジンのみであり，穀類のタンパク質ではリジンが第1制限アミノ酸(最も少ない比率のアミノ酸)である場合が多いことからも，加工・貯蔵中のリジンの有効性が問題視される場合が多い。リジンはα-アミノ基(pKa＝8.95)のほかにε-アミノ基(pKa＝10.5)をもち，通常の食品のpH＝4〜7の範囲内では，1章SECTION 4で説明したとおり，下のように解離している。

したがって，タンパク質中でも，ε-アミノ基は−N$^+$H$_3$のように解離していると考えてよい。このような−N$^+$H$_3$基は，通常のアミンと同様に反応性が高く，3章SECTION 1で述べたように，糖と反応して，窒素配糖体を経てアマドリ化合物，さらには褐変反応を起こす。糖と反応したε-アミノ基は，ヒトの腸内では消化されない。したがって，食品の加工・貯蔵中にタンパク質のリジン残基がアミノ・カルボニル反応によって糖と反応した場合，ヒトに利用可能な有効性リジンが減少することになる。

$$N^+H_3$$
$$|$$
$$(CH_2)_4$$
$$|$$
$$HC-N^+H_3$$
$$|$$
$$COO^-$$

（2） リジノアラニン

タンパク質のリジン残基は，アミノ・カルボニル反応以外の反応によっても消化・吸収されない化合物に変化することが知られている。すなわち，タンパク質をアルカリ処理することにより，リジン残基からリジノアラニン(lysinoalanine)が生成する。これは特殊なアミノ酸で，通常のプロテアーゼ，およびヒトの分泌する消化酵素では分解され

ないため，リシンの有効性を低下させる一つの因子と考えられている。

$$\underset{\underset{\text{NH}_2}{|}}{\text{HOOC}-\text{CH}}-\text{CH}_2-\underset{\overset{\text{H}}{|}}{\text{N}}-\text{CH}_2-\text{CH}_2-\text{CH}_2-\text{CH}_2-\underset{\underset{\text{NH}_2}{|}}{\text{CH}}-\text{COOH}$$

リジノアラニンの構造

(N^{ε}-(DL-2-アミノ-2-カルボキシエチル)-L-リジン)

リジノアラニンは，天然には微生物の生産するペプチドの構成アミノ酸として存在することが知られているが，食品ではアルカリ処理による生成機構が重要とされる。

（1） リジノアラニンの生成機構

リジノアラニンの生成には，リジン残基とともに，β-置換アミノ酸残基からα, β-不飽和アミノ酸が生成されることが必要である。タンパク質に存在する通常のアミノ酸残基でβ-位に置換基をもつものは，セリン，システイン，シスチンである。

$\underset{\underset{\underset{\text{X}}{|}}{\underset{\text{CH}_2}{|}}}{-\text{HN}-\text{CH}-\text{CO}-}$	$\xrightarrow{\text{OH}^-}$	$\underset{\underset{\text{CH}_2}{\|}}{-\text{HN}-\text{C}-\text{CO}-}$
β-置換アミノ酸 X：OY, SYなど		α, β-不飽和アミノ酸 （デヒドロアラニン残基）

このうちシステインとほとんどのセリンは－SH基，－OH基がいずれも遊離型であるために，アルカリによってβ-脱離を起こさない。しかし，シスチンはシステインのS－S架橋で生成されることより，β-位に置換した官能基をもつことになり，アルカリの作用で容易にβ-脱離され，α, β-不飽和アミノ酸を生成する。その反応機構は図3-21と考えられる。すなわち，シスチンのβ-脱離で生じたα, β-不飽和のデヒドロアラニンがリジンのβ-アミノ基と反応し，リジノアラニンを生成する。同様に，糖タンパク質などではセリンの－OH基が糖とグリコシド結合しており，また，リンタンパク質のようにリン酸とエステル結合しているセリンの場合には，アルカリ処理でシスチンと同様にβ-

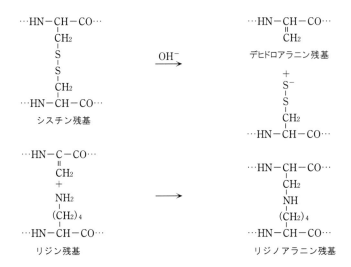

図3-21　リジノアラニンの生成機構

脱離反応を受け，デヒドロアラニンを生じ，さらにリジノアラニンを生成する。

　ところで，リジノアラニンは単にタンパク質のアルカリ処理で生成されるだけでなく，食品を通常の調理・加工条件で加熱しても生成されることが知られる。たとえば，卵白を煮沸する際，3分で140ppm，10分で270ppm，30分で370ppmのリジノアラニンが生成されるといわれる。製造過程中にアルカリ処理を必要とする大豆タンパク質製品では，多量のリジノアラニンが見出され，タンパク質中のリジン残基の最大で1/2がリジノアラニンに変わってしまう例も報告されている。

(2)　リジノアラニン生成の抑制

　リジノアラニンの生成は，シスチンからのデヒドロアラニンの生成で始まるので，シスチンのβ-脱離を防ぐ方法を考えればよい。たとえば，カゼインを120℃(pH7.0)で1時間加熱すると2,500ppmのリジノアラニンが生成されるが，これにS-S結合の還元剤であるシステインを添加しておくと，リジノアラニンは生成されないといわれる。

　小麦タンパク質のグルテンのようにS-S架橋の必須なものはともかく，大豆タンパク質のような製品では，アルカリ処理の工程でこのようなリジノアラニンの生成を防ぐためのシステインの添加が有効と考えられている。

SECTION 4　加熱による香気の生成と糖の分解反応

　　食品を高温に加熱し，あるいは培焼すると加熱香気，あるいは培焼香といわれる香ばしい香りが生成する。この加熱が高温であると，香りと同時に着色現象も生じる。この着色現象の大部分は，前述したカルボニル化合物とアミノ化合物の反応によるアミノ・カルボニル反応によることが知られている。しかし，それ以外の反応として，糖の分解に基づくカラメル化反応がある。ここでは加熱香気とカラメル化反応を中心に述べる。

（1）　食品の加熱香気

　　食品を高温で加熱すると特有の香気が生成される。これを加熱香気といい，生の食品に特有な生鮮香気と区別される。この加熱香気は，食品を100℃以上，特に150℃前後の高温に加熱したときにその生成量が増大し，食品に特有な香ばしい香りを与える。この香ばしい香りは，培焼フレーバー(roasted flavor)ともいわれ，食品の培焼時にかなり多量に生成される。このような加熱香気は，食品に含まれる低分子化合物，特に糖，アミノ酸を一緒にして加熱したときに生成されるといわれ，糖とアミノ酸との加熱反応による一種のアミノ・カルボニル反応の副生成物と考えてよい。

　　この加熱香気の中で中心をなすものは，糖とアミノ酸の反応で生成されるピラジン類(pyrazine)，ストレッカー分解により生じるアルデヒド類，およびその二次反応生成物ならびにその他のフラン類(furan)，ピロール類(pyrrole)，カルボニル類(carbonyl)，フェノール類(phenol)などと考えられている。

（1）　ストレッカー分解

　　SECTION 2の非酵素的褐変反応で示したように，糖とアミノ酸の反応の中間体にはアマドリ転位生成物の1,2-エノール化で生じる3-デオキシグルコオソンと不飽和オソン，2,3-エノール化で生ずるいくつかの生成物など，いろいろなα-ジカルボニル化合物が生成される。このようなジカルボニル化合物とα-アミノ酸が反応すると，ストレッカー分解(Strecker degradation，図3-22)が起こる。代表的なストレッカー分解反応は，α-アミノ酸のニンヒドリンによる着色反応である。この反応の際，α-アミノ酸は炭酸ガスを失い，酸化的に炭素数の一つ少ないアルデヒドを生じる。また，アミノ基はジケト化合物に転移されアミノケトンを生じる。ここで生成されたアルデヒド類は揮発性化合物であると加熱香気に関係するし，また二次的に他の化合物と反応すれば二次生成物

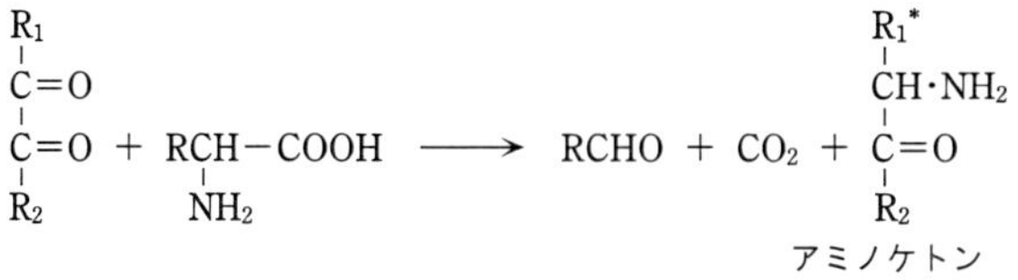

$$
\begin{array}{c}
\begin{array}{c}
R_1 \\
| \\
C=O \\
| \\
C=O \\
| \\
R_2
\end{array}
+
\begin{array}{c}
\\
\\
RCH-COOH \\
| \\
NH_2
\end{array}
\longrightarrow
RCHO + CO_2 +
\begin{array}{c}
R_1{}^* \\
| \\
CH \cdot NH_2 \\
| \\
C=O \\
| \\
R_2
\end{array}
\\
\hspace{10cm} \text{アミノケトン}
\end{array}
$$

図3-22　ストレッカー分解の機構

---

*このアミノケトンは $R_1-\overset{\overset{\displaystyle O}{\|}}{C}-\overset{\overset{\displaystyle NH_2}{|}}{CH}-R_2$ も生成される（ほぼ1:1）。また，R_1，R_2はHでアルデヒドの形であってもよい。

を与え，これが加熱香気に関与することになる。

　ところで，ストレッカー分解で生成されたアミノケトンは，下のようにエナミノールの形と平衡関係にあるので一種のレダクトン（reductone）であって，還元性を示す。

（2）　ジケト化合物の生成経路

　アルドースとアミノ酸が反応してケトースアミノ酸が生成される経路は，すでに図3-11（p.118）に示した。褐変反応の際には，このアマドリ転移生成物（ケトースアミノ酸）がさらに1,2-エノール化あるいは2,3-エノール化を起こし，褐色色素の生成へと分解・重合

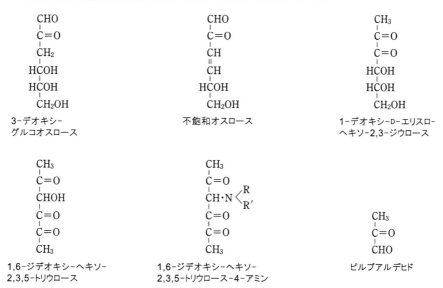

アミノケトン
（aminoketone）
エナミノール
（enaminol）

していく。この際，中間体として，1,2-エノール化では3-デオキシオスロースや不飽和オスロースなどが，2,3-エノール化ではメチル-α-ジカルボニル化合物などが生成される（下の式にはグルコースを出発物質としたときの構造を示す）。

　このような糖-アミノ酸によるアミノ・カルボニル反応では各種のジカルボニル類が生成され，ストレッカー分解反応を行うための活性化化合物を提供していることになる。これらのジカルボニル化合物のほかに，加熱反応のため，中間生成物や，糖の炭素鎖が開裂してできた非常に反応性の強いピルブアルデヒド（pyruvaldehyde）のようなジカルボニル化合物も二次的に生成されることが明らかにされている。

CHO C=O CH₂ HCOH HCOH CH₂OH	CHO C=O CH CH HCOH CH₂OH	CH₃ C=O C=O HCOH HCOH CH₂OH
3-デオキシ- グルコオスロース	不飽和オスロース	1-デオキシ-D-エリスロ- ヘキソ-2,3-ジウロース

CH₃ C=O CHOH C=O C=O CH₃	CH₃ C=O CH·N〈R R′ C=O C=O CH₃	CH₃ C=O CHO
1,6-ジデオキシ-ヘキソ- 2,3,5-トリウロース	1,6-ジデオキシ-ヘキソ- 2,3,5-トリウロース-4-アミン	ピルブアルデヒド

（3）　アミノ酸の種類による加熱香気の違い

　加熱香気はアミノ酸の種類と糖の種類により生じる香気が異なる。表3-5にグルコースと加熱したときの各種のアミノ酸の香気の特性を示す。

　この表から加熱香気が単なるアミノ酸のストレッカー分解によるアルデヒドの生成だけでなく，ストレッカー分解，糖の開裂等に基づいて生成されたいろいろな化合物の二次的反応による第二次反応生成物がより重要であることが示される。たとえば，ヒドロキシプロリンとグルコースからは，クラッカー様香気が生成されるが，その主成分はN-アセトニルピロール（N-acetonyl pyrrole）で，糖の分解でできたピルブアルデヒドと

表3-5 アミノ酸とグルコースを加熱褐変させたときに生じる匂い*

	180℃	100℃
グ リ シ ン	カラメルの匂い	
ア ラ ニ ン	カラメルの匂い	
バ リ ン	刺激性の強いチョコレートの匂い	ライ麦パンの匂い
ロ イ シ ン	チーズを焼いた匂い	甘いチョコレートの匂い
イ ソ ロ イ シ ン	チーズを焼いた匂い	
フェニルアラニン	すみれの花の匂い	甘い花の匂い
チ ロ シ ン	カラメルの匂い	
メ チ オ ニ ン	じゃがいもの匂い	じゃがいもの匂い
ヒ ス チ ジ ン	とうもろこしパンの匂い	
ス レ オ ニ ン	焦げくさい匂い	チョコレートの匂い
アスパラギン酸	カラメルの匂い	氷砂糖の匂い
グ ル タ ミ ン 酸	バターボールの匂い	チョコレートの匂い
ア ル ギ ニ ン	焦げた砂糖の匂い	ポップコーンの匂い
リ ジ ン	パンの匂い	
プ ロ リ ン	パン屋の匂い	タンパク質の焦げた匂い

*匂いの表現は人により若干異なる。　　　　　　　　　（倉田・藤巻：化学と生物）

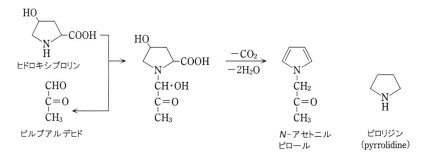

図3-23　ヒドロキシプロリンより N-アセトニルピロールの生成

ヒドロキシプロリンの縮合, 脱炭酸, 脱水で生成されるといわれる(図3-23)。この化合物は, またプロリンからも脱水の代わりに脱水素反応が起きれば生成されるので, プロリンの加熱香気にも関与していると考えられている。このほかプロリンからはピロリジンの生成も知られ, ピロリジンとピルブアルデヒドとを反応させると, その加熱香気が再現できるといわれる。なお, ピロリジンはプロリンの脱炭酸で生成される。

　また, 加熱香気の強さと種類には, 加熱温度が大きく影響することがわかる。すなわち, 100℃の加熱と180℃の加熱では, 同じアミノ酸と糖を反応させても表3-5に示したようにかなり香気が異なっている。このことは, 温度により生成物の量または種類が違うことを示している。

(4)　ピラジン類の生成経路

　食品の加熱香気のうちで, 重要な化合物にピラジン類(pyrazines)がある。はじめて食品から見いだされたピラジンは2,5-ジメチルピラジン(2,5-dimethyl pyrazine)で, ポテトチップスから見いだされた。このピラジンは, いき値も低く1～2ppmで検出可能で, 生じゃがいもの土くさい臭いをもつといわれる。

　その後, 各種の食品について, ピラジン類の分布と加熱香気への関与が研究された。

その結果，コーヒー，チョコレートといった発酵過程を経て，各種の低分子化合物を多量にかつ多種類含んでいる食品を加熱すると様々なピラジン類が生成されることが知られるようになった。このことは，ピラジンの生成が糖とアミノ酸を中心とするアミノ・カルボニル反応により中間体が生成されることを示唆するものである。

　ピラジン類の香りは，置換基の種類，位置，数によって異なり，また，濃度，相互関係によっても微妙に異なる。

　ピラジン化合物は右のように，C4個，N2個で骨格がつくられている。食品中に見出される加熱香気としてのピラジンの骨格は，その窒素のみがアミノ酸から由来し，炭素は糖から由来する。また，側鎖の大部分も糖に由来することが知られている（一部のピラジンではその側鎖がアミノ酸に由来するものもある）。このピラジンの生成経路は，図3-24に示す通りで，α-アミノ酸のストレッカー分解で生じたアミノケトン（エナミノール）が，2分子縮合してジヒドロピラジンを生成し，さらに脱水素されてピラジンが生成されると考えられている。種々のエナミノールが食品の加熱中に生成されるので，この縮合は，単一の2分子の縮合だけでなくいろいろな反応が考えられる。

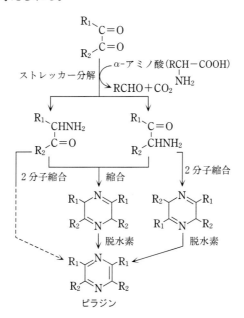

図3-24　ピラジンの生成機構

　ピラジン類の香気としての特徴の一つに，低いいき値をもつことがある。たとえば，2-メトオキシ-3-ヘキシル-ピラジンは，0.001 ppm のいき値をもつといわれる（水中の濃度）。表3-6に代表的なピラジンの香気の特徴を示す。いずれにしても培焼香に関係する特性をもつことが容易に理解される。

　なお，ピラジンの中には，香気のほかに，収れん味，酸味，苦味などを軟げる作用を示すものがあるといわれる。

表3-6 ピラジン類のフレーバー特性といき値

置 換 基	フレーバー特性*	いき値** (ppm)
2-メチル	培焼ナッツ様	100
2-エチル	培焼ナッツ様	10
2-プロピル	緑葉野菜様	
2-イソプロピル	緑葉，ナッツ様	
2,3-ジメチル	緑葉，ナッツ様	50
2,5-ジメチル	ナッツ様，ポテトチップ様	25
	土くさい，生ポテト様	
2,6-ジメチル	甘い，揚物様	3
2-エチル-3-メチル	培焼ナッツ様	2
2-エチル-5-メチル	甘い，揚物様	1
2-エチル-6-メチル	甘い，揚物様	
2,3,5-トリメチル	培焼ナッツ様	1
2,5-ジメチル-3-エチル	ポテトチップ様	0.025
2,6-ジメチル-3-エチル	培焼ナッツ様，焦げ臭	0.005
2,3-ジエチル-5-メチル	培焼ナッツ様	
2-アセチル	ポップコーン様	
2-メトキシ	甘い，ナッツ様	
2-エトキシ	甘い，ナッツ様	
2-ブトキン	緑葉野菜様	

* この表現は個人差があり，必ずしも一致しないことがある。
** dark Irish beer に添加されたときの値，水，油，粉体などピラジンの存在状態でいき
値は変動する。

(5) その他の加熱香気

　含硫アミノ酸であるシスチンやメチオニンなどは，ピルブアルデヒドと加熱すると，強い煎餅様香気を生成し，ピラジン類，ピリジン類のほか，各種のチアゾール類，チオフェン類などを生成するといわれる。

チアゾール
（thiazole）

2-エチルチアゾール
（CySH より）
（2-ethylthiazole）

チオフェン
（thiophene）

2-エチルチオフェン
（2-ethylthiophene）

　また，プロリンからは，1，4，5，6-テトラヒドロ-2-アセトピリジン（1,4,5,6-tetrahydro-2-acetopyridine）が生成され，特有なクラッカー様香気をもつといわれる。

　このほか，通常のカルボニル類，ラクトン，芳香族化合物など多種類の化合物の生成が確認されている。

1,4,5,6-テトラヒドロ
-2-アセトピリジン

(2) 糖質の加熱分解

　単糖，少糖，多糖などを高温で加熱すると，加熱分解を起こす。食品中で起こるこの種の反応の中で重要なのは，ショ糖のカラメル化反応とデンプンのデキストリン化反応である*。この両者は，食品中においても，単品を加熱しても起こる。

---

*糖とアミノ酸との反応による香気の生成については，(p. 134)参照のこと。

（1）　カラメル化反応

　糖または糖の濃厚溶液を100℃以上に加熱するとカラメル化反応（caramelization）が起き，糖の分解とともに褐色化することが古くから知られている。この反応は，酸，アルカリ，リン酸などにより触媒されると急速に進行する。このカラメル化反応においては，糖分子のエノール化，脱水，開裂，重合といった諸反応が起きていることは確実であるが，その詳細な機構は不明である。しかし，生成される色素の類似性などから考えると，糖とアミノ化合物による褐変反応とかなり類似した反応機構を経由する可能性が高い。事実，糖-アミノ反応では，その初期・中期段階でのアミノ化合物の挙動は触媒的であり，終期段階で褐変色素に取り込まれていく。しかも，その中期段階での反応が，エノール化，脱水，開裂反応などかなりの類似性をもつ。カラメル化反応の中間生成物の一つと考えられるヒドロキシメチルフルフラール（hydroxymethyl furfural; HMF），フルフラール（furfural）は，グルコースから下図のように生成される。

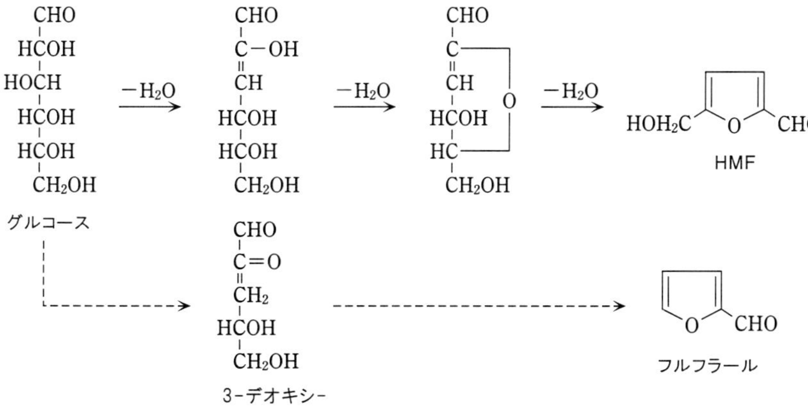

CHO
HCOH
HOCH
HCOH
HCOH
CH₂OH
グルコース

−H₂O →

CHO
C−OH
CH
HCOH
HCOH
CH₂OH

−H₂O →

CHO
C
CH
HCOH
CH₂OH

−H₂O →

HOH₂C　O　CHO
HMF

CHO
C=O
CH₂
HCOH
CH₂OH
3−デオキシ−
ペントオスロース

O　CHO
フルフラール

　このようなカラメル化反応では同時にカラメル様香気の生成がみられる。その香気は，加熱温度，時間などの加熱条件によりかなり異なる。比較的低温ではカラメル様香気が，高温では焦げ臭が強くなる。このように，グルコースを熱分解するとフラン，2-メチルフランなどのフラン類，ラクトン類などが生成する。

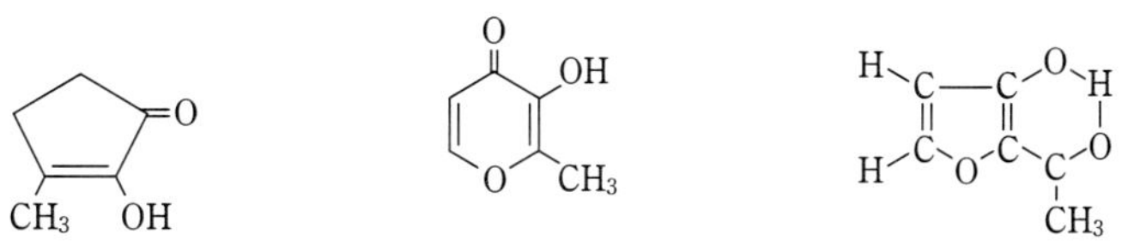

CH₃　OH
シクロテン

O　OH　CH₃
マルトール

H₂C　C　O　H
H₂C　C　O
CH₃
イソマルトール

　その他，ショ糖からの加熱香気として，シクロテン（cyclotene, 1 - methyl - cyclopenten - 2 - ol - 3 - one）などが同定されている。このシクロテンはコーヒー，パン，麦茶などにも存在する香気成分である。なお，マルトース，ラクトースなどからはマルトールまたはイソマルトールの生成も報告されている。

（2）　デンプンの加熱によるデキストリン化反応

　　デンプンを150〜190℃で乾燥すると，グリコシド結合が切れ，水に易溶性のデキストリン（dextrin）が得られる。これはブリティシュ・ガム（British gum）とよばれている。

　　このようにデンプンを高温加熱すると，含有する水分によりグリコシド結合の水解が起こる（酸が存在すればさらに急速に）。また，これらの破片が再結合することにより，アミロペクチンの分岐を増大させるような再結合が起こることも知られている。この高温加熱によるデンプンのデキストリン化反応は食品の加工の際にも一部起こっていると考えられている。

　生鮮食料品である蔬菜，果実などは，酵素を含むが，この酵素の作用で，食品成分の変化が起こることが多い。また，食品の加工の際に酵素または微生物を酵素源として利用することも行われるが，ここではこの加工法については削除し，食品に元来含まれている酵素による食品成分の変化のうち，特に色，味，香への影響を中心として述べる。

（1）　酵素による褐変反応

　植物組織が損傷を受けたり，切られたりすると，その傷口，切口が褐色に変化する現象がある。この現象は，植物に含まれる各種のフェノール系化合物が酵素により酸化されて，黒変，褐変を起こすからである。この褐変反応は食品を暗色ないし黒色化するため，食品の品質を劣化させることが多い。この反応を触媒する酵素は，フェノラーゼ（phenolase），ポリフェノラーゼ（polyphenolase），ポリフェノールオキシダーゼ（polyphenol oxidase）などといわれる複合酵素系である。類似した酵素系は動物にも存在し，色素細胞内でアミノ酸の一つであるチロシンを酸化してメラニン色素といわれる黒色色素をつくり出す作用をもっている（この反応は植物でも行われることが知られている）。

（1）　ポリフェノールオキシダーゼ

　ポリフェノールオキシダーゼは褐変反応の初期段階での反応を触媒する酵素系で，2種の酵素に分けられる。

（a）　カテコラーゼ

　カテコラーゼ（catecholase）はカテコール（catechol）に作用し，o-キノン（o-quinone）を生成する反応を触媒する。酵素命名法に従えば，o-diphenol：oxygen oxidoreductase（1.10.3.1）といわれる。元来，カテコラーゼとは後述のクレソラーゼの活性をまったくもたない酵素の名称で，カンショ，タバコ，茶にその存在が認められている。

（b）　クレソラーゼ

　植物性食品中には酵素的褐変反応の基質になるフェノール系化合物のうちモノフェノールよりジフェノールの方が含量が高いためカテコラーゼ活性の方が重要視されることが多いが，モノフェノール

もジフェノールに酸化された後，褐変を起こすことが知られている。クレソラーゼ（cresolase）とは，モノフェノールをジフェノールに酸化する酵素のことであるが，この酵素が作用するためには少量のジフェノールの存在が必要で，ジフェノールを酸化しつつモノフェノールをジフェノールに酸化する。したがって，このクレソラーゼはカテコラーゼの機能ももつことになる。ヒト，哺乳動物のチロシンを酸化してドーパキノンを生じる酵素をチロシナーゼ（tyrosinase）というが，これもクレソラーゼの一種である。

　このようにポリフェノールオキシターゼは2種に分けられるが，クレソラーゼとカテ

コラーゼの2画分に分けられないことが多いので，ここではポリフェノールオキシダーゼと総称して使用することにする(図3-25)。

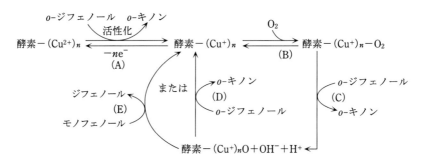

(A)酵素の活性化　(B)酵素とO₂との複合体形成
(C)，(D)ジフェノールの酸化　(E)モノフェノールの酸化

図3-25　ポリフェノールオキシダーゼによるモノフェノール，ジフェノールの酸化

　この酵素は，金属酵素の一つで，銅を含み(0.2%程度)，銅はCu^+(cuprous)で1価の状態であるが，古くなると一部はCu^{2+}(cupric)に変化するといわれる。したがって，活性化は1価の銅イオンを含むことになる。ポリフェノールオキシダーゼの反応は図3-25のように進行すると考えられている。

　この機構に従えば，本酵素がO_2の活性化を行い，ジフェノール，モノフェノールの酸化を行っていることがわかる。

　したがって，モノフェノールから出発すれば，全体として

モノフェノール　＋　O_2　＋　o-ジフェノール

$$\xrightarrow{\text{酵素}} o\text{-ジフェノール}\ +\ o\text{-キノン}\ +\ H_2O \quad\cdots\cdots\cdots\cdots\cdots①$$

ジフェノールから出発すれば

$$n\,o\text{-ジフェノール}\ +\ \frac{n}{2}\,O_2\ \longrightarrow\ n\,o\text{-キノン}\ +\ n\,H_2O \quad\cdots\cdots\cdots\cdots②$$

となる。

　本酵素の至適pHは材料となる植物，動物によっても若干異なるが，ほぼ弱酸性，ないし中性のpH領域にあり，熱に対しても割合に抵抗性がある。

(2)　ポリフェノールオキシダーゼ反応の基質

　本酵素の基質には，モノフェノール，ジフェノール，トリヒドロキシフェノールなどがあげられる。いずれも植物界には広く分布しており，モノフェノールの代表としてはアミノ酸の一つであるチロシンがあげられる。このようなフェノール化合物にはカテキン類，クロロゲン酸，カフェ酸などがあり，いずれも重要な基質とされている。

　図3-26にチロシンからメラニン(melanin)が生成される経路を示す。メラニンは構造上不明確なところの多い重合物であって，哺乳動物の毛髪，皮膚の色素として，暗色ないし黒色を呈する。

　さて，これらの基質の重要度は，褐変を起こす各植物により異なり，それに伴い生成される色素の色調も当然異なる。このポリフェノールオキシダーゼの反応が食品によい色調を与え，それを利用して加工が行われる例が紅茶である。紅茶の原料である茶葉に

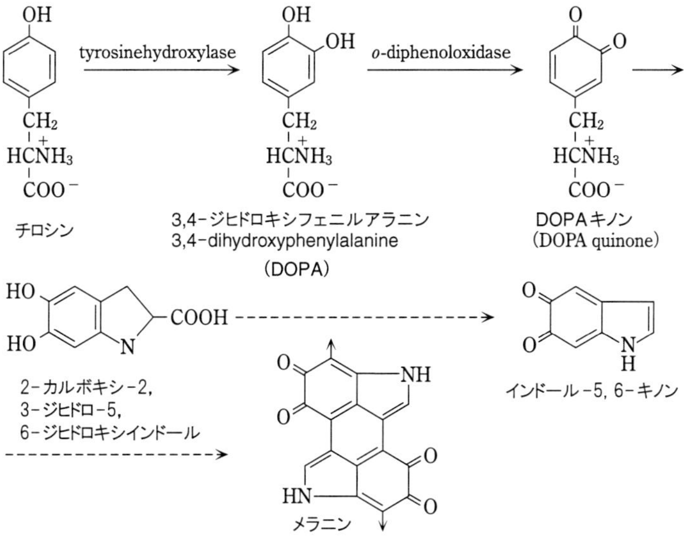

図3-26 チロシンよりメラニンへの代謝経路

含まれるポリフェノールとして重要なのは，カテキン類で，エピカテキン，エピガロカテキンなどのポリフェノールが，ポリフェノールオキシダーゼの作用で酸化され，重合し，紅茶に特有な色素テアフラビンが生成される(後述)。カカオ豆のポリフェノールも発酵・乾燥中に酸化されチョコレート，ココアの香，色調を生成するのに大きな役割を果たしている。カカオ豆にはポリフェノールとしてカテキン類(エピカテキンが92％を占める)の他，p-クマル酸，カフェ酸，クロロゲン酸などが含まれる。果実の果肉にもこれらのポリフェノール，またはその重合体が存在することが知られている。

　また，ばれいしょには品種によって異なるが，0.1～0.7％のクロロゲン酸，0.1％前後のカフェ酸が含まれ，いずれもポリフェノールオキシダーゼ反応の基質として重要視される。

(3) o-キノンの二次反応による重合

　前述のようにしてジフェノールからo-キノンが生成され，ついで着色反応が進行していくが，この反応はどのようにして進行していくのであろうか。いずれにしても最終的には赤～赤褐色，黒色といった褐変物質が生成されることは間違いない。そこでo-キノンの第二次反応を調べてみると，ポリフェノールオキシダーゼの反応で生成されたo-キノンは

① 酸化の困難な他の化合物の酸化を促進する。
② アミノ酸，タンパク質などと反応する。
③ 縮合，重合化反応を起こす。

などのルートで反応していくものと考えられる。そこで各反応について若干ふれてみる。

(a) ポリフェノールオキシダーゼでは酸化されない他の化合物の酸化

　食品中に含まれるアントシアニン色素，フラボン類，アスコルビン酸などは，ポリフェノールオキシダーゼでは直接酸化されない。しかし，o-ジフェノールから生成したo-キノンは酸化活性が強いため，これらの化合物を酸化する能力がある。

$$o\text{-キノン}+RH_2 \longrightarrow o\text{-ジフェノール}+R$$

逆にいえば，これらの化合物が生成した o-キノンを還元するために，酵素反応の進行を阻害する作用（遅滞を行うにすぎないが）を示すことになる。アスコルビン酸がこの例で，褐変反応の進行の遅延に役立つことが知られている。また，アントシアニン色素は，この反応により酸化され脱色されるため，o-キノンひいては，ポリフェノールオキシダーゼ反応はアントシアニンによる食品の色調を退色させる作用をもつことになる。

（b） アミノ酸との反応

ポリフェノールオキシダーゼの反応系にアミノ酸を加えると褐変度がより大きくなることが，以前より知られていた。たとえば，カテコールを基質としてマッシュルームのポリフェノールオキシダーゼで酸化する際に，L-プロリンを反応系に加えると紫色が生成される。同様にして，タンパク質と反応することも知られている。しかし，現実の果実，蔬菜などで起こる酵素的褐変反応に，アミノ酸，タンパク質がどの程度関与しているかはあまり明らかにはされていない。

（c） ポリフェノールの重合

チロシンからメラニンが生成される酵素的な酸化経路は図3-26に示したが，ポリフェノールが o-キノンをへて，どのようにして重合していくのかはあまり明らかではない。このような重合反応の一つとして明らかにされた例は，紅茶の発酵中につくられるテアフラビンの生成機構がある。

テアフラビン（theaflavin）は明るい橙赤色ないし赤色のきれいな（いわゆる bright golden color）色素で，紅茶の色素の主成分である。紅茶にはこのほか，テアルビジン（thearubigin）というテアフラビンからつくられるやや暗色を帯びた色素も存在する。そして，この両者が紅茶の色素の主成分である。このテアフラビンは，次のようにして生成されるといわれる。すなわち，茶葉のタンニンの主成分は，（−）-エピガロカテキン・

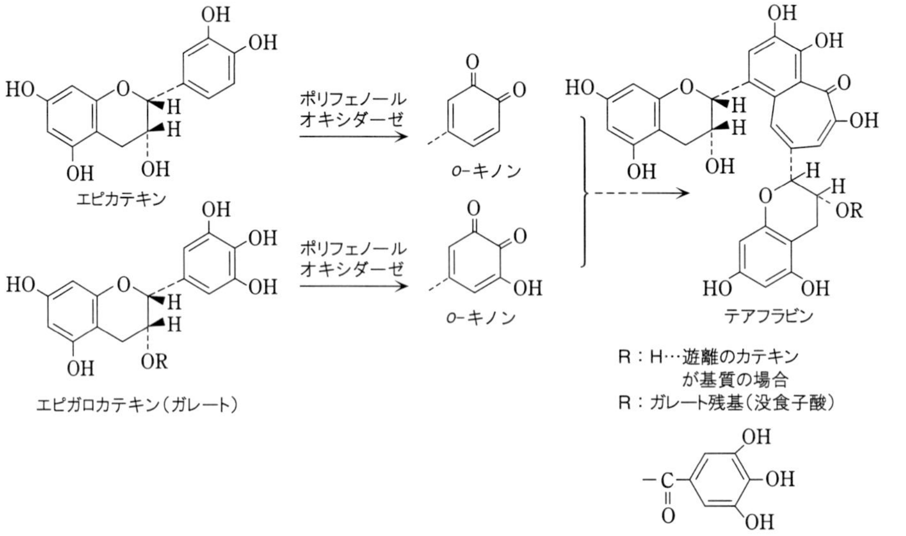

図3-27　エピカテキンとエピガロカテキンよりテアフラビンの生成機構
＊紅茶色素ではモノまたはジガレートが大部分で遊離のテアフラビンは少量である

ガレート（タンニンの58%），（－）-エピカテキン・ガレート（18%），（－）-エピガロカテキン（12%），（－）-エピカテキン（1.3%）などである。このうちのエピガロカテキンとエピカテキン（その没食子酸エステルも含む）が茶葉に含まれるポリフェノールオキシダーゼの作用で酸化され，図3-27のようにして1分子ずつ重合してテアフラビン（およびその没食子酸エステル）が生成されていくと考えられている。したがってエピカテキン，エピガロカテキンの両者がこの反応の基質として必須であり，テアフラビンにはトロポロン環が存在する点が注目される。

（4） 褐変反応の阻害

　このポリフェノールオキシダーゼによる褐変反応は酵素により進行するので，着色を防止するには酵素反応を阻害すればよい。それには食品の製造工程を含めて考慮しなければならない。たとえば，ワインのようにぶどうに付着している生きた酵母を利用する場合には酵素の不活性化に，加熱反応は使えない。一方，果汁の場合には，加熱処理によって酵素を不活性化することは容易な処理法である。この場合には，果汁製造中の短時間だけ酵素反応を阻害すればよいことになる。したがって，酵素反応を遅延させるためには，前述のアスコルビン酸のような水溶性の還元剤を用いればよいし，酵素の不活性化，完全な阻害には，加熱処理や亜硫酸塩を用いる。

（a） 加　熱

　精製したポリフェノールオキシダーゼは，その起源により異なるが，割合に熱に対し抵抗性が大きく，80℃では完全失活に10～20分，沸騰水中では2～5分程度を要する。食品加工で用いられるブランチングは，主として，本酵素の不活性化を目的として行われる加熱工程である。通常のブランチングは85℃程度で，3分程度の加熱が行われることが多い。緑茶の製造の際の蒸熱もこの目的で使われる。

（b） 亜硫酸塩

　亜硫酸は酵素的褐変のみならず，非酵素的褐変の阻害にも使われるが，最も重要なポリフェノールオキシダーゼ反応の阻害剤として広く使われている。

　亜硫酸の作用機構は明確ではないが，その作用機序には，いくつかの反応があると考えられ

① 　分子状の O_2 と反応し利用可能な O_2 を減少させる。
② 　ポリフェノールオキシダーゼの作用でできた o-キノン，他の中間体と反応し，不活性化型にする。
③ 　o-キノンとアミノ酸との反応生成物と結合し，不活性化する。
④ 　ポリフェノールオキシダーゼの活性を低下，または不活性化する。

などの作用機構が提出されている。実際の亜硫酸の作用機構は，これらのいずれも含んだ複合した作用機構といえる。

（c） 他の化学薬品

　いろいろの化学薬品が阻害効果を示すが，食品として興味深いのは，各種の無機塩のうち，塩化物，臭化物，フッ化物などのハロゲン化物である。これらはりんごのポリフェノールオキシダーゼを阻害するが，硝酸塩，リン酸塩は効果が認められていない。この阻害作用を利用して，りんごの皮むきしたものを食塩水に浸漬すれば，ポリフェ

ノールオキシダーゼは完全に阻害され，リンゴはまったく着色されない。

（２） 酵素による呈味成分の変化

　食品に含まれる呈味成分のうち，ここではうま味成分の一つである5′-ヌクレオチド類の酵素による分解・生成機構とタンパク質のプロテアーゼによる分解中に生じる苦味，うま味ペプチドの生成について述べる。前者は主に生体に含まれるアデノシン系のヌクレオチドの代謝過程中に生成される。

（1） ヌクレオチドの酵素による分解・生成

　生体内に存在するヌクレオチドのうち，うま味に関連する化合物は5′-AMP，5′-IMP，5′-GMPで，このうち，5′-AMPは5′-IMPの前駆物質として重要である。それで，これらの5′-ヌクレオチドの動物組織，特に食肉中での酵素的分解と生成過程が問題とされる。もちろん呈味化合物は5′-IMPと5′-GMPの2つであることはいうまでもない。

　哺乳動物，魚介類などの生きている動物の筋肉には，エネルギー利用のために，必ずATP，ADP，AMPといったアデノシン系のヌクレオチドが著量に含まれている（とり胸筋で9〜10 μモル/g程度）。そして，筋肉の代謝の状況，運動などによるエネルギーの利用の状況に応じて，それらの含量は互いに変化し合う（しかし，ATP，ADP，AMPの総量はあまり変化しない）。

　ところで，うま味成分として重要な5′-IMP，5′-GMPなどのヌクレオチドの含量は，動物組織では，アデノシン系のATP，ADP，AMPの総量に比べはるかに少ない。したがって，食肉の原料である動物が生きているときには，うま味成分であるヌクレオチドはほとんど含まれていないといってよい。また，動物が生きているときには，これらのヌクレオチドのレベルには大きな変化はない。しかし，動物の死後は新たな栄養素が補給されないので，全体としては分解反応が優先し，分解産物が集積しはじめる。主要なヌクレオチドであるアデノシン系のヌクレオチドは，図3-28に示すように順次分解され，5′-IMPを生成する。畜肉，魚類では5′-AMPデアミナーゼの活性が強いため，Aルートによって5′-IMPを初期段階のうちに蓄積する。ついでデアミナーゼに比べ活性の低い5′-ヌクレオチダーゼの作用により，集積した5′-IMPは脱リン酸され，イノシ

Aルート：畜肉，魚肉で進行し，5′-AMPデアミナーゼの活性が強いため，初期に5′-IMPを蓄積する。
Bルート：いか・たこ・貝類では，5′-AMPデアミナーゼがないためBルートで進行する。5′-ヌクレオチダーゼの活性が低いため5′-AMPが蓄積しやすい。

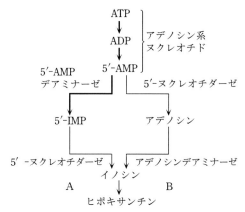

図3-28　畜・魚肉中のアデノシン系ヌクレオチドの分解と5′-IMPの生成機構

ンになり，さらにピポキサンチンを生
成する。しかし，いか，たこでは，5′-
AMPデアミナーゼが欠けているため
AMPはBルートで分解され，5′-IMP
を生成することはない。とり胸肉を例
にとると，図3-29に示したように4
℃で保存した場合，ATPの減少分に相
当する量だけ5′-IMPが生成され，24
時間以後，徐々に分解されて5′-IMP
のレベルが低下していくことがわかる。
このことはうま味成分から考えるとあ

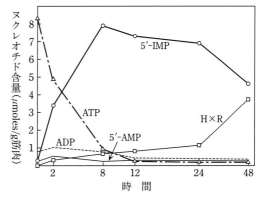

図3-29　とり胸筋の貯蔵中のヌクレオチド類の変化，
4℃保存

まり長期間の貯蔵はとり肉にとって好ましくないことを意味している。ただし，食品の
風味は必ずしもヌクレオチド系の旨味成分の量にのみ支配されているわけではなく，物
性，ペプチド，アミノ酸含量なども大いに関係するので，総合的に判断することが必要
である。

(2)　タンパク質の酵素分解による呈味成分の生成

　　タンパク質が酵素的に分解されると苦味または，うま味ペプチドを生成することが知
られている。たとえば，チーズの熟成中に生ずる苦味ペプチド，大豆グロブリンの酵素
水解による苦味ペプチドの生成，魚肉タンパク質の酵素水解物中の酸性ペプチドの呈味
性など食品中のペプチドの呈味性が問題にされ，また，品質に関与することになる。

（a）　苦味ペプチド

　　苦味ペプチドの研究は，チーズの苦味成分の研究からはじまった。この苦味ペプチド
は牛乳カゼイン中のβ-カゼイン画分のタンパク質が酵素分解されて生成されることが
明らかにされた。苦味ペプチドは数種知られているが，次の構造を共通部分としてもつ。
このペプチド構造ではグリシン以外はすべて疎水性のアミノ酸残基よりなり，かつプロ
リン含量が高い。

　　　　　Pro － Phe － Pro － Gly － Pro － Ile － Pro

　　このほか，ジケトピペラジン型のシクロジペプ
チドであるシクロ(L-Try-L-Leu)も強い苦味を
呈する。このようなジケトピペラジン形のシクロ
ジペプチドは一般に強い苦味をもつことが知られ，

シクロ(L-Try-L-Leu)

日本酒にはシクロ(L-Pro-L-Leu)，ココアにはシクロ(Pro-Leu)，シクロ(Ala-Phe)，
シクロ(Pro-Ghe)，シクロ(Ala-Val)，シクロ(Ala-Gly)，シクロ(Ala-Phe)，シクロ(Phe
-Gly)などが見いだされている。特にココアのシクロ(Val-Phe)とテオブロミンを1：2
の割合に混合したものは，ココアの苦味を再現できるといわれる。したがって，苦味ペ
プチドの各食品に特有な苦味への関与が大きな因子となっていることが明らかである。

　　また，苦味ペプチドは，大豆の酵素水解物中にも存在し，いずれも次の構造のトリペ
プチドを分子内にもつ。

　　　　　Tyr － Phe － Leu

（ｂ）　うま味ペプチド

　　大豆，魚肉などをプロテアーゼで水解して得られるペプチドの中で，酸性ペプチド画分にうま味ペプチドが存在する。これらを構造的に調べるといずれもグルタミン酸を含むことが認められた(Glu を含んでいても必ずしもうま味を呈するとは限らない)。このようにタンパク質の酵素水解により生ずるオリゴペプチドの中には，うま味を呈するものが存在している。

（３）　酵素反応によるフレーバーの生成

　　酵素の作用でフレーバーが変化することはいろいろな食品で知られている。ここではたまねぎ，にんにくなどのねぎ類，からしなどのアブラナ科野菜のフレーバーの生成機構について述べる。フレーバーの前駆物質は細胞が破かいされると，含まれる酵素で分解され，さまざまな変化を経て，特徴的なフレーバーを生成する。

（１）　ねぎ，にんにくなどのフレーバーの生成機構

（ａ）　前駆物質

　　ねぎ類のフレーバーの前駆物質は，いずれも含硫化合物のアルキル-またはアルケニル-システインスルホキサイドであり，たまねぎには，主前駆物質としてトランス（+）-S-(1-プロペニル)-L-システインスルホキサイド((+)-S-(1-propeny1)-L-cysteine sulfoxide，0.2％位)が含まれ，（+）-S-メチルおよび（+）-S-プロピル-システインスルホキサイドなども少量含まれる。にんにくには（+）-S-アリル-L-システインスルホキサイド((+)-S-allyl-L-cysteinesulfoxide，アリイン，alliin)が主成分として含まれ，（+）-S-メチル-および（+）-S-プロピル-L-システインスルホキサイドも少量含まれる。

　　このほかたまねぎには，γ-L-グルタミル-プルペニル-CySO が，プロペニル CySO とほぼ同量含まれるが，休眠中のたまねぎには，これを分解する酵素はほとんど存在しないので，フレーバーには関与しない。このほかシクロアリインも著量に存在するが，同様にフレーバー生成には関与しない。

（ｂ）　アリイナーゼ

　　にんにくの抗菌物質としてアリシン(allicin，ジアリルチオスルフィネート)が見いだされ，これがアリインの酵素分解で生成されることが認められた。この反応に関係する酵素をアリイナーゼ(alliinase, alliin alkylsulfenate lyase)といい，アルキルまたはアルケニルシステインスルホキサイドを特異的に分解する酵素である。この酵素は，図3-30

トランス-（+）-S-(1-プロペニル)-L-システインスルホキサイド
（プロペニル-CySO）

アリイン（アリル-CySO）

（+）-S-プロピル-L-システインスルホキサイド
（プロピルアリイン，プロピル-CySO）

（+）-S-メチル-L-システインスルホキサイド
（メチルアリイン，メチル-CySO）

に示すように2分子のアリインに作用してアリシンとアミノアクリル酸(aminoacrylic acid)を生じ，後者はピルビン酸とアンモニアに直ちに分解される。この経路は，2つのルートが考えられている。一つはスルフェン酸を経由する経路で，もう一つは二量体が中間体としてできてアリシンを生成する経路である。メチル CySO，プロピル CySO の場合も同様にして，ジメチルまたはジプロピルチオスルフィネートを生じる。

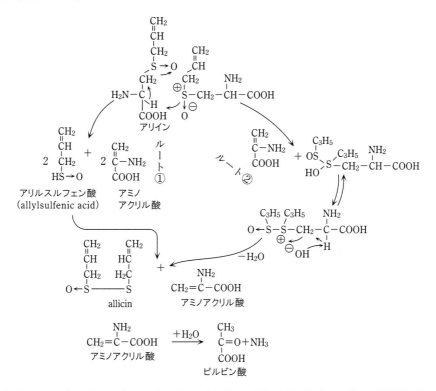

図3-30　(＋)-S- アリルシステインスルホキシド (アリイン)のアリイナーゼによる分解機構

　たまねぎの主な成分であるプロペニル CySO はアリイナーゼの作用で1-プロペニルスルフェン酸(1-propenylsulfenic acid)またはチオプロパナール S-オキシド(thiopro-panal-S-oxide)を生じ，同時にピルビン酸とアンモニアも生ずる。この1-プロペニルスルフェン酸またはチオプロパナール-S-オキシドは，たまねぎの催涙性因子として知られている。この両者のうち，スルフェン酸は中間体で，より安定なチオプロパナールオキシドに反応中変化していくものと考えられている。

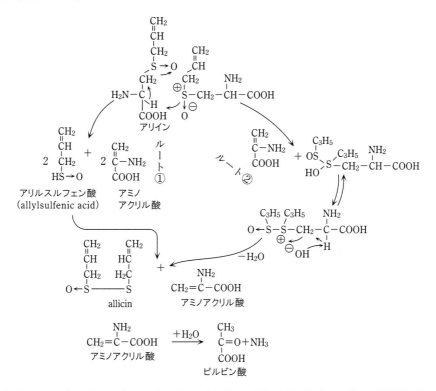

（c）　第二次反応によるフレーバーの生成
　アリイナーゼの作用でできたチオスルフィネート類，スルフェン酸などは割合不安定

で第二次反応で分解される。こうしてできるフレーバー化合物には，アルコール，アルデヒド，メルカプタン（mercaptan），サルファイド（sulfide），ジサルファイド（disulfide），トリサルファイド（trisulfide），スルフィネート・スルフォネート・チオフェンなどが含まれる。これらの化合物に未同定の硫黄化合物が加わって特有な香気をつくり出すものと考えられる。図3-31にアルキルまたはアルケニルシステインスルホキサイドからの合硫フレーバーの生成機構を示す。

RCH₂－S－CH₂－CH－COOH
│   │
O   NH₂
（＋）-S-アルキルシステインスルホキサイド

RCH₂－SH または RCH＝S＝O
スルフェン酸 ↓   ↘ RCH₂－S－S－CH₂R
           O   チオスルフィネート
                                   ↓
RCH₂SSCH₂R   O
ジサルファイド   RCH₂SO₂SCH₂R
＋S   チオスルフォネート
RCH₂SSSCH₂R
トリサルファイド

図 3 - 31　アルキルまたはアルケニルシステインスルホキサイドより含硫フレーバーの生成機構

(2)　アブラナ科野菜のフレーバーの生成機構

われわれが日常摂取しているアブラナ科野菜として，葉菜類ではキャベツ，はくさい，ブロッコリーなどが，根菜類では，だいこん，かぶなどがある。また，わさびやからしのように香辛料として利用されているものもある。

アブラナ科野菜では，細胞内で香気物質の前駆体が生合成され，細胞の物理的な破壊

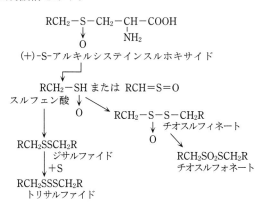

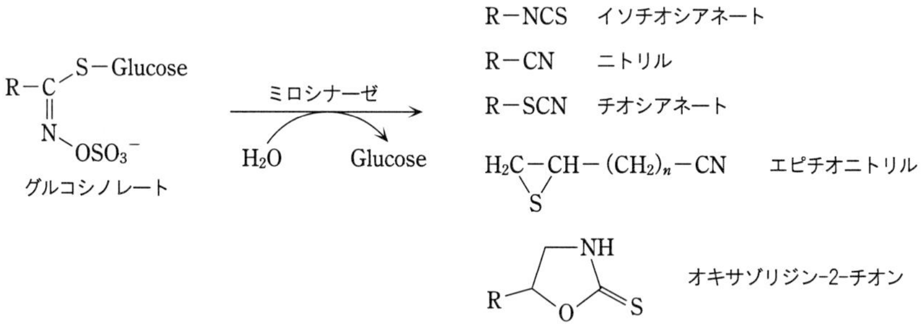

図 3 - 32　ミロシナーゼによるグルコシノレートの加水分解物

により酵素的分解が起こることで香気物質を生じる。すなわち，調理や咀しゃくの際に組織が損傷すると，基質であるグルコシノレートが酵素ミロシナーゼにより加水分解され，イソチオシアネートを生じ，刺激性の匂いや辛味がもたらされる（図3-32）。たとえば，カラシにはシニグリンとよばれる配糖体が含まれ，ミロシナーゼにより辛味の主成分であるアリルイソチオシアネート（R: CH₂＝CH－CH₂）が生成される。からしを練るときに温水を用いるのは，この酵素反応を促進させるためである。

イソチオシアネートは

$$R－N＝C＝S \rightleftarrows R－N＝C^+－S^- \rightleftarrows R－N^-－C^+＝S$$

の共鳴構造を取るため NCS 基の炭素原子は強い求電子性である。食品中には，水，アミノ酸，アルコールなどさまざまな求核試薬が存在するため，それらと容易に反応して付加化合物を形成する。たとえば，アリルイソチオシアネートは水と反応して数日で辛味を消失し，ニンニク様の臭気を示す。アリルイソチオシアネートは水が付加したチオカルバミン酸を経て N, N'-ジアリルチオウレアを生じる。また，一部はジチオカルバメートを経てジアリルポリスルフィドを生成する。これらがにんにく様臭気の原因物質である。

━━ * * * * * * ━━

にんにくとたまねぎ由来のフレーバー化合物の機能性

にんにくでは，アリシンが非酵素的反応により速やかにジアリルトリスルフィド（diallyl trisul-fide; DATS），ジアリルジスルフィド（diallyl disulfide; DADS），アリルメチルトリスルフィド（allyl methyl trisulfide; MATS），アリルメチルジスルフィド（allyl methyl disulfide; MADS）などのアルキルスルフィドへと変換され，これらがニンニク特有の香気を示す（図3-33）。

ジアリルトリスルフィド（DATS）　　　　ジアリルスルフィド（DADS）

アリルメチルトリスルフィド（MATS）　　アリルメチルジスルフィド（MADS）

図3-33　ニンニクに含まれるアルキルスルフィドの化学構造

にんにく香気成分の機能性として，抗動脈硬化，抗血栓作用（にんにく抽出物の摂取により血清コレステロール，トリグリセリド濃度の低下，HDL-コレステロール濃度の増加，LDLの酸化抑制が認められ，DATSとDADSはトロンボキサンの合成を阻害することで，MATSはプロスタグランジン G_2 の産生を阻害することでそれぞれ血小板凝集を抑制するといわれている）が報告されている。抗がん作用としてDATSとDADSは第2相解毒酵素であるキノンレダクターゼ，グルタチオントランスフェラーゼを活性化し，カスパーゼ-3の活性化を介してアポトーシスを誘導（DATSが最も効果が強い）することや，疫学研究では大腸癌を予防するとされている。

たまねぎの特徴的なジスルフィドやトリスルフィドなどの含硫フレーバー成分の構造を図3-34に示す。たまねぎについては記憶障害の改善効果が報告されている。モリス水迷路学習試験で，老化促進モデルマウス（SAMP8）へのタマネギ抽出物の投与により学習記憶障害を改善したとされる。その活性成分はジプロピルトリスルフィドであって，脳海馬の過酸化リン脂質の蓄積が抑制されることが報告されている（図3-34）。

トリスルフィド　　　　ジスルフィド　　　R: CH_3, $CH_2CH_2CH_3$, $CH=CHCH_3$

図3-34　たまねぎに含まれるアルキルスルフィドの化学構造

イソチオシアネートの機能性

イソチオシアネート（ITC）の類縁体は100種以上報告されているが，からしに含まれるアリルITCの他に，キャベツなどに含まれるベンジルITCやフェネチルITC，ブロッコリーに含まれるスルフォラファン，わさびに含まれる6-メチルスルフィニルヘキシルITC（6-HITC）などが主要なITC類として知られている（図3-35）。ITC類の機能性として，抗がん（第2相解毒酵素の誘導とアポトーシスを介してがんを抑制，疫学調査で予防効果），神経突起の伸長（6-HITCは神経伸長因子シグナル伝達経路に作用して神経突起の伸長を促進），抗菌（大腸菌，コレラ菌，チフス菌，黄色ブドウ球菌などに抗菌活性を示す），血小板凝集抑制（わさび抽出物が血小板凝集を抑制し，アラキドン酸カスケードでプロスタグランジン H_2 への変換反応を阻害することに起因する）などの働きが知られる。

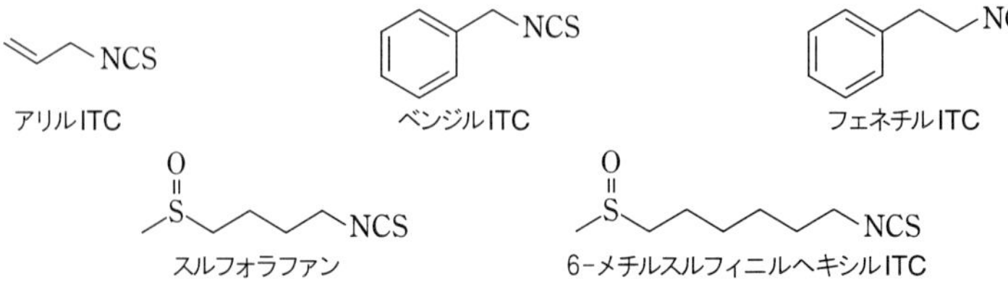

アリルITC　　　　　　ベンジルITC　　　　　　　フェネチルITC

スルフォラファン　　　6-メチルスルフィニルヘキシルITC

図3-35　イソチオシアネート類の化学構造

4章　食品成分の物性的機能

食品に含まれる高分子化合物には，その溶液が，高粘性，ゲル形成能，粘弾性，油脂の乳化などのいろいろな特性を示すものが多い。ここでは主として高分子溶液のレオロジー的な特性，高分子のゲル形成の機構，油脂の乳化機構などに中心をおいて述べることにする。

SECTION 1 ｜ 高分子溶液，懸濁液のレオロジー特性

レオロジー(rheology)のレオ(rheo)とは流動(flow)を意味するギリシャ語である。したがって，レオロジーは物質の流動，変形といった現象を取り扱う学問ということができる。食品の場合，その物性は粘性，弾性，粘弾性という観点から取り扱われるが，本書は食品化学を対象とし，物性を主対象としないため，レオロジー特性のうち粘性のみを取り上げて簡単に記述する。その他の弾性，粘弾性については，それらに関する成書を参照されたい。

（1）　粘　性

粘性(viscosity)は液体の内部に生じる摩擦力を示す。内部摩擦力の大きな液体ほど，容易に動かすことができない。すなわち，粘性は流れにくさの目安と考えることができる。

いまA, B 2枚の平行板(表面積 $S\,\text{m}^2$)の間に高さ $H\,\text{m}$ の液体をはさみ，上のA板を P の力で水平方向に動かすと，$v\,\text{m/s}$ の定常速度でA板のみが移動するとしよう。下

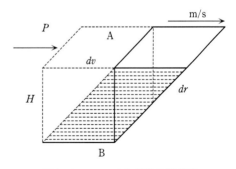

図4-1　ニュートン流動の模式図

のB板はまったく移動しないので，その間にはさまれた液体の移動速度に勾配ができることになる。したがって，2つの平行板の間の液体の厚さ dr の層に分けて考えることができる。このように非常に薄い層が移動するので一種の層流と考えることができる(図4-1)。

この層流の上のA板にくっついた部分は $V = v$ の定常速度となり，下の板にくっついた部分は $V = 0$ となる。このような速度の勾配を，平均ひずみ速度(rate of shear，平均速度勾配ともいう。D で示す)といい，

$$D = \frac{v}{H} = \frac{dv}{dr}\ (S^{-1})$$

で表される。単位面積あたりの力をFとすると，Fは

$$F = \frac{P}{S} \quad (\text{N}/\text{m}^2 \text{または} \text{P}_\text{a})$$

となる。このFをずり応力(shear force)という。

ニュートンの粘性法則にしたがえば，FとDは比例するので

$$F = \eta D = \eta \frac{dv}{dr}$$

$$\eta = \frac{F}{D} \quad (\text{N} \cdot \text{s}/\text{m}^2 \text{または} \text{P}_\text{a} \cdot \text{s})$$

と表される。ここで比例定数ηを粘性率，粘性係数，粘度などとよぶ。粘性率の単位(SI単位)は，$\text{P}_\text{a} \cdot \text{s}$(パスカル・秒)である。粘性率のCGS単位をポアズ(poise, P)といい，その1/100をセンチポアズ(cP)という。1/1000$\text{P}_\text{a} \cdot \text{s}$は1$\text{mP}_\text{a} \cdot \text{s}$および1cPに相当する。常温の水の粘性率は1.00cPである。20℃におけるグリセロールの粘性率は非常に大きく15P，エチレングリコールは19.9cPである。

粘性率は温度の上昇とともに急速に変化し，通常は減少する。10℃の上昇で粘性率が1/2になることもある。

(1) ニュートン流動

上述のようにずり応力とひずみ速度が，ずり応力の大小に関係なく，常に比例し，一定の粘性率ηを示すような流体をニュートンの粘性法則に従うものという意味でニュートン流体(Newtonian fluid)といい，このような流体の流動をニュートン流動 Newtonian flowという。このニュートン流動の場合には，

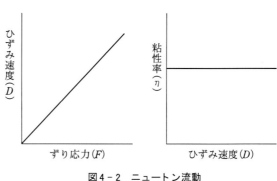

図4-2　ニュートン流動

DとF，ηとDとの間には図4-2に示すような関係が成立する。

水，アルコール，グリセロール，大豆油などは，ニュートン流体である。食品ではメープルシロップ，スキムミルク，炭酸飲料などがこの性質をもつ。

(2) 非ニュートン流動

上述のニュートン流体に対し，流体の流動性，粘度がずり応力により変化するものが多数知られている。通常の食品は，このように粘性率が，ずり応力に依存するものが多い。このような流体を非ニュートン流体(Non‐Newtonian fluid)といい，その流動を非ニュートン流動(Non‐Newtonian flow)と称する。このような流体はその性質により，いくつかの群に分けられる。

(a) 塑性流動

塑性(plasticity)とは弱い力では流動せず，あるレベル以上の力を加えると，はじめて流動を起こす性質のことを指す。逆にいえば，強い力では自由に成型できるが，その後放置するか弱い力を加えてもまったく変形しないような性質をいう。このような性質を

利用してプラスチックの成型が行われる。

　塑性流動(plastic flow)の一番簡単な型は図4-3に示すように，ある力を加えるまでは
まったく流動せず，その点を過ぎると加えた力に応じて直線的にずり速度が増大する。
この現象をレオロジーを研究したBinghamにちなんで，ビンガム流動という。

　ここで流動がはじまる応力(F_0)を降伏応力という。通常の食品では降伏応力以上のず
り応力で必ずしも直線的にずり速度が増えることはなく，図4-4のように，力を加える
ほど，流動しやすくなる型のほうが一般的である。このビンガム流動では，

$$F - F_0 = p \cdot D$$

と表されるが，粘性率ηはみかけ上，ずり応力が大きくなるほど小さくなる。この傾向
は一般の塑性流動でも同じである。

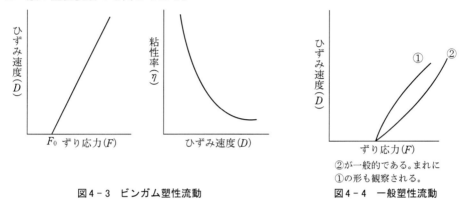

図4-3　ビンガム塑性流動　　　　　　　　　図4-4　一般塑性流動

②が一般的である。まれに
①の形も観察される。

　このビンガム流動では，系中に同じ
ような粒形の固形物が含まれ，図4-5
に示すように，静止時から移動状態に
なるためにある程度の力を必要とする。
この力が降伏応力に相当する。また，
加圧すると流動するような物体もその例である。

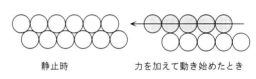

図4-5　ビンガム塑性流動での構造変化

静止時　　　　　力を加えて動き始めたとき

　このような流動を示す食品では，トマトケチャップが最もよい例でその他チョコレー
ト，バター，チーズなどが含まれる。

（b）　擬塑性流動

　擬塑性流動(pseudoplastic flow)とは，ビンガム塑性流動にみられた降伏応力は存在し
ないが，ずり応力の増大とともに，粘性率が低下している(ずり応力が増大すると，力は
それほど増やさなくても容易にずり
速度の増大がみられる。)ような流体
の流動をいう。この擬塑性流動では，
ずり応力が小さいところでは，ずり
速度は非常に小さいことが多く，塑
性流動と類似している。さらに，ず
り応力を増すと粘性率がだんだん低
下するので，擬塑性流動と名づけら

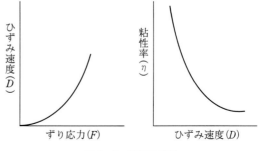

図4-6　擬塑性流動

れた(図4-6)。

この流動を模式的に示すと図4-7のようになる。

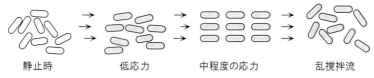

静止時　　　　　低応力　　　　中程度の応力　　　　乱撹拌流

図4-7　擬塑性流動の構造模型

すなわち，静止時には並び方に方向性のまったくなかった懸濁液を撹拌することで，粒子が次第に流動の方向に配向しはじめる。このような粒子の配向性によって，粘性率の低下が観察される。この擬塑性流動は，エマルジョン系で普通にみられる流動である。

（ｃ）　ダイラタンシー（ダイラタント流動）

ダイラタンシー（dilatancy）とは，懸濁液をはじめ撹拌していると容易に撹拌できるが，ずり応力の増大に伴い，粘性率が増大し，濃厚化して，ついにはずり応力を増大してもずり速度がまったく変化しないような現象を指す(図4-8)。

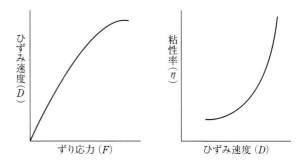

図4-8　ダイラタント流動

このダイラタンシーは，生デ

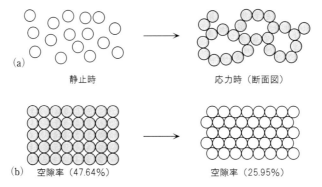

(a)　　　　　　　静止時　　　　　　　　　　応力時（断面図）

(b)　　空隙率（47.64%）　　　　　　　　空隙率（25.95%）

同じ大きさの粒子のみで構成されているとしたとき

図4-9　ダイラタント流動の模式図

ンプン，砂，粉粋コーヒーなどの水に不溶性の粒子の濃厚懸濁液を撹拌していると，粒の配列が変わり，あたかも水分が粒子の空隙に吸収されて，みかけ上，自由に動き回る水が減少するために濃厚化が起こると考えられる。その模式は，2つ考えられ，図4-9に示すように，静止時に分散していた粒子が，中に水を包むように配列する場合(a)と，空隙率の異なる2つの配列で水の吸収が異なる場合(b)とが考えられる。後者の(b)の場合，空隙率が高いほうが，応力が大きいときにつくられやすいので，水を余計に吸収し粘性率が高まる。

以上述べた3つの非ニュートン流動はいずれも再現性があり，ずり応力と温度にのみ

粘性率が依存するが，以下に述べる2つの流動はいずれも時間依存性がある。つまり，流動に時間の履歴が影響を与えていることになる。

（d） チキソトロピー

チキソトロピー（thixotropy）とは，ずり応力を加えていくと擬塑性流動のように粘性率は低下していくが，ある点からずり応力を低下していくと，擬塑性流動のように同一の曲線上を回帰することなく，図4-10に示すように，別の曲線上を回帰していくことになる。このような

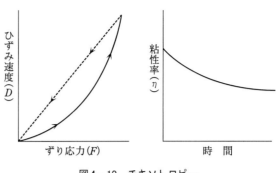

図4-10　チキソトロピー

性質を示す流体をチキソトロピック流体と称する。

　この現象は，撹拌のようなずり応力を加えると流体の構造が変化し，たとえば，高分子がもつれ合っている静止状態からもつれ合いがほどけた撹拌状態に変化し，それに伴い粘性率も低下する。つまり，

　　もつれ合った高分子のネットワーク ⇌ もつれ合いのほどけた高分子の分散

の平衡が，ずり応力の増大とともに右側に動き，全体の粘性率が低下することになる。このようにしてもつれ合いのほどけた高分子の分散系から，また，もつれ合ったネットワークが形成されるには，単にずり応力が低下するだけでは無理で，一定の静止時間が必要とされる。したがって，時間依存性が生じることになる。通常，もつれ合いのほどけた液状の分散系はニュートン流体であることが多い。これに対し，もつれ合った半固状の静止時の流体は非ニュートン流体である。ケチャップ，マヨネーズ，ソース類にはこの流動を示すものが多い。

（e） レオペクシー

　レオペクシー（rheopexy）とは，一定のずり応力を加えているうちに，次第に粘性率の増大がみられる流動のことを指す。この最適の例は，ホイップクリーム，卵白の泡立てなどである。いずれも，同一の力でずり応力を加えていても次第に固状化し，粘性率が増大する。長時間静止しても，もとの状態に戻らないことが多い。

SECTION 2 | 多糖の性質

　多糖の性質は食品の物性に様々な影響を与えている。そのうち，最も影響の大きいものは，食品として摂取量の多いデンプンの性質であろう。このほか，種々の多糖およびその誘導体は，特有の化学構造に由来する性質を有しており，その特性を利用して広く，食品加工に用いられている。たとえば，寒天，カラギーナン，ペクチンなどはゲル化剤，アルギン酸誘導体は乳化安定剤，CMC（カルボキシメチルセルロース，carboxymethyl cellulose）などは増粘剤などとして多方面に用いられている。

（1）　デンプンの糊化と老化

　デンプンは，アミロースとアミロペクチンからなり（図1-12），植物細胞中ではデンプン粒（starch granule；結晶構造を有する）の形で存在している。このデンプン粒は原料の植物の種類により大きさ，性状，物理的性質が異なる。表4-1にさまざまな植物由来のデンプン粒のアミロース含量などの性状を示した。

表4-1　各種デンプンの特徴と糊化特性

	アミロース含量	粒径(μ)	脂質含量	糊化範囲(℃) 開　始	終　了
とうもろこし	20～28	5～25	－	63.1	80.4
もちとうもろこし	＜1	10～25	－	63.9	85.3
小麦	17～27	2～45	0.07	56.2	82.4
米	16～17	3～8	0.51-0.69	69.4	88.3
ばれいしょ	22	15～100	0.02	58.9	79.2
タピオカ	17	5～35	－	66.9	85.3

糊化範囲温度は測定法によって異なるが，ここでは示差熱分析法によるデータを示す。

（1）　デンプンの糊化

　デンプン粒に水を室温で吸収させた場合，乾燥すれば可逆的にデンプン粒に戻るが（最高で40～50％まで吸水可能），水に懸濁して加熱した場合は不可逆的な変化が起こる。この加熱変化の過程では，デンプン粒内に水が入り込み粒が膨潤（swelling）し，さらに加熱を続けると，粒が崩壊し糊状となる。この現象を糊化（gelatinization）という。糊化したデンプン溶液は，不完全に崩壊したデンプン粒，溶解したアミロース，アミロペクチン，一部破壊された粒の破片などが混在する不均一系である。デンプンが糊化する過程で膨潤により，デンプン粒の結晶構造が崩れ，糊化終了時にはその結晶構造は全て消失する。

　糊化の初期では，デンプン粒内の水素結合で互いにしっかりと配置されているアミロースとアミロペクチンの分子間に水が入り込み，加熱とともに分子運動が激しくなり水素結合が切れる。さらに加熱を続けると，アミロースとアミロペクチンの分子間に多量の水分子が入り込むため，粒の膨潤がはじまり，その一部が崩壊して糊化するものと考えられる。

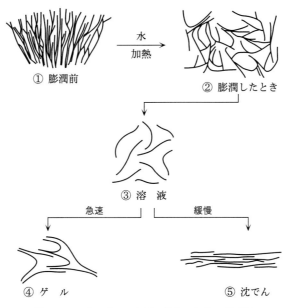

① 膨潤前　　　水 加熱 →　② 膨潤したとき

③ 溶　液

急速　　　　　緩慢

④ ゲ　ル　　　　　⑤ 沈でん

図4−11　デンプンの膨潤, 糊化, 老化の模式図

　加水, 加熱という方法は食品加工では一般的な手段である。また, 水酸化ナトリウムなどの強アルカリ, ジメチルスルホキサイドや液体アンモニアなどの水素結合を破壊する溶媒中にデンプンを入れても容易に糊化することができる。この糊化の状況を図4−11に模式的に示す。

　デンプンの膨潤, 糊化は, 原料の植物の種類により異なり, 図4−12に示すように, 一般に地下茎デンプンは大きく膨潤し, 膨潤開始温度も低い。なお, 撹拌を長時間続けると膨潤力の大きいデンプン粒ほど撹拌による粘度の低下も大きいことが知られている。

　このように, デンプンはその起源, 種類により, 糊化の性質がかなり異なる。このため, 糊化過程における粘性変化を測定することは, それぞれのデンプンの特性を知るうえで重要である。デンプンの粘性変化を測定する際に, 最も一般的に使用されている装置はアミログラフ（ビスコグラフ）である。本装置では, 50℃から加熱をはじめ, 1.5℃/分の加熱で30分間加熱し95℃とする。その後, 95℃で1時間放置, 1.5℃/分の冷却で30分間冷却し50℃とする。さらに, 50℃で1時間放置という温度変化をデンプン懸濁液に与え, その間の粘度変化を記録する。なお, 測定試料として用いるデンプンの濃度は5〜10％が一般的である。アミログラフの測定例を図4−13に示す。アミログラフでは, 最初の加熱で, 糊化開始温度および最高粘度とその時点の温度が測定され, それに続く機械的

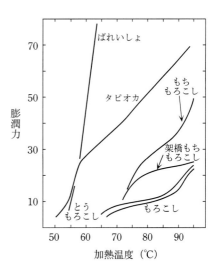

図4−12　いろいろなデンプンの膨潤力

撹拌による糊の安定性(95℃定温加熱時)が示される。さらに冷却中の粘度(50℃定温)の測定で，安定粘度が示される。図4-13から，ばれいしょ，もちもろこしデンプンの膨潤力の大きいこと，撹拌中の粘度低下が大きいことがわかる。

（a） デンプンの糊化に影響する因子

　デンプンの糊化に影響する因子として，いくつかの要素があるが，その中で，①pH，②脂質の存在，③架橋の度合い(クロスリンケージ；cross-linkage)などが大きな因子である。

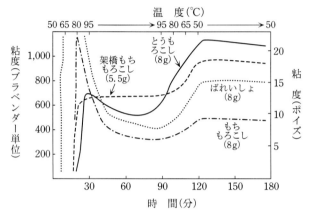

図4-13　いろいろなデンプンのアミログラフ
（デンプン量は100mL当たりのg数で示してある）

① pH

　一般にデンプン糊は，中性，およびアルカリ性では，その粘度が安定であるが，pH5以下にすると急速に粘度が低下する。しかし，架橋デンプンではpH3.5位まで粘度が低下しない。

② 脂質の存在

　デンプン溶液はヨードイオン(I_3^-)を中心として$α$-ヘリックス様複合体をつくり，グルコース残基がらせん状に巻いていく性質がある。このらせん構造は，グルコース残基6個で1回転する。ヘリックス様複合体は，デンプン中のアミロース，およびアミロペクチンの非還元性末端をもつ側鎖部分で起こり，その複合体に含まれるヨードイオンの数により色調が異なることが知られている。デンプンのヘリックス形成はヨード以外の化合物でも生成され，その中でも重要な化合物は遊離脂肪酸およびモノグリセリドである。これらは糊化の粘度に大きく影響することが知られている。図1-13に示すように，アミロース，またはアミロペクチンの外側の側鎖部分が脂肪酸と複合体をつくると，らせん構造を形成する。そのためデンプンは水を吸収しづらくなり，膨潤力が著しく低下し，糊の最高粘度は低下する(図4-14(a))。

　しかし，一方で脂肪酸の存在は糊の安定性を増大させ，図4-14(b)のアミログラフに示されるように，ステアリン酸の添加により，95℃の定温維持中の機械的撹拌時における粘度の低下が抑制され，最終粘度の上昇につながる。この特性を利用して，製パンの際に，少量のモノグリセリドが添加される。なお，穀類のデンプン粒には微量の脂質が

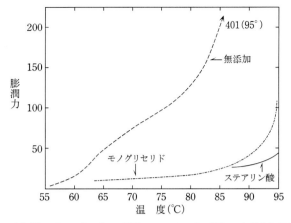

(a)ばれいしょデンプンの糊化へのステアリン酸とモノグリセリド
の影響

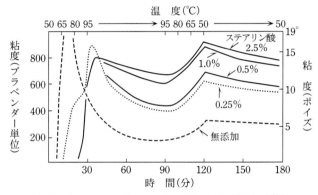

(b)デンプンのアミログラフへのステアリン酸添加量の影響

図4-14　ばれいしょデンプンの糊化反応に対する脂肪酸添加の影響

存在するため，膨潤がばれいしょデンプンなどの塊茎デンプンに比べ小さく，膨潤も滑
らかでないといわれる。

③　架橋の度合い（クロスリンケージ）

　デンプンに少量のエピクロールヒドリンまたはトリメタリン酸塩を加えると，アミロ
ペクチン，アミロースの分子間にエーテル，またはエステル結合が形成され，その結果，
デンプンが架橋される。この架橋が適度に形成されると，糊の安定性が増すことが知ら
れている（図4-13）。

(2)　デンプンの老化

　糊化したデンプンを放置し，ゆっくり冷却すると，デンプンは水に不溶となる。この
際にデンプン糊は白濁するとともに保水性を失い，水が遊離して表面ににじみ出てくる。
このようにデンプン糊が収縮していく現象を老化（retrogradation）という（図4-11，4-
15）。デンプン糊の老化の進行は，直鎖成分であるアミロース部分において速い。この
過程でアミロースのヘリックス構造がときほぐれ，一旦伸張構造となった後，水素結合
により再度互いに結合し，部分的にち密な集合状態（つまり，結晶化部分）を形成する。

一方，アミロペクチン部分の老化は，その分枝構造によって妨げられ，アミロース部分よりも遅く，数日間かかる。老化したデンプン中には，一部結晶化した部分も含まれるため，老化はデンプン分子が自然に会合して，部分的にち密な集合状態を形成する変化と考えた方が一般的である。

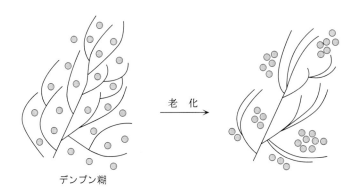

デンプン糊

図4-15　デンプン糊の老化

糊化したデンプン液中，水分子○は均一に分散しているが，冷却によってデンプン分子のアミロース部分が再凝集する。その結果，水分子は元の状態にもどることができず，離水が起こる。

（a）　テンプンの老化に影響する因子

デンプンの老化には，温度，水分，共存物質や分子の形態などの因子が影響する。

①　温　度

通常60℃以上では老化は起きない。水温が0℃に近いほど老化が速やかに進む。したがって，老化は食品の冷蔵中に最も進行しやすい。しかし，冷凍した場合には水分が凍結しているため老化は進まない。

②　水　分

糊化したデンプン溶液を急速に脱水，乾燥すると老化は起きない。また，アミロース溶液を急速にエタノール等の溶媒で沈でんさせた場合も老化しない。このことは，老化の進行に水分含量が関係していることを示している。図4-11に示したように，老化は溶液中あるいは食品中の直鎖成分が会合を起こす現象であるため，水分が低い（10-15％）状態では自由水がほとんどなく，デンプン分子が動きにくくなっており，会合はまったく起こらない。凍結状態においても，同様に自由水がないためデンプン分子の会合は起こらないことになる。

したがって，デンプンの老化は自由水がある程度含まれる食品中で最も起きやすいことになり，30～60％の水分含量で最も進行するといわれる。逆に，水分量が60％を超えた場合はデンプン分子の会合が起こりにくくなるため，老化が抑制されると考えられている。

（3）　難消化性デンプン

従来，デンプンはヒトの小腸管腔内で完全に消化吸収されると考えられてきたが，消化されずに大腸にまで達するデンプンが多く存在することがわかってきた。このようなデンプンやその分解物は，難消化性デンプン（resistant starch; RS）と定義されている。難

消化性デンプンは数種類あり，その物理的・化学的性質から，$RS_1 \sim RS_4$の４つに分類される。

表4-2に難消化性デンプンの分類を示す。このうちRS_3ならびにRS_4は，食品の調理（デンプンの糊化・老化）や加工（化学的架橋修飾）の際，生成すると考えられている。

表4-2　難消化性デンプンの分類

タイプ	特　徴	食物の例
RS_1	物理的に閉じ込められたデンプン	全粒穀類や精製度の低い穀物の粒など
RS_2	アミラーゼによってほとんど加水分解されないデンプン粒	生の芋類，未熟バナナのデンプン，数種の豆類，高アミロースコーン
RS_3	老化デンプン	調理されたデンプン（ポテト，パン，コーンフレークなどの食品）。アミラーゼによる分解を受けにくくなっている
RS_4	化工デンプン	化学的に修飾（架橋）された化工デンプン（パン，ケーキ生地など）

近年，難消化性デンプンに，血糖の上昇抑制，腸内環境改善，肥満防止等の食物繊維に類似した機能があることが報告され，機能性食品としての応用が期待されている。国内で生産されるデンプン含量の多い穀物では，米やさつまいもなどが加熱により難消化性デンプンを多く生成することが知られている。特に米は，アミロース含量が高い品種ほど，炊飯後の難消化性デンプンの含量が多いことが明らかとなり，デンプンの吸収抑制による抗肥満効果が期待できる高アミロース米の開発も進められている。

（2）　ペクチンゲル

ペクチンは，1分子種ではなく複雑な構造を有する多糖分子群を指す。一般的には，分子内に一定量のガラクツロン酸（galacturonic acid；GalA）を含む複合多糖類をいう。国連食糧農業機関FAOおよびEUの規定では，ペクチンのGalA含量は65％以上と定義されている。ペクチンの分子種としては，GalAの直鎖を基本とする以下の3種類が知られている。すなわち，①ホモガラクツロナン（homogalacturonan; HG：1, 4-結合α-D-GalAの直鎖構造），②ラムノガラクツロナンⅠ（rhamnogalacturonan; RGI：[→4]-α-D-GalA-(1→2)-α-L-Rha-(1→]の2糖の繰り返し構造を基本とし，Rhaにアラビナンやガラクタンなどの側鎖がついている構造），および③ラムノガラクツロナンⅡ（RGⅡ：HG直鎖のGalA残基に複雑な側鎖がついている構造）である。

これらのうち，HGおよびRGIはペクチンポリマーの骨格構造として考えられてきたが，近年の飛躍的な構造解析手法の進歩により，新しい基本構造も論じられている。このようにペクチンは非常に複雑な分子集団である。

HG直鎖のGalA残基は，メチル基によるエステル化または，アセチル化によって修飾されている。そのエステル化およびアセチル化の程度（DE; degree of methyl esterificationおよびDA; degree of acetylation）は，ペクチンの機能性に大きく影響する。なお，DEが50％以上のペクチンは高メトキシペクチン（high methoxy pectin），50％以下のものは

低メトキシペクチン（low methoxy pectin）に分類され，両者のゲル化機構は異なる。

ペクチンのゲル化は，HG鎖の架橋による三次元的な重合体の形成に基づいている。そのゲル化に影響する要因はDEおよびDA，pH，温度，ショ糖などである。高メトキシペクチンのゲル化の場合，高濃度ショ糖および低いpH（pH 2.0～3.5）によって，HG鎖上のメトキシ基同士の水素結合および疎水性相互作用が促進され，HG鎖に架橋が形成される。ショ糖は，水溶液中のペクチン分子から水分子を取り去り，その結果，HG鎖が自由水の消失により露出され互いに引かれ合うような状態となる。一方，低メトキシペクチンのゲル化には，Ca^{2+}が必要である。Ca^{2+}は，ペクチン分子の解離カルボキシ基（−COO⁻）を引き寄せ，エッグボックス構造（egg-box, Grantら1973，図4-16）の結合様式が形成する。

最近，HG鎖におけるメトキシ基の分布の差によってペクチンの物性が異なることが明らかになってきた。たとえば，圧縮ストレスに対するゲル

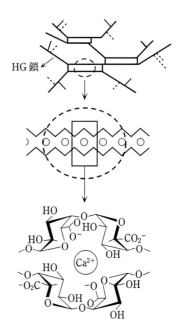

図4-16　ペクチンのゲル形成機構

HG鎖（黒線）はCa^{2+}存在下，エッグボックス構造（Grantら1973）を形成する。白のボックスはHG鎖が相互作用する領域で，エッグボックス構造が形成される部分

のもろさや変形を調べた結果，同じDEのペクチンでも，HG鎖上のメトキシ基が均一に分散しているペクチンの方が，分布に偏りのあるペクチンよりもひび割れを起こさず，"柔軟"に変形することがわかった。

ペクチンは，主にジャムやゼリーなどのゲル化剤として用いられているが，乳製品の製造における安定剤としても利用されている。ペクチンは，ミルクカゼインが酸性条件下で沈でんするのを防ぎ，アルギン酸と同様に安定化剤として働く。この機能にもペクチンのDEが影響することが明らかになりつつあり，より効率よく低濃度でカゼインの沈でんを防ぐことができるペクチンも開発されている。

（3）　海藻多糖の性質

海藻多糖のうち食品に用いられるのは，紅藻由来の寒天，カラギーナン，フルセラランや，褐藻のアルギン酸などである。これらはいずれもゲル化機能をもつが，寒天を除く他の多糖は，乳化剤，安定剤としての機能も有している。本章では，主要な海藻多糖であるカラギーナンを中心にそのゲル化機構を含めて述べる。

（1）　カラギーナンの性質

カラギーナンの機能性は，特にその化学的特性（ハーフエステル結合の硫酸基により強アニオン性を示す）および物理的性質（粘性，流動性など）に依存する。カラギーナンは，直線的な構造で電解性に富みかつ水溶性に優れた重合物質（ポリマー）であるため，粘性の高い溶液をつくることができる。カラギーナンはその化学構造の違いによって，

μ, κ, υ, ι, λ, τ, χ (mu, kappa, nu, iota, lambda, theta, および xi) 型に分類されるが，そのうちゲル化能に優れているのは，κ-およびι-型である。また，タンパク質との反応性に優れているのもκ-型である。

（a）　カラギーナンのゲル化機構

カラギーナンの化学構造は，交互に$\alpha(1 \rightarrow 3)$と$\beta(1 \rightarrow 4)$結合様式のガラクトース残基が連なっており，さらに硫酸基を含む。また，κ-型とι-型カラギーナンでは，1,4-結合のα-D-ガラクトースがそれぞれ硫酸基なしおよびC-2が硫酸化された3,6-アンヒドロ-α-D-ガラクトース（3,6-anhydro-α-D-galactose；以下3,6-アンヒドロ糖）に置き換わっている。このように，$\alpha(1 \rightarrow 3)$と$\beta(1 \rightarrow 4)$結合様式の反復および3,6-アンヒドロ糖の存在は，分子がねじれリボン構造を形成するのに有利に働くことが，X線解析から明らかになった。似たような構造で3,6-アンヒドロ糖を含む寒天やフルセラランについても，同じ理由からゲル化能が優れているといえる。このため，κ-型とι-型カラギーナンのゲル化機構は二重らせん構造を経るのが特徴であり，加熱後の温度低下に伴いポリマー分子同士が部分的な領域（domain）の相互作用を介してらせん構造を取り始める。この状態で，K$^+$あるいは他のゲル化を促進する陽イオンが添加されると，"domains"同士がさらにからみ合って三次元的なネットワーク構造（ゲル）を形成する。

この他にも，ゲル化の機構として，一重らせんが陽イオン添加によって会合するモデルも唱えられている。近年の研究により，κ-型カラギーナンは，ゲル化に伴い二重らせんが2ないし3本重合しているのに対して，ι-型の場合は，一重らせんが二重らせんに変化するのみのゲル化機構で，重合せず一本鎖の構造を保つことが示唆されている。

一方，ゲル化しないλ-型カラギーナンは3,6-アンヒドロ糖をまったく含まず，その代わりにC-6が硫酸化されたD-ガラクトースをもつ。このガラクトース-6-硫酸基の存在はゲル形成を完全に阻害する。この他に，1,3位で結合しているガラクトースの2位の硫酸化（2,6-ジ硫酸も含む）もゲル化を阻害する。

κ-型およびι-型カラギーナンはK$^+$の存在下でゲル化する。ただし，ι-型はCa^{2+}の存在下でもゲル化し，κ-型に比べ，より弾力性の強い好ましいゲルを形成する。なお，一度K$^+$で形成されたカラギーナンゲルは，寒天と同様に熱逆性である。通常，κ-型カラギーナンのゲル化は35〜65℃の範囲で起こり，55〜85℃でゲルは融解するが，再冷却によってまたゲルが形成される。

（b）　タンパク質との反応性

カラギーナンの最も重要な性質はタンパク質との反応性にある。タンパク質との反応性は，容易にゲル化するカラギーナン（κ-型，ι-型）およびゲル化しにくいカラギーナン（λ-型など）の両方に共通して認められる現象である。そのほとんどの反応は，電価を有するタンパク質領域とカラギーナン分子の硫酸基とのイオン-イオン相互作用に基づいている。この相互作用に影響を及ぼす要因は，タンパク質／カラギーナンの net charge 比（すなわち，タンパク質の等電点），重量比，反応系の pH などである。

食品加工においてカラギーナンとタンパク質の相互作用を利用している代表的な例として，ミルクカゼインとカラギーナンの反応が挙げられる。一般にミルクカゼイン（κ-casein）の net charge は負の電荷を帯びているが，部分的に正電荷を帯びているアミノ酸

配列の領域が存在し，その領域が κ-型カラギーナンの負電荷を帯びている硫酸基と静電結合を形成し複合体をつくる。ミルクカゼインはミセル中に Ca^{2+} を含むので，この複合体はカゼインの等電点より高い pH 側でも形成されやすい。さらに，この複合体は比較的安定で，その一部は超遠心分離法などによっても分離されない。このため，カラギーナンは乳飲料(チョコレートミルク，コーヒー牛乳など)の安定化剤として利用されている。元来，ミルクカゼインは等電点付近の pH で沈でんする。この安定剤としての利用は，カラギーナンがカゼインと複合体を形成することで，カゼインの沈でんを防ぎ，さらに粘性を維持し安定化する性質を応用したものである。

(2) 寒天のゲル化機構

寒天(agar)は紅藻類テングサ，オゴノリおよびオニクサ属に大量に含まれ，70％アガロース(agarose：中性ガラクタンで，寒天のアセチル化後，クロロホルムに可溶部分)と30％のアガロペクチン(agaropectin：酸性ガラクタン，クロロホルムに不溶部分)からなる。寒天の命名は，テングサの抽出物を寒中の野外で一夜凍結させた後，解凍して得られることからである。その際，ゲル化した成分だけが残り，そのほかの不純物は融解時に水とともに除かれる。ゲル化能をもつ主成分はアガロースで，3,6-アンヒドロ-L-ガラクトースと D-ガラクトースの反復構造からなる。良質な寒天は 0.04％の低濃度でゲル化するといわれるが，通常は 0.5〜1.5％の濃度で 85℃以上に加熱溶解後，30℃以下に冷却するとゲル化する。このゲルは熱可逆性で，寒天が重宝される大きな理由となっている。寒天のゲルは滑らかで比較的弾力性があり，海藻の抽出物の中で最もち密なゲルとして知られている。この特性は多種の食品に利用されている。アガロースは他の海藻多糖類と異なり，分子中にゲル化に関与しない他の成分がほとんどないため(たとえば，カラギーナンにおける C-6 の硫酸の存在など)，容易に品質のよいゲルをつくる。一方，アガロペクチンのゲル化能はアガロースに比べて弱いとされている。

アガロースのゲル化はカラギーナンと同様に二重らせん構造の形成を伴うと以前から考えられていたが，後にその仮説が X 線解析により証明された。ただし，負の電荷をもつカラギーナンとは異なり，電荷をもたないアガロースの二重らせん形成に陽イオンは関与しない。なお，アガロースのゲル化は多量の二重らせんが凝縮して，強固なゲルをつくるものと考えられる。

(3) その他の海藻多糖の特性

（a） アルギン酸の性質

アルギン酸は，いわゆる昆布の粘り成分の一つとして知られる粘性多糖類であり，ペクチンが果実などの細胞壁の構成成分であるように褐藻の細胞壁に存在する化合物である。アルギン酸はペクチンと類似してすべてがウロン酸からなる。その化学構造は β-D-マンヌロン酸(β-D-mannuronic acid：M 残基)と(1→4)結合をした直鎖，α-L-ギュルロン酸(α-L-guluronic acid：G 残基)からなる共重合多糖(モル質量：2×10^5から1.6×10^6g/mol)となっており，その一次配列は起源や藻体の部位などによって異なる。一次配列は，M または G 残基が連なるブロック(ホモポリマー部分)およびその間に MG 残基が交互に混在する領域からなっており，アルギン酸の物性(粘性，ゲル形成能)はそのモル質量および M/G 比に依存している。その化学構造はペクチン酸(メトキシ基を含ま

ないもの）と類似しており，ゲル化もほぼ同様に，Ca^{2+}をはじめとする2価ないし多価陽イオン（Fe^{3+}，Al^{3+}など）の存在下で起こる。アルギン酸のゲル化機構は主にG残基がCa^{2+}などの陽イオンをキレートすることによって起こり，ペクチンゲルに類似した"エッグボックス"構造を形成する（図4-17）。なお，M残基の2価陽イオンに対する親和性はG残基より低い。

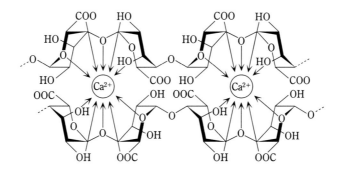

図4-17　α-L-ギュルロン酸2分子間にキレートされた2価カチオンの模式図
（エッグボックス構造；矢印はアルギン酸の推定配位酸素を示す）

　アルギン酸の溶解性はpH依存性を示し，pH4以下は不溶（沈でん），pH6-9の間では安定した高粘性液となる。アルギン酸の誘導体のうち，主要なものは，プロピレングリコールエステル（PGA：プロピレンオキサイドと反応させ，ウロン酸基をハーフエステル化した化合物）である。エステル基が導入されたPGAは親油性（lipophilicity）が高く，アイスクリームなどの乳化安定剤として用いられている。また，水晶の形成と成長を抑制し適度な水晶の大きさを保つと考えられている（0.1〜0.5％の濃度が使用範囲）。

（b）　フルセラランの性質

　フルセララン（別名Danish algae）は第二次世界大戦後日本産の寒天の代替え品として西洋で使用されるようになった。構造的にκ-カラギーナンに類似していることもあり，現在はκ-カラギーナンの一種としてとらえられている。そのゲル化機構もカラギーナンとほぼ同様であるとされている。

（4）　微生物の多糖類

　種々の細菌が産生する菌体外多糖（exopolysaccharide; EPS）は，乳化剤やゲル化剤などとして食品加工に利用されている。ここでは，カードラン（curdlan; *Agrobacterium* 由来），キサンタン（xanthan; *Xanthomonas campestris*），およびゲランガム（gellan; *Sphingomonas paucimobilis*）について述べる。

　カードラン（図4-18 A）は増粘安定剤として豆腐の製造などに用いられる。その構造はβ-（1→3）グルカンの直鎖であり，水に不溶である。カードラン溶液は無色・無臭・無味で，加熱条件（温度・時間・濃度など）によってゲル強度を自在に変化できるという利点も併せもつ。また，カードランはヒトの上部消化管で消化されないこともあり，低カロリーの新しい食品に用いられている。

　キサンタン（図4-18 B）は増粘剤として，サラダドレッシング，ソース，ジャム，アイ

スクリームなどに用いられる酸性多糖である。キサンタンの構造は，β-$(1\rightarrow4)$結合の
グルコース2残基を主鎖(セルロース鎖)とし，ケタール結合でピルビン酸のついたマン
ノース残基やギュルクロン酸残基などの3糖側鎖を含み，これら5糖の反復単位から
なっている。キサンタン溶液は低濃度でも高粘性を示す。

　ゲランガム(図4-18 C)は，D-グルコース2残基とL-ラムノース(L-rhamnose)および
D-ギュルクロン酸(D-glucuronic acid)が1残基ずつ含まれる4糖の反復単位からなる水
溶性のヘテロ多糖である。天然のゲランは一部エステル化されている。ゲランは安定化
剤，ゲル化剤，懸濁化剤等として用いられ，そのゲルは透明で強固である。

（5）　セルロース誘導体の性質

　食品素材として用いられているセルロース誘導体は主にカルボキシメチルセルロース
(CMC)，メチルセルロース(MC)，ヒドロキシプロピルメチルセルロース，ヒドロキシ
プロピルセルロースなどである。CMC はセルロースのグルコース残基の2，3，6位のい
ずれかあるいはいくつかに−OOC−CH$_2$−基を導入してつくられた(解離基を有する)水
溶性の化合物である。一方MC は CH$_3$−基を導入したものであるが(つまり，CH$_3$O−基
が入ることになり)，この導入に際し，セルロースの結晶構造が破壊されるため常温で水
溶性となる。

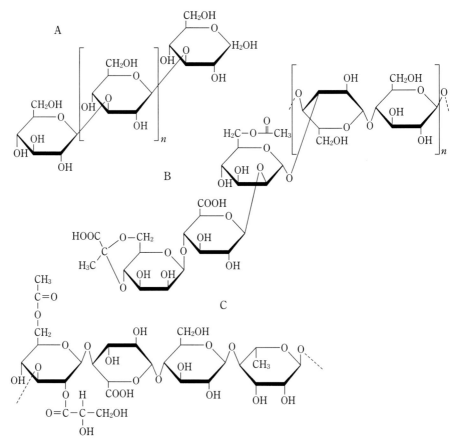

図4-18　微生物由来のカードラン(A)，キサンタン(B)，およびゲラン(C)の構造

(1) CMC（カルボキシメチルセルロース）

　CMCはそのナトリウム塩が主として増粘剤，安定剤として用いられる。CMCの性質は，原料となるセルロース分子量（重合度），カルボキシメチル基の置換度（グルコース残基一つにつき3個まで可能）や置換の均一度に依存する。通常，食品に用いられるCMCの置換度は0.4〜0.9で，置換基の分布の均一のものの方がよい物性を示し，溶液がより滑らかで，チキソトロピー性が低い。また，重合度の大きいものほどフィルム強度が強い。

　CMC溶液はアルカリ側（pH7〜9）で最も安定であるが，通常のpH5〜10でもかなりの安定性を示す。pH5以下では粘性が減少し，pH3以下では沈でんする。

　CMCは負に電化しているため，タンパク質と反応する。特に大豆カゼインと反応し，その等電点付近（pH3.5〜5.6）の範囲でカゼインの沈でんを防ぐ。このようにCMCは等電点付近で大豆カゼインの可溶性を維持できるが，この大豆カゼイン-CMC溶液は異常に高い粘性を示すことが知られている。また，CMCは水晶の成長，糖の結晶化を阻害するはたらきもあるので，乳製品，冷菓子などに安定剤として用いられる。

(2) MC（メチルセルロース）

　メチル基が完全に均一に導入されるとMCはゲル形成能を失ってしまう。しかし，通常市販されているMCは，その置換基の分散が均一でなく，モノ，ジ，トリ-置換体を含む混合物である。次に，水に対する溶解性から考えると1.64〜1.92の置換度のものが最もよい。このようにMCは，置換度によっても異なるが，熱可逆性のゲルを作る（すなわち，加熱によりゲル化し，冷却により溶解する性質を示す）。そのゲル化点は置換度の小さいもの（1.08〜1.42）で約85℃と高く，置換度の高いもの（1.68〜1.82）では55〜60℃と下がる傾向がある。

　MCのゲル化機構は一種のミセル形成を経ると考えられている。すなわち，MCは，メチル基間の疎水性相互作用によって疎水基同士が会合してゲル化すると考えられている。これは，昇温にともない分子運動が増し，MCに結合していた水分子が解離し，その結果疎水基同士が会合し易くなることに起因すると考えられる。このような現象は，疎水性物質の溶液にみられるミセル型集合の形成として考えられる。

　MCは解離基をまったくもたないのでpH3〜11の領域で安定であり，その物性が各種食品の加工に利用される。

　なお，セルロース誘導体は食用コーティング剤として果実や野菜等の新鮮さと食感を保つために用いられている。

　食物中に含まれる多糖類は，消化されずに大腸までたどり着き，その保水性，吸着能，イオン交換能，ゲル形成能などの機能性を発現しながら消化管を通過する。この過程で，多糖類は他の物質と相互作用（吸着など）をして，その物質の吸収抑制または吸収遅延をもたらす効果を示す。たとえば，多糖はコレステロールの吸収阻害および胆汁酸の排泄を促し，その結果，血中LDLコレステロールが低下し，動脈硬化などの心疾患の予防につながると考えられている。ペクチンやアルギン酸はナトリウムイオンを取り込み，その吸収を阻害することから，血圧上昇を予防できるとされる。また，プレバイオティクス効果を示す多糖類は，大腸で腸内細菌に分解されて有機酸の生成や腸内pHの低下を

起こすことで，腸内環境の改善に役立っていると報告されている。一方，不溶性多糖類（セルロース，キシラン，マンナンなど）は便の量を増やす効果があり，排便を促進する。

さらに，多糖類は発がん物質などの有害物質を吸着し，体内から共に速やかに排除され，結果的に大腸がんなどの発生を抑制するといわれている。

以上，多糖類は多様な分子集団かつ多彩な性質・生理機能を示す*。すべてをここで述べることは困難であるため，他の専門書や総説などを参照にされたい。

表4-3　多糖類の生理機能*

多　糖	生理機能
デンプン（天然）	コレステロール降下作用；脂質代替物
RS*，デンプン誘導体（水素化，リン酸化デンプンなど）	脂質代替物；血糖降下作用；プレバイオティクス効果；満腹感向上
ペクチン	コレステロールおよび血糖降下作用
セルロース	脂質代替物
アルギン酸	コレステロール，血糖および血圧降下作用；脂肪酸吸着能；変異原性物質の吸着；上部消化器管の消化酵素の活性抑制；満腹感向上；免疫応答能の改善
カラギーナン	免疫応答能の改善；腸管壁保護作用；満腹感向上
カードラン	脂質代替物；コレステロール降下作用；プレバイオティクス効果；
キサンタン	血糖降下作用

*(RS : Resistant Starch)

---

*多糖類の生理機能：多糖類の食品への応用は従来の加工性・栄養価の向上の観点から，その生理的機能を最大限に引き出す方向へと変わりつつある。

　多糖類の生理機能は主に①**食物繊維**（dietary fiber）としての働き，②**プレバイオティクス**としての機能（pre-biotics：小腸下部および大腸の内在性細菌の増殖を助ける物質），および③**脂質代替物**（fat‐substitute）としての働きに分類できる。食物繊維の新しい定義，および分類（CCNFSDU，2008）によると，「食物繊維は10または10以上の糖分子からなる炭水化物ポリマーで，ヒト消化管（小腸）の内在性酵素によって分解されないもの」と前文に明記されている。この定義からすると，デンプンも一部難消化性のレジスタントスターチを生むことから，4章SECTION 2で紹介した多糖類はすべて食物繊維にあてはまることになる。食物繊維を多く摂る食生活は，高血圧，心筋梗塞，冠動脈性心疾患，糖尿病，肥満，消化器疾患などのリスクを軽減することが疫学研究などから示唆されている。具体的な生理作用として，血中脂質・コレステロール値の改善，血圧および血糖値の降下，便通改善，体重増加抑制，免疫機能の改善などが報告されている。多糖別に報告例のある生理機能を表4-3に示す。

SECTION 3 | ゼラチン

　ゼラチン（gelatin）は天然のタンパク質ではないが，哺乳動物・魚の結締組織に含まれるコラーゲン（collagen）の変性，分解によりつくられる。

（1）コラーゲン

　コラーゲンは，にかわ（glue）をつくる物質という意味で皮ふ，骨，結締組織のタンパク質の主構成要素である。コラーゲンは特徴のあるアミノ酸構成をもち，グリシン25～30％，プロリン15～18％，一般には存在しないヒドロキシプロリン13～15％の3つのアミノ酸で50～55％を占めている。そしてメチオニンとシスチンをほとんど含まない（1％以下）。

　コラーゲンは結晶性を示す繊維状のタンパク質で，図4-19に示すように3本のらせんで，三重コイル状のヘリックスをつくって存在していて，分子量350,000，長さは3,000Å，直径は1.4Åの円筒状である。この三重らせんは，分子内あるいは分子間の水素結合で安定させられている。

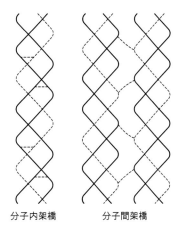

分子内架橋　　　分子間架橋

図4-19　コラーゲンの構造
（架橋は水素結合による）

　コラーゲンは加熱すると容易に変性し分解*される。たとえば，牛肉のコラーゲンは，65℃に加熱すると収縮する。このコラーゲンの収縮が，調理中の肉の収縮に大きく関与するといわれる。

（2）コラーゲンからゼラチンへの転換

　コラーゲン繊維は，不溶性であるが，これを40℃ぐらいで酸性下で加熱すると，三重らせんの分子内および分子間架橋をつくっていた水素結合がこわされ，三重らせんが破かいされ，図4-20に示すように，各らせんがばらばらとなり，1本のらせんのほどけたα-鎖，2本が結合したβ-成分，3本が結合したγ-成分の3つになる。この場合，1本のらせんからつくられたα-鎖でも鎖の長さはもとのコラーゲンの1本鎖と同一でなく，かなり，ばらつきのある数成分の混合物である。

　市販されているゼラチンは牛，豚の皮，骨を酸またはアルカリ処理した後，熱水抽出して製造される。したがって，得られるゼラチンの物性は，原料，製造工程で異なるが，

---

*コラーゲン加水分解物の機能性：化粧品や機能性食品としてのコラーゲンが認知されて以来，ゼラチンを酵素や酸で加水分解して調製したゲル化しない低分子のコラーゲン（コラーゲン加水分解物）が利用されている。コラーゲン加水分解物の機能性としては
①**骨粗鬆症予防**：低タンパク食による老人性骨粗鬆症モデル，低カルシウム食での飼育モデルによる動物試験で，コラーゲン加水分解物の投与により骨密度や骨強度を改善
②**血圧低下**：Gly-Pro-Leu，Gly-Pro-ValのペプチドがアンジオテンシンI変換酵素ACEを阻害

図4-20に示したように，α-鎖の分子量は80,000〜125,000，β-成分は160,000〜250,00，γ-成分は240,000〜375,000程度といわれる。それゆえゼラチンは分子量的にも多分散のタンパク質である。

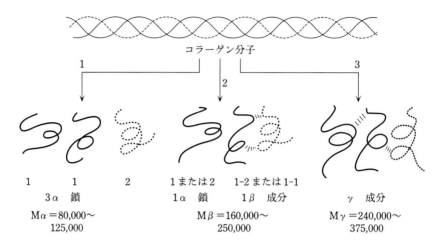

コラーゲン分子

1	1	2	1または2	1-2 または 1-1		
3α　鎖		2	1α　鎖	1β　成分	γ　成分	
Mα＝80,000〜			Mβ＝160,000〜		Mγ＝240,000〜	
125,000			250,000		375,000	

図4-20　コラーゲンよりゼラチンへの転換

（3）　ゼラチンのゲル化機構

　ゼラチンは低濃度では高粘性の溶液を与えるが，1.5％程度で熱可逆性のゲルをつくる。このゲルの融解点は，ゼラチンの濃度，ゼラチンの分子量，共存する塩によって影響される。一般に濃度，分子量が大きくなると融解点は上昇し，食塩は若干融解点を低下させる働きをもつ。

　ゼラチンのゲル化は，ゼラチン分子がもつアミノ酸残基間の水素結合，イオン結合により，ゼラチンの鎖状分子が互いに結合して安定なネットワークをつくることにより，生成されると考えられる。

　このネットワークをつくる水素結合，イオン結合には

①　タンパク質の二次構造にみられるペプチド結合間の水素結合

$$(< NH \cdots\cdots O = C <)$$

②　水酸基同士（ヒドロキシプロリン，スレオニン，チロシン，ヒドロキシリジン）による水素結合

③　酸性アミノ酸（アスパラギン酸，グルタミン酸，合わせて18％ぐらい）の2価カチオン（例　Ca^{2+}，Mg^{2+}）を通してのイオン結合

④　酸性アミノ酸と塩基性アミノ酸（アルギニン，ヒスチジン，リジン，ヒドロキシリジン，合わせて15％ぐらい）の間に起こるイオン結合

などが関与しているといわれる。事実，ゼラチンゲルには結晶化部分と非晶質部分があり，ゼラチン分子は伸びた形をとっているといわれる。したがって，このゼラチンのゲル化には，図4-21に示すようないくつかの結合が関与してできているものと考えられる。なお，シスチンは，ほとんど含まれないので，S−S結合は実際上関与しないと考えてよい。

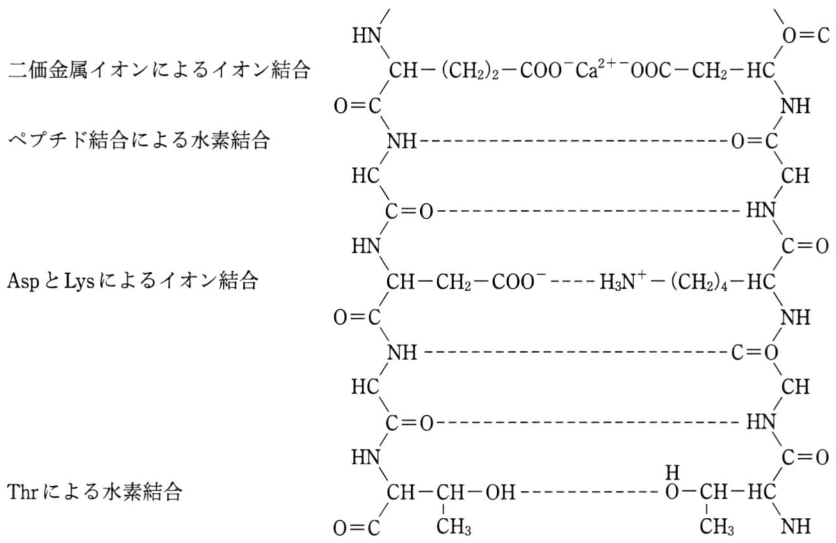

二価金属イオンによるイオン結合

ペプチド結合による水素結合

AspとLysによるイオン結合

Thrによる水素結合

$$HN-CH-(CH_2)_2-COO^-Ca^{2+-}OOC-CH_2-HC\quad O=C$$
$$O=C\quad NH-------------------O=C$$
$$HC\quad CH$$
$$C=O---------------------HN$$
$$HN\quad C=O$$
$$CH-CH_2-COO^-----H_3N^+-(CH_2)_4-HC$$
$$O=C\quad NH$$
$$NH-------------------C=O$$
$$HC\quad CH$$
$$C=O---------------HN$$
$$HN\quad C=O$$
$$CH-CH-OH-----------O-CH-HC$$
$$O=C\quad CH_3\quad CH_3\quad NH$$

図4‑21　ゼラチンゲル中の分子間架橋の機構

（4）　その他のゼラチンの用途

　　　ゼラチンは乳化剤，泡安定剤としての機能も優れているので各方面で使われる。乳化剤としては，脂溶性の化合物の水溶化に際し，他の界面活性剤と併用されることが多い。

　　対立関係にある人間関係を「水と油の関係」というように，水と油（たとえばトリアシルグリセロール）は，そのままでは，1相にはならずに2相に分離する。しかしながら，牛乳や，育児用粉乳など，水と油が見た目には，均一に分散している食品は数多くある。この状態を乳化といい，製品を乳化液（emulsion）という。

　　乳化液（エマルジョン）とは，溶解性が互いに，まったくない2種の液体を完全に分離しないような状態に分散させたものをいう。溶解性が互いに，まったくない液相とは，水あるいは水溶液系と油脂のような油系の2つである。分散系が水であって，被分散系が軸であるような乳化は，多量の水の中に油が分散しているので，O/W型の乳化（oil in water）といい，逆に油の中に水が分散しているような乳化をW/O型の乳化（water in oil）という。これを図示したのが図4-22である。W/O型の代表が，バター，マーガリンであり，O/W型の例は，牛乳，クリーム，ソーセージなど多数にのぼる。

　　O/W型とW/O型との区別は，外観的に容易に区別が可能である。一般にO/W型は色が白く，クリーム状であり，W/O型は色がやや濃く，グリースまたは油状である。O/W型の乳化液は，水中にその1滴を落とすと容易に分散し希釈することができる。一方W/O型では，そのままの状態が保持され，水面に油滴と同じく浮遊することになる。なお，水溶性色素はO/W型を，脂溶性色素はW/O型の乳化液を着色させることができる。

（1）　乳化の機構と乳化液の安定化

　　O/W型の乳化液をつくるために，少量の油を水に加え，超音波処理などによって，油

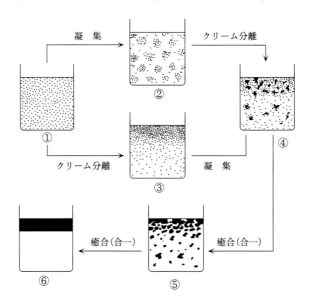

図4-22　乳化液の不安定化の機構

を細かい粒子として分散させても，放置しておくと次第に油滴は集合して大きな粒となり水の表面に浮き上がり，最終的には分離してしまう。このような分離を乳化液の不安定化(destabilization)とよぶ。この不安定化の機構を解明すれば，乳化の安定化をどのようにすればよいかがわかることになる。

　　乳化の不安定化　O/W型の乳化の不安定化と分離は図4-22のようにして起こると考えられている。すなわち，はじめ①のように均・に分散していた乳化液が，②のように，細かい粒子が凝集しはじめたり，③のようにクリームを形成するように油滴の高濃度の上層と低濃度の下層とに分離しはじめる(実際の場合には③，③のいずれかに重点をおきながらも同時に進行していくと考えられる)。そして，両者が同時に進行した形の凝集とクリーミングか行われている④へと進行し，さらに不安定化か進むと油滴同士が癒合して，最終的には⑥のように二層に完全に分離することになる。

　　この油滴を安定に保つ力は，油滴の反発力(repulsive forces)で，凝集してより深く安定化する力は，誘引力である。したがって油滴同士の相互作用の全エネルギー V は

$$V = V_R + V_A$$

と表され，V_R が最大で，V_A が最小のとき，最も安定で，逆に V_A が最大のとき，最も不安定になり凝集を起こす。

　　この V_A は油滴の大きさが大きくなると増大し，油滴間の距離が小さくなるほど増大する。種々の条件を比べると，油滴が 3×10^{-8} cm ぐらいの距離にあるとき，最大の V が得られるといわれる(最大の安定化を示す)。しかし，この数値も油滴の大きさ，共存するイオン(イオンは乳化に対し不安定化の方向で働く)の量によっても影響を受ける。いずれにしても反発力を最大にし，誘引力を最低にするために，各種の乳化剤が使用される。

（2）　乳化剤

　　前項で説明したように，乳化は油滴自身の反発力を高め，誘引力を低下させると安定に保たれる。したがって乳化剤は，このような性質を油滴に与える化合物ということができる。そのためには水と油の両方に対し，親和力をもつ化合物でなければならない。そこで，乳化剤の水および油に対する親和力を表すものとしてHLB(hydrophile‐lipophile balance，親水‐親油平衡)という概念がある。これは親水性の極性基と親油性の疎水性基のバランスを数量化したもので，数値の低いものは親油性のものを，高いものは

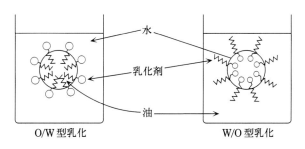

図4‐23　W/O型，O/W型エマルジョンと乳化剤の役割

親水性の乳化剤であることを示す。HLBが1～40の化合
物が知られ，表4-4に示すようにHLBの値によって，用途
が定められている，食品に用いられる乳化剤は表4-2のよ
うなものが多い。

　乳化剤は図4-23に示すように油滴(あるいは水滴)の表
面に存在して，極性基は水に，疎水性基は油の方を向いて
存在し，油滴(あるいは水滴)の表面を覆って，互いに油滴
同士が反発し合い，集合しないようにさせている。

　O/W型の乳化では，この極性基の強さが反発力に関係するので，合成洗剤のように完
全にイオン化するものでは，油を可溶化することができる。

表4-4　HLBと乳化剤としての用途	
HLB値	用　途
4～6	W/O型乳化剤
7～9	湿潤化剤
8～18	O/W型乳化剤
13～15	洗剤
15～18	可溶化剤

（3）　食品成分で乳化力をもつもの

　食品中で脂肪の乳化に関係する成分は，主としてリン脂質の一つであるレシチンとリ
ポタンパク質である。レシチンは極性基と疎水性基をもち，かなり脂肪の乳化力が強く，
単独あるいはモノグリセリドなどと併用してO/W型の乳化剤として使用される。

　代表的な例は，乳における脂肪球の乳化，卵黄を利用したマヨネーズをはじめとする
油の乳化，ソーセージの製造時における脂肪の乳化などであろう。

（a）　牛乳の乳化

　牛乳の脂質は直径が0.1～10μmの球状の粒子として牛乳中に分散している。これを
脂肪球というが，その表面はリポタンパク質を主体として，コレステロール，リン脂質
などよりなる脂肪球皮膜によって安定されている。この脂肪球膜は外側に荷電したタン
パク質が，内側にはコレステロール，リン脂質が配列し，内部の脂肪を安定に保ってい
ると考えられる(図4-24)。

　なお，しぼりたての牛乳はコクが強くまろやかであるといわれるが，放置すると，図4
-21に示したように，容易に分離して，クリーミング(creaming, クリーム分離)が起こり，
保存・均一性に問題が生じる。これを防ぐために，脂肪球をより細かい脂肪球に機械的

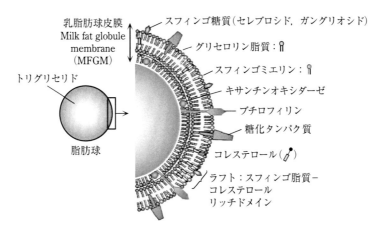

図4-24　牛乳中の脂質の存在形態

に破かいしたのがホモゲナイズド牛乳（homogenized milk）である。このホモゲナイズド牛乳では脂肪球の直径を1μ以下にしてある。この脂肪球では新たにカゼインなどの乳タンパク質が脂肪球表面のリポタンパク質形成に使われていて，乳化を助けている。

（ｂ）　卵黄の乳化力

卵黄にはリポタンパク質が多量に含まれる（全乾物の80％程度）。このリポタンパク質は，その沈降速度から，高密度リポタンパク質とよばれる沈降定数の大きいタンパク質と，沈降定数の小さい低密度リポタンパク質とに分けられる。脂肪成分として前者にはリン脂質が，後者にはトリグリセリドが多く含まれる。これらのリポタンパク質と卵黄中のレシチンが相まって脂肪，油脂の乳化を強力に行う。

この卵黄の乳化力を利用して。マヨネーズ，クリーム（卵黄を用いるものなどの製造が行われる。

（ｃ）　肉タンパク質の乳化力

畜肉タンパク質は卵黄のリポタンパク質に比べて，脂肪の乳化力は非常に弱いが，若干は乳化しうる。この性質を利用して，ソーセージの加工が行われる。畜肉の乳化力は高温では劣化するので，低湿で行う必要がある。

（４）　食品添加物として用いられる乳化剤

食品添加物は乳化剤をはじめ，保存料，甘味料，着色料，香料など食品の製造過程または食品の加工・保存の目的で使用されるものであり，安全性について食品安全委員会による評価を受け，人の健康を損なうおそれのない場合に限って，成分の規格や使用の基準を定めたうえで，厚生労働省が使用を認めている。

食品添加物として認められている，乳化剤の主な成分は上記のレシチンのほかに疎水性部分に脂肪酸を，親水性部分にグリセリンの水酸基もしくはその修飾物ならびに糖を用いたものが多い。これらは，各種食品の添加物として幅広く用いられている。これらの詳細な情報は，日々更新されるため，国立医薬品食品衛生研究所の食品添加物ＡＤＩ関連情報データベースのホームページを参照されたい。

（５）　ショートニング性とクリーミング性

バター，マーガリン，ショートニング，ラードといった可塑性の油脂はショートニング性とクリーミング性という2つの機能をもっている，ショートニングとは脆くするという意味で，ビスケットやクッキーなどに可塑性の油脂を練り込むとさくさくとした触感が得られるようになる。これは油脂が小麦粉のタンパク質から生成されるグルテンの間に入り込み，強い骨格を形成するのを妨げているためである。

クリーミング性とは油脂が撹拌などによって空気を抱き込む性質のことをいう。ケーキを作る際，油脂を卵や砂糖などと撹拌するが，このとき充分な空気を抱き込むことによって独特の軽い触感を得ることができる。

（６）　乳化安定剤

天然の高分子化合物は，乳化安定作用をもつものが多い，その主なものは，天然多糖

である各種のガム質，粘質多糖およびゼラチンである。これらはいずれも，保護コロイド，あるいは，負に荷重した水和高分子となるので，乳化剤の作用を増強する働きをもつ。

（7）　乳化に関する新技術

　　現在まで乳化食品を製造する場合，食品乳化機(撹拌乳化機，コロイドミル，高圧乳化機，超音波乳化機)等を用いて行っているが，この場合エマルジョンのサイズ等は，経験則よって調整されており，均一な製品を作るには熟練を要する。そこで，膜乳化方法で乳化法が研究されている。膜乳化は，多孔質膜を用いてエマルションを製造する乳化技術であり，1980年代後半に提案された。ほかに，半導体微細加工技術を応用した，マイクロチャネル乳化法も提案されている。

〈参考書〉　　　＊　　　＊　　　＊　　　＊　　　＊

1章

1. 野口忠，伏木亨，門脇基二，野口民夫，今泉勝己，古川勇次，舛重正一，矢ヶ崎一三，青山頼孝著：最新栄養学，朝倉書店，2000
2. 不破英次，桧作進，小巻利章，貝沼圭二編著：澱粉科学の事典，朝倉出版，2003
3. 早川幸男編著：糖アルコールの新知識改訂増補版(FC新知識シリーズ)，食品化学新聞社，2006
4. 早川幸男編著：小林昭一監修：オリゴ糖の新知識(FC新知識シリーズ)，食品化学新聞社，1998
5. 日本食物繊維学会監修,日本食物繊維学会編集：食物繊維　第3版　基礎と応用,第一出版，2008

2章

1. 近江政雄編：味覚・嗅覚(講座　感覚・知覚の科学4)，朝倉書店，2008
2. 澁谷達明，市川眞澄編：匂いと香りの科学，朝倉書店，2007
3. 青柳康夫編：食品機能学，建帛社，2003
4. 加藤茂明編：受容体がわかる(わかる実験医学シリーズ)，羊土社，2003
5. 伏木　亨著：味覚と嗜好のサイエンス，丸善株式会社，2008

3章

1. Bordia A, Verma SK, Srivastava KC. (1998) Effect of garlic (Allium sativum) on blood lipids, blood sugar, fibrinogen and fibrinolytic activity in patients with coronary artery disease. Prostaglandins Leukot. Essent. Fatty Acids 58, 257-263.
2. Munday R, Munday CM. (2001) Relative activities of organosulfur compounds derived from onions and garlic in increasing tissue activities of quinone reductase and glutathione transferase in rat tissues. Nutr. Cancer 40, 205-210.
3. Hosono T, Fukao T, Ogihara J, Ito Y, Shiba H, Seki T, Ariga T. (2005) Diallyl trisulfide suppresses the proliferation and induces apoptosis of human colon cancer cells through oxidative modification of beta-tubulin. J. Biol. Chem. 280, 41487-41493.
4. Fleischauer AT, Arab L. (2001) Garlic and cancer: a critical review of the epidemiologic literature. J. Nutr. 131(3s), 1032S-1040S.
5. Bonnesen C, Eggleston IM, Hayes JD. (2001) Dietary indoles and isothiocyanates that are generated from cruciferous vegetables can both stimulate apoptosis and confer protection against DNA damage in human colon cell lines. Cancer Res. 61, 6120-6130.
6. Brennan P, Hsu CC, Moullan N, Szeszenia-Dabrowska N, Lissowska J, Zaridze D, Rudnai P, Fabianova E, Mates D, Bencko V, Foretova L, Janout V, Gemignani F, Chabrier A, Hall J, Hung RJ, Boffetta P, Canzian F. (2005) Effect of cruciferous vegetables on lung cancer in patients stratified by genetic status: a mendelian randomisation approach. Lancet 366, 1558-1560.
7. Inoue S, Goi H, Miyaguchi K, Muraki S, Ogihara M, Iwanami Y. (1983). Inhibitory effect of volatile constituents of plants on the proliferation of bacteria: antibacterial activity of plant volatiles. J. Antibact. Antifung. Agents 11, 609-615.

4章

1. Koyama Y, Hirota A, Mori H, Takahara H, Kuwaba K, Kusubata M, Matsubara Y, Kasugai S, Itoh M, Irie S. (2001) Ingestion of gelatin has differential effect on bone mineral density and body weight in protein undernutrition. J. Nutr. Sci. Vitaminol. (Tokyo) 47, 84-86.

2. Wu J, Fujioka M, Sugimoto K, Mu G, Ishimi Y. (2004) Assessment of effectiveness of oral administration of collagen peptide on bone metabolism in growing and mature rats. J. Bone Miner. Metab. 22, 547-553.

3. Kim SK, Kim YT, Byun HG, Nam KS, Joo DS, Shahidi F. (2001) Isolation and characterization of antioxidative peptides from gelatin hydrolysate of Alaska pollack skin. J. Agric. Food Chem. 49, 1984-1989.

4. Cummings J. H., Mann J. I., Nishida C., Vorster H. H. (2009) Dietary fibre: an agreed definition. Lancet 373, 365-366.

5. Grant, G. T., Morris, E. R., Rees, D. A., Smith, P. J. C., Thom, D. (1973) Biological interactions between polysaccharides and divalent cations: the egg-box model. FEBS Lett. 32, 195-198.

6. Gray V. M., Schoch T. J. (1962) Effects of surfactants and fatty adjuncts on the swelling and solubilization of granular starches. Staerke 14, 239-246.

7. Jørgensen T. E., Sletmoen M., Graget K. I., Stokke B. T. (2007) Influence of oligoguluronates on alginate gelation, kinetics, and polymer organization. Biomacromolecules 8, 2388-2397.

8. Leach H. W., Mccowen L. D., Schoch T. J. (1959) Structure of the starch granules. I - Swelling and solubility pattern of various starches. Cereal Chemistry 36, 533-544.

9. Schoch T. J. (1969) Starch in foods. In: Symposium on foods: Carbohydrates and their roles (H. W. Schultz, R. F. Cain and R. W. Wrolstad, Eds.), Avi Publishing Co., Westport, CT, p. 395-420.

10. Warrand, J. (2006) Healthy polysaccharides - The next chapter in food products. Food Technol. Biotechnol. 44: 355-370.

11. Willats, W. G. T., Knox J. P., Mikkelsen J. D. (2006) Pectin: new insights into an old polymer are starting to gel. Trends Food Sci. Technol. 17, 97-104.

12. Wurzburg O. B. (1972) Starch in the food industry. In: Handbook of Food Additives (T. E. Furia, Ed.), 2nd Ed., Vol. I; CRC Press, Boca Raton, FA, p. 361-396.

13. 土井邦紘・辻啓介編：食物繊維－基礎と臨床. 朝倉書店，1997　三崎旭，角田万里子著：「3. 化学と構造」p. 13-53.

14. 不破英次，小巻利章，檜作進，貝沼圭二編：澱粉科学の事典，初版第1刷，朝倉書店，2003

15. 高橋禮治著：でん粉製品の知識，初版第3刷，幸書房，2002

16. 二國二郎監　中村道徳，鈴木繁男編：澱粉科学ハンドブック，朝倉書店，1977

共著者

宮澤　陽夫
みやざわ　てるお

東北大学大学院農学研究科食糧化学専攻博士課程修了　農学博士

東北大学未来科学技術共同研究センター「戦略的食品バイオ未来産業拠点構築」プロジェクト

リーダー・教授

東北大学リサーチプロフェッサー・名誉教授

著書：脂質栄養と健康（建帛社），脂質・酸化脂質分析法入門（学会出版センター），食品機能研究法

（光琳），栄養機能化学（朝倉書店）など

五十嵐　脩
いがらし　おさむ

東京大学農学部農芸化学科卒業　農学博士

神奈川工科大学教授，お茶の水女子大学名誉教授

著書：生化学（光生館），食品総合辞典（丸善出版），食品学（光生館），ビタミンの辞典（朝倉書店），

ビタミンの生物学，ビタミン（丸善出版），からだとビタミンの知識（オーム社），脂肪の栄養と疾病

（幸書房）など

分担執筆者

浅井　明　　東北大学未来科学技術共同研究センター　准教授
あさい　あきら

五十嵐美樹　東京農工大学農学研究科　特任准教授
いがらしみき

永塚　貴弘　東北大学大学院農学研究科　准教授
えいつか　たかひろ

川上賀代子　就実大学薬学部　助教
かわかみかよこ

川上　祐生　岡山県立大学保健福祉学部　准教授
かわかみ　ゆうき

木下　幹朗　帯広畜産大学畜産学部　教授
きのした　みきお

木村ふみ子　尚絅学院大学健康栄養学類　准教授
きむらふみこ

菅原　達也　京都大学大学院農学研究科　教授
すがわら　たつや

鈴木　俊英　帝京大学薬学部　教授
すずき　としひで

都築　毅　　東北大学大学院農学研究科　准教授
つづき　つよし

仲川　清隆　東北大学大学院農学研究科　教授
なかがわ　きよたか

山下　慎司　帯広畜産大学畜産学部　助教
やました　しんじ

吉田ルシア幸子　　元武蔵野大学薬学部　講師
よしだるしあさちここ

（五十音順）

食品の機能化学

初版発行　　2020年6月30日

共著者©　宮澤　陽夫

五十嵐　脩

発行者　　森田　富子
発行所　　株式会社　アイ・ケイ コーポレーション

東京都葛飾区西新小岩4-37-16
メゾンドール I&K ／〒124-0025

Tel 03-5654-3722(営業)
Fax 03-5654-3720

表紙デザイン　㈱エナグ　渡辺晶子
組版　㈲ぷりんてぃあ第二／印刷所　倉敷印刷㈱

ISBN 978-4-87492-361-0 C3043